Quantitative Elektroanalyse.

Mit einem Anhang:

Organische Elementaranalyse auf elektrischem Wege.

Von

Dr. Edgar F. Smith,

Professor der Chemie an der Pennsylvania Universität in Philadelphia.

Nach der vierten Auflage
mit Genehmigung des Verfassers deutsch bearbeitet
von

Dr. Arthur Stähler,

Privatdozent der Chemie an der Universität Berlin.

Mit 43 Figuren.

Leipzig
Verlag von Veit & Comp.
1908

Druck von Metzger & Wittig in Leipzig

Vorwort.

Die kürzlich erschienene vierte Auflage der „Elektroanalyse“ von Edgar Smith gewährt einen genauen Einblick in die Praxis der Analyse durch Elektrolyse. Auf die hervorragenden Verdienste des Verfassers und seiner Mitarbeiter um die Entwicklung dieses wichtigen Zweiges der chemischen Analyse braucht wohl hier nicht mehr hingewiesen zu werden. Es soll jedoch nicht unerwähnt bleiben, daß die vierte Auflage der „Elektroanalyse“ besonderes Interesse beansprucht, da sie unter anderem die neuesten Methoden der Schnellelektrolyse, der Anwendung von Quecksilberkathoden, sowie der gleichzeitigen Schnellbestimmung von Anionen und Kationen enthält. An der Entdeckung und Ausarbeitung dieser Neuerungen hat Smith sich an erster Stelle beteiligt.

Inhaltlich hat die deutsche Ausgabe gegenüber dem Original einige Änderungen und Zusätze erhalten; von einer freieren Fassung ist mit Rücksicht auf die meist experimentelle Natur des Stoffes Abstand genommen worden. Bemerkt sei nur noch, daß das vorliegende Buch mit der vor dreizehn Jahren in deutscher Sprache erschienenen „Elektrochemischen Analyse“ von Smith (nach der zweiten Auflage übersetzt von Dr. Ebeling) inhaltlich nur sehr wenige Berührungspunkte hat, was ja auch aus dem auf mehr als das Dreifache angewachsenen Umfang der vierten Auflage hervorgeht.

Herrn Professor Dr. Edgar Smith danke ich auch an dieser Stelle für die Liebenswürdigkeit, mit der er mich persönlich in Philadelphia in seine Arbeitsmethoden eingeführt hat, und für sein Entgegenkommen bei der Besorgung der deutschen Ausgabe.

Berlin, im Frühjahr 1908.

Arthur Stähler.

Inhalt.

Allgemeiner Teil.

Spezieller Teil.

Abkürzungen.

Am. Ch.	= The American Chemist.
Am. Ch. Jr.	= American Chemical Journal.
Am. Jr. of Science	= American Journal of Science and Arts.
Am. Phil. Soc. Pr.	= Proceedings of the American Philosophical Society.
Ann.	= Annalen der Chemie und Pharmacie.
Ber.	= Berichte der deutschen chemischen Gesellschaft.
Berg.-Hütt. Z.	= Berg- und Hüttenmännische Zeitung.
B. S. Ch. Paris	= Bulletin de la Société Chimique de Paris.
Ch. N.	= Chemical News.
Ch. Z.	= Chemiker-Zeitung.
C. r.	= Comptes Rendus.
Ding. p. Jr.	= Dinglers Polytechnisches Journal.
Elektroch. Z.	= Elektrochemische Zeitschrift.
G. ch. ital.	= Gazetta chimica italiana.
Jahrb.	= Jahresbericht der. Chemie.
J. Am. Ch. S.	= Journal of the American Chemical Society.
Jr. An. Ch.	= Journal of Analytical and Applied Chemistry.
Jr. f. pkt. Ch.	= Journal für praktische Chemie.
Jr. Fr. Ins.	= Journal of the Franklin Institute, Philadelphia.
M. f. Ch.	= Monatshefte für Chemie.
Phil. Mag.	= Philosophical Magazine.
Wied. Ann.	= Wiedemanns Annalen.
Z. f. a. Ch.	= Zeitschrift für analytische Chemie.
Z. f. ang. Ch.	= Zeitschrift für angewandte Chemie.
Z. f. anorg. Ch.	= Zeitschrift für anorganische Chemie.
Z. f. Elektrochem.	= Zeitschrift für Elektrochemie.
Z. f. phys. Ch.	= Zeitschrift für physikalische Chemie.

Amp. oder A.	= Ampere.
V.	= Volt.
$N. D_{100}$	= Normale Stromdichte pro 100 qcm.

A. Allgemeiner Teil.

Einleitung.

Viele chemische Verbindungen vermögen in geschmolzenem oder gelöstem Zustande die Elektrizität zu leiten; derartige Stoffe nennt man „Elektrolyte“. Jeder Elektrolyt erleidet ferner, wenn er vom Strom durchflossen wird, zugleich eine chemische Zersetzung, welche man allgemein mit dem Namen „Elektrolyse“ bezeichnet. Zur Erklärung dieses Verhaltens stellt man sich die Elektrolyte aus positiv und negativ elektrisch beladenen Teilchen, den sogenannten „Ionen“, zusammengesetzt vor. Nach dieser Anschauung besteht dann zwischen dem elektrischen Leitungsvermögen und der Zersetzung derartiger Substanzen durch den galvanischen Strom folgender Zusammenhang: die positiv geladenen Teilchen des Elektrolyten, die „Kationen“, beginnen unter dem Einfluß der Elektrizität in der Flüssigkeit in der Richtung des Stromes zu wandern und scheiden sich schließlich unter Abgabe ihrer elektrischen Ladung an der Stelle, wo der Strom die Flüssigkeit verläßt, der sogenannten „Kathode“, ab; umgekehrt wandern die negativ geladenen Teilchen, die „Anionen“, stromaufwärts und scheiden sich an der „Anode“, d. h. der Stelle, wo der Strom in die Flüssigkeit eintritt, unter Abgabe ihrer negativen Ladung ab. Mit dem Transport der chemischen Bestandteile des Elektrolyten geht demnach zugleich ein solcher der Elektrizität vor sich. Anode und Kathode nennt man auch die „Elektroden“ der vom Strom durchflossenen Flüssigkeit.

Diese Eigenschaft vieler Verbindungen kann man praktisch benutzen, um Metalle und andere Bestandteile daraus abzuscheiden. Ein genaueres Studium des elektrolytischen Verhaltens von Salzen hat ferner ermöglicht, auch quantitative Bestimmungen und Trennungen auf diesem Wege auszuführen, so daß die Elektrolyse ein wichtiges Hilfsmittel für die chemische Analyse geworden ist. Dieser Zweig der Analyse, die Analyse durch Elektrolyse, die man auch „elektrochemische Analyse“ oder kurz „Elektroanalyse“ nennt, soll nun im folgenden eingehend behandelt werden. Der mit der Gewichtsanalyse Vertraute wird dabei erkennen, daß die elektroanalytische Arbeitsweise vielfach an Genauigkeit und Schnelligkeit den üblichen gravimetrischen Methoden überlegen ist.

Bevor wir uns zu den Einzelheiten der elektroanalytischen Bestimmungen wenden, wollen wir zunächst einige wichtige allgemeinere Erörterungen vorausschicken. Hierzu gehört in erster Linie die Frage der Beschaffung des erforderlichen elektrischen Stromes.

I. Elektrische Stromquellen.

Die für die quantitative Elektroanalyse erforderliche elektrische Energie kann verschiedenen Quellen entnommen werden. Man kann hierzu entweder galvanische Zellen der wohlbekannten Arten wählen oder magnetelektrische Maschinen oder Dynamomaschinen,[1] Thermoelemente, sowie Akkumulatoren oder Sammelbatterien.[2]

Von diesen Stromquellen stellen die zuletzt genannten die beste Elektrizitätsquelle für unsere Zwecke dar. Der von ihnen gelieferte Strom ist nämlich — eine Hauptbedingung für elektrolytische Abscheidungen — sehr konstant und regelmäßig.

Die Akkumulatoren werden durch primäre Batterien oder besser mit Hilfe eines Dynamos oder einer Thermosäule geladen. Da, wo eine elektrische Beleuchtungsanlage vorhanden ist, läßt sich dieses Laden ohne weiteres ausführen. In Fabriken, wo stets genügend Kraft vorhanden ist, kann leicht ein kleiner Dynamo zu diesem Zweck aufgestellt werden, so daß eine unbeschränkte Anzahl Zellen damit arbeitsbereit gehalten werden kann.

Akkumulatorbatterien (siehe auch S. 11) können bei nahezu jeder Art von elektrolytischen Arbeiten verwendet werden. In

[1] Oettel, Anleitung zu elektrochemischen Versuchen, Freiberg 1894.

[2] Z. f. a. Ch. **15**, 334; Z. f. ang. Ch. **18** (1890), 548; Elektrotechn. Z. **11**, 187; Z. f. a. Ch. **14**, 350; **17**, 205; **18**, 457; **25**, 539; Ding. p. Jr. **224**, 267.

vielen Fällen dürfte sich jedoch aus Sparsamkeitsrücksichten die Verwendung billigerer Batterien empfehlen.[1]

Will man den elektrischen Starkstrom direkt für elektroanalytische Arbeiten benutzen, so kann man hierzu den Apparat von Stillwell u. Austen[2] verwenden (Fig. 1). Dieser kann leicht aus einigen Metern mittelstarkem, isoliertem Kupfer-

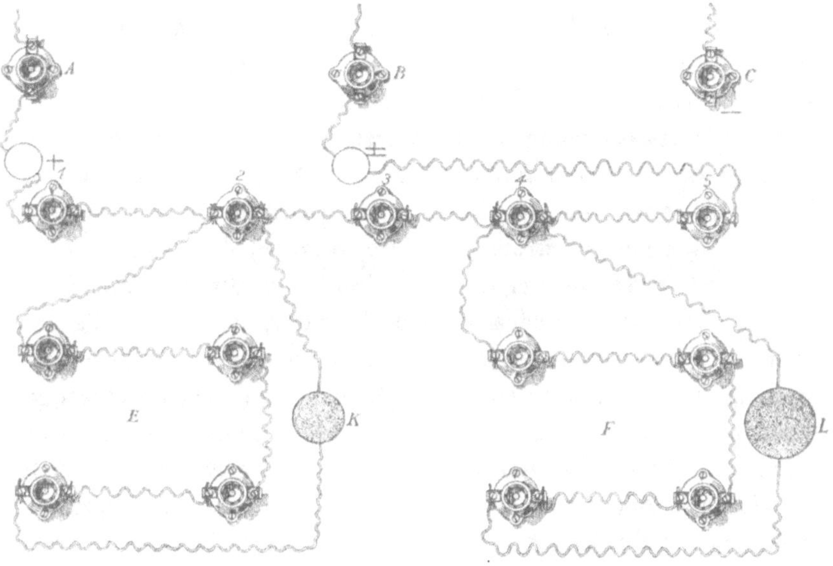

Fig. 1. Apparat zur Verwendung des elektrischen Starkstromes für elektroanalytische Arbeiten (nach Stillwell u. Austen).

draht, ca. sechzehn Glühlampenfüßen und einer Anzahl geschwärzter Glühlampen, d. h. ca. sechs Stück fünfzigkerzigen,

[1] Über Akkumulatoren seien folgende Literaturangaben gemacht: Wied. Ann. **34** (1888), 583; Proceedings of the Royal Society **1889**, June 20; Transactions of Am. Inst. Mining Engineers (Electrical Accumulators, Salom), Febr. 1890; Elektrotechn. Z. Jahrg. 1890 u. folg.; Hoppe, Akkumulatoren für Elektrizität, Berlin 1892; Z. f. ang. Ch. **1892**, 451; Ch. Z. Jahrg. **17**, 66; Elbs, Die Akkumulatoren, 3. Aufl., Leipzig 1901; F. Oettel, Anleitung zu elektrochemischen Versuchen, Freiberg 1894; Pfitzner, Die elektrischen Starkströme, 4. Aufl., Dresden 1905; Dolezalek, Die Theorie des Bleiakkumulators, Halle 1901.

[2] Jr. An. Ch. **6**, 129.

drei Stück zweiunddreißigkerzigen, sechs Stück vierundzwanzigkerzigen und sechs Stück sechzehnkerzigen, hergestellt werden. Die Hauptdrähte +, ±, – werden mit den Glühlampenfüßen *A*, *B*, *C* zum Einschrauben von Sicherungen verbunden, die bei den schwachen, für elektrolytische Arbeiten erforderlichen Strömen auf nicht mehr als sechs Lampenleitungen berechnet zu werden brauchen. Die Hauptdrähte haben Endklemmen, durch welche sie mit den Glühlampenfüßen 1, 2, 3, 4, 5 verbunden werden. In die letzteren werden dann Lampen gesteckt, um den Hauptstrom zu regulieren. Wünscht man nur eine Bestimmung oder gleichartige Bestimmungen auszuführen, so ist bei Anwendung der üblichen Stromstärken nur diese eine Reihe erforderlich. Sollen indes zwei oder drei verschiedenartige Bestimmungen oder eine mit sehr schwachem Strom ausgeführt werden, dann könnte man bei 2 und 4 Abzweigungen bilden und den Strom durch Einführung von Widerständen in den Reihen *E* und *F* auf die gewünschte Größe bringen. *K* und *L* stellen die zweckmäßigste Aufstellung der durch einen solchen Seitenstrom zu elektrolysierenden Lösungen dar. Mit Hilfe obiger Anordnung kann man drei verschiedenartige Bestimmungen zu gleicher Zeit ausführen; nämlich eine in dem Hauptstrom und je eine in den seitlichen Abzweigungen. Sind noch mehr Bestimmungen erforderlich, so stellt man noch ein Paar andrer Lampenfüße auf und reguliert die Spannung durch weitere Lampen. Die Glühlampensockel bringt man an der Wand oberhalb des Arbeitstisches an und führt von dort die Drähte zu den zu elektrolysierenden Lösungen abwärts. Natürlich würde auch irgend eine andre Einrichtung denselben Zweck erfüllen. Die beschriebene läßt sich dem Parallelsystem anpassen. Der Strom kann einem Edisonschen Dreidrahtsystem oder einer andren Lichtleitung entnommen werden.[1]

E. Hart hat einen Widerstandsrahmen zur Anwendung des elektrischen Lichtstromes für elektrolytische Zwecke empfohlen, der in der Konstruktion etwas einfacher als der soeben beschriebene ist.

[1] Herlant, Bull. de l'Association belge des Chim. **18**, 232.

II. Die Regulierung des Stromes.

Oft ist es erforderlich, stärkere Ströme zu reduzieren. Wer mit der praktischen Physik vertraut ist, wird vielleicht den Vorschlag machen, die Widerstandsrollen, wie sie in physikalischen Laboratorien benutzt werden, zu diesem Zweck anzuwenden. In der Tat sind sie auch ganz gut brauchbar und oft mit Vorteil verwendet worden. Indes sind bisweilen auch einfachere und praktischere Stromregulierer empfohlen worden, z. B. die folgenden:

Man leitet den Strom durch eine gesättigte Lösung von Zinksulfat, die sich in einem großen Glaszylinder von 22 cm Länge und 8,5 cm Durchmesser befindet. Hierbei läßt man bei dem einen Experiment den Strom von *a* nach *b* (Fig. 2) und

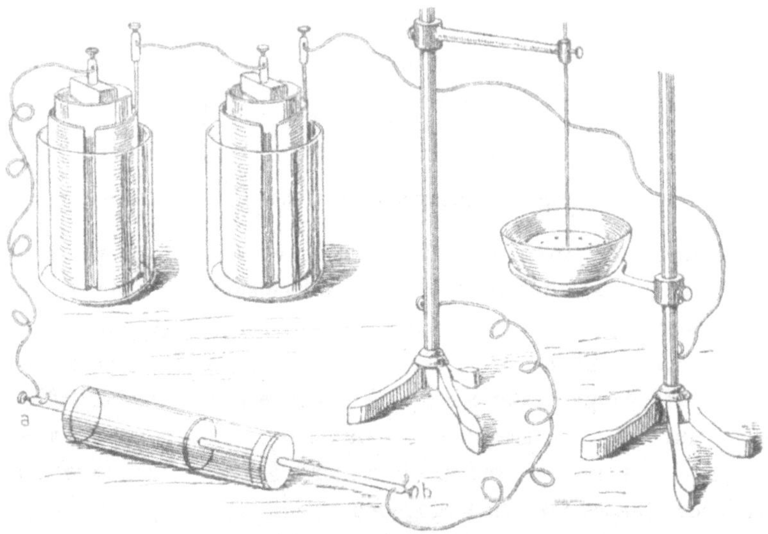

Fig. 2. Stromregulierungsapparat nach Classen.

bei dem nächsten von *b* nach *a* gehen. Der Stab *b* mit dem einen Zinkpol wird gegen den Zinkpol *a* verschoben, bis der Strom die verlangte Stärke annimmt. Man kann die Zinkstäbe auch von Zeit zu Zeit amalgamieren. Wir verdanken diesen nützlichen Apparat A. Classen, welcher auch noch einen andren einfachen Rheostaten beschrieben hat (Fig. 3).[1] Bei diesem Apparat tritt der Strom bei *a* ein, durchläuft dann den Neusilberdraht *N* und kehrt durch *b* zur Batterie zurück. Bei der Ausführung elektrolytischer Fällungen können die Platingefäße, die als negative Elektroden dienen, mit irgend einer der Klemmen 1—20 verbunden werden. Dadurch wird der Analytiker in Stand gesetzt, acht verschiedene Bestimmungen zu gleicher Zeit auszuführen. Um die Wirksamkeit dieses Apparates zu erproben,

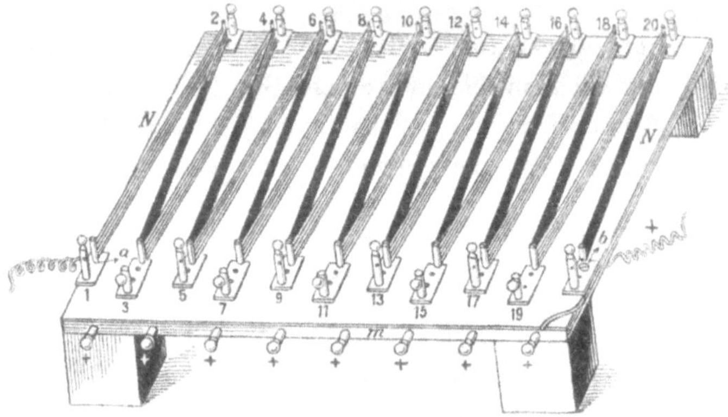

Fig. 3. Rheostat nach Classen.

ließ man einen Strom von fünf Bunsenelementen, entsprechend 68 ccm Knallgas in der Minute, auf Kupferlösungen einwirken, die sich in sechs Gefäßen befanden. Der Strom an Klemme 1 entsprach: 3,75 Ampere, der bei Klemme 2: 2,617 Ampere, der bei 3: 2,085 Ampere, der bei 4: 1,911 Ampere usf., bis schließlich bei 20 nur noch ein Strom von 0,098 Ampere vorhanden war.[2]

In Fig. 4 und 5 sind noch andere Formen bequemer und nützlicher Rheostaten wiedergegeben.

Verfasser des vorliegenden Buches hat mitunter einen weit einfacheren Stromregulierer verwendet, der den Vorzug der Billigkeit und schnellen Zusammenstellbarkeit besitzt. Er besteht

[1] Ber. **21**, 359.

[2] Für eine größere Gestalt des Apparates, ähnlich der obigen, siehe Ber. **17**, 1787.

aus einem leichten hölzernen Rechteck von etwa 180 cm Länge. Im Zickzack wird auf dieses vorn und hinten zwischen den beiden Schmalseiten ein leichter Eisendraht hin und her gespannt, der alles in allem ca. 150 m lang ist (Fig. 6). Mit

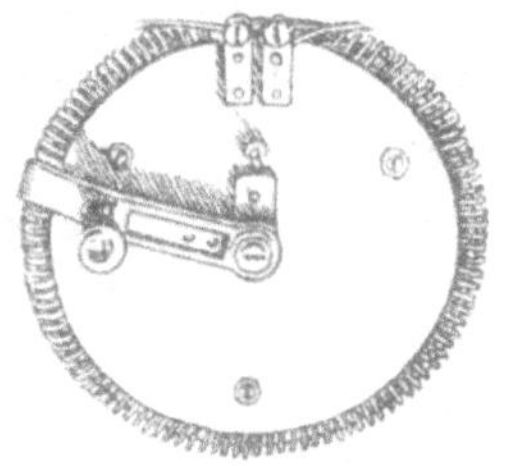

Fig. 4. Rheostat.

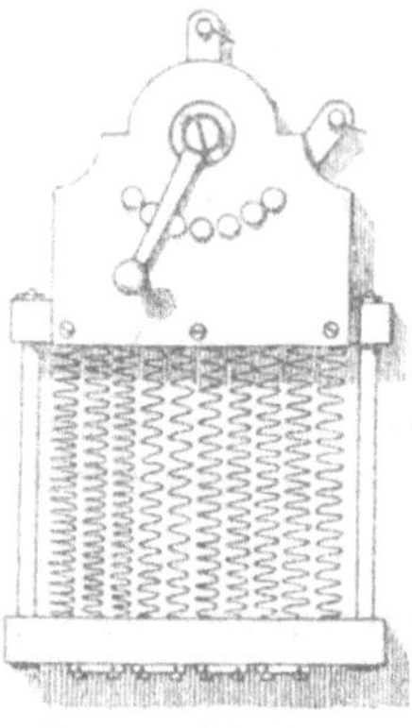

Fig. 5. Rheostat.

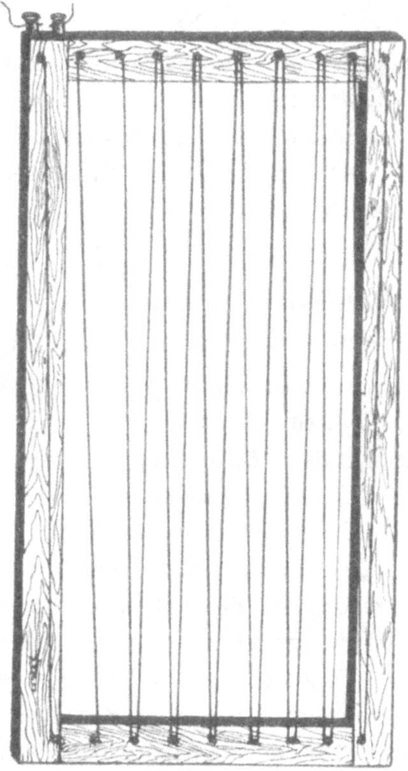

Fig. 6. Rheostat nach Smith.

Hilfe der beiden Klemmschrauben *a* und *b* und einer einfachen Klammer kann man nahezu jeglichen Widerstand einschalten.[1]

---

[1] Empfehlenswert sind auch die Widerstandsbänder der Firma Schniewindt in Neuenrade (Westfalen), sowie die Regulierwiderstände von Ruhstrat in Göttingen.

Literatur: v. Klobukow, Jr. f. pkt. Ch. **37**, 375; **40**, 121; Oettel, Anleitung zu elektrochemischen Versuchen, Freiberg 1894; Lorenz, Elektrochemisches Praktikum, Göttingen 1901.

III. Das Messen des Stromes: Voltameter und Amperemeter.[1]

Bei jeder Analyse durch Elektrolyse ist es anzuraten, sich über die Stärke des einwirkenden Stromes zu informieren. Für diesen Zweck könnten die Voltameter (von Bunsen oder von Oettel) verwendet werden, bei denen die durch den Strom abgeschiedenen Knallgas- oder Kupfermengen gemessen oder gewogen werden. Als Grundlage für die Berechnung dient das Gesetz von Faraday: „Gleiche Elektrizitätsmengen scheiden in gleichen Zeiten äquivalente Mengen chemischer Stoffe ab.“ So scheidet ein Strom von 1 Ampere in der Minute 10,436 ccm Knallgas oder 67,1 mg metallisches Silber ab. Man erhält demnach z. B. für das zweiwertige Kupfer im Kupfersulfat: $\frac{x}{67,1} = \frac{63,6}{2 \cdot 107,9}$ oder $x = 19,76$ als „elektrochemisches Äquivalent“ für Kupfer pro Minute.

Die Voltameter gestatten indessen nur in wenigen Fällen ein Messen des Stromes durch direkte Einführung in den Stromkreis. Zum Zweck einer Ablesung muß zumeist der Strom unterbrochen werden, und außerdem vermehren sie den Widerstand des Stromkreises in merklichem Grade. Aus diesem Grunde wählen viele Chemiker an Stelle des Voltameters ein Galvanometer (Tangente oder Sinus). Die Ablenkung der Magnetnadel durch den Strom gibt ein Maß für die Stärke des letzteren. Zum Vergleich der Ablenkung der Nadel mit der chemischen Einwirkung bringt man sie in denselben Stromkreis mit einem Voltameter und beobachtet die Ablenkung der Nadel, sowie das Volumen des elektrolytischen Gases (auf 0 Grad und 760 mm Druck reduziert), das in einer Minute erzeugt wird. Setzt man das Volumen gleich v, dann gibt der Quotient $v / \operatorname{tang} a$ den Eichungswert für das Galvanometer. Wird dieser Eichungswert mit R bezeichnet, dann ist die Stromstärke I, durch welche die Ablenkung a erzeugt wird: $I = R \cdot \operatorname{tang} a$.

[1] Über die elektrischen Maßeinheiten informiere man sich in den Lehrbüchern der Physik.

Verfasser kann zum Messen des Stromes das Amperemeter von Kohlrausch empfehlen, welches besonders dann, wenn stärkere Ströme zur Verwendung gelangen, zufriedenstellend arbeitet. Bei diesem Instrument durchläuft der Strom einen isolierten Draht, der um ein Stück weiches Eisen gewunden ist. Das letztere zieht im magnetisierten Zustand eine Nadel oder einen Zeiger an, die dadurch gezwungen werden, sich über eine vertikale, in Ampere eingeteilte Skala zu bewegen; diese Ablenkung gibt dann ohne weiteres die Stärke des Stromes in Ampere wieder. Auch das Westonsche Milliamperemeter kann für diese Zwecke wertvolle Dienste leisten.

Bei jeder Art von elektrolytischen Arbeiten empfiehlt es sich, die Apparate, die man zum Messen der Stromstärke braucht, während des gesamten Verlaufs der Zersetzung im Stromkreis zu behalten; denn nur auf diese Weise darf man hoffen, Trennungen zu bewirken, ohne mit unangenehmen Störungen dabei rechnen zu müssen. Man braucht nur zu wissen, was für eine Stromenergie erforderlich ist, und reguliert dann den Strom so, daß er während der gesamten Bestimmung annähernd gleich bleibt.

Als man zuerst Metalle elektrolytisch zu bestimmen begann, schenkte man einigen sehr wichtigen Faktoren keine Beachtung. Man gab in den Beschreibungen meist nur kurz an: „starke" oder „schwache" Ströme, oder „Ströme einer zweizelligen Chromsäurebatterie" oder „fünf große Bunsenelemente" usw. Meßinstrumente wurden dagegen nur selten benutzt. Selten wurde auch etwas über die Größe der Kathode, auf der das Metall abgeschieden wurde, gesagt oder über die Gestalt der Anode, den Verdünnungsgrad der Lösung und ähnliche Dinge mehr. Dadurch entstanden natürlich leicht Verwirrungen, und die Angaben widersprechen sich daher häufig. Jedoch zeichneten bald einwandfreie Experimente in dieser und allen anderen Fragen, über die man Aufklärung wünschte, den einzuschlagenden Weg vor und gaben die Bedingungen, die man beobachten mußte, um befriedigende Resultate zu erzielen. Zweifellos wurden schon damals, wie auch heute noch, die Metallfällungen hauptsächlich in Platinschalen oder auf Zylindern aus Platin ausgeführt. Diese Hilfsmittel, sowie die mannigfachen Anodenformen werden später eingehender betrachtet werden. Hier wollen wir vorerst die wichtigsten, bei elektrolytischen Bestimmungen oder Trennungen zu berücksichtigenden Punkte hervorheben. Vor allem handelt es sich nämlich um folgende Begriffe:

1. **Die Stromdichte.** Zunächst muß die innere Oberfläche der Platinschale, in welcher die Elektrolyse stattfindet, in Quadratzentimetern bekannt sein; ebenso muß man ihren Inhalt bei verschiedenen Höhen in Kubikzentimetern kennen. Unter $N.D_{100}$ versteht man die „normale Stromdichte". Diese ist äquivalent der Stromstärke auf 100 qcm der Elektrodenoberfläche. Die Dichte (D) ist daher abhängig von der Stromstärke (S), sowie von der Oberfläche (F) der Elektrode, auf welcher der metallische Niederschlag stattfindet, d. h. $D = S/F$.

Wenn die Oberfläche, auf welcher das Metall abgeschieden wird, gleich F ist, dann kann die entsprechende Stromstärke aus der Formel:

$$S = (N.D_{100}).F/100$$

abgeleitet werden.[1]

2. **Die Spannung oder das Potential** zwischen den Polen, der „Poldruck", wird am besten mittels eines Westonschen Voltmeters bestimmt (S. 64). Sie ist ein sehr wichtiger Faktor. Eine Anzahl interessanter Trennungen ist durch sorgfältige Regulierung dieses Druckes ermöglicht worden.[2]

3. **Die Gestalt der Anode,** d. h., ob sie z. B. eine flache Spirale, eine Platinscheibe oder eine kleine, durchbrochene, in dem Elektrolyten hängende Schale ist, ist ebenfalls zu berücksichtigen, sowie deren Abstand von der Kathode.

4. Die Gesamtverdünnung des Elektrolyten und dessen Temperatur sind gleichfalls von Wichtigkeit.

---

[1] Siehe auch Miller und Kiliani, Lehrbuch der analytischen Chemie. 4. Aufl., S. 17—24.

[2] Z. f. phys. Ch. **12**, 97; sowie S. 81.

5. Amperemeter und Voltmeter sollten stets im Stromkreise sein.

Bei den einzelnen Metallen werden diese Punkte ausführlicher behandelt werden. Nur bei strikter Beobachtung obiger Hauptpunkte kann man auf zufriedenstellende Ergebnisse rechnen.

In dem Maße, wie man die Bedeutung der Elektroanalyse erkannte, sind auch die verschiedenen Apparatformen, die man zu diesem Zweck verwendet, nach und nach erheblich verbessert worden. In jedem gut ausgestatteten Laboratorium hat man heute für dieses Untersuchungsgebiet bestimmte Institutsräume reserviert und besonders dafür ausgestattet. So hat sich an der Universität Pennsylvania, wo die Elektroanalyse schon seit 1878 getrieben wird, und zwar damals mit keiner besonderen Ausstattung und mit den primitivsten Apparaten, allmählich gemäß den gesteigerten Anforderungen und den wachsenden Erfahrungen eine äußerst bequem zu handhabende Apparatur ausgebildet. Neuerdings ist dort sowohl für analytische, als auch für präparative Arbeiten elektrochemischer Art ein Laboratorium eingerichtet worden, welches durch große Vollständigkeit und dabei doch durch Einfachheit ausgezeichnet ist, so daß hier eine kurze Schilderung desselben am Platze sein dürfte.

IV. Das elektrochemische Laboratorium.

Das in Fig. 7 dargestellte elektrochemische Laboratorium enthält Plätze für sechzehn Praktikanten. Der diesem Zweck dienende Raum ist etwa 5×9 m groß und gibt jedem Arbeitenden einen Tischplatz von $1 \times {}^1/_2$ m.

Die elektrische Energie wird von Akkumulatorzellen geliefert. Die von uns benutzten haben eine Kapazität von 120 Amperestunden bei einer normalen Entladungsstärke von 15 Ampere und einer maximalen von 30 Ampere. Sie sind in zwei Gruppen von je vierundzwanzig Zellen angeordnet, die sich in besonderen Abteilen im Hintergrunde des Raumes befinden. Jede Gruppe versieht je eine Hälfte desselben mit Strom. Die Zellen stehen in Gestellen von je vier Brettern übereinander, so daß auf jedes

Brett sechs Zellen kommen. Jedes Brett ist gründlichst paraffiniert, und außerdem befindet sich um die Gefäße herum eine

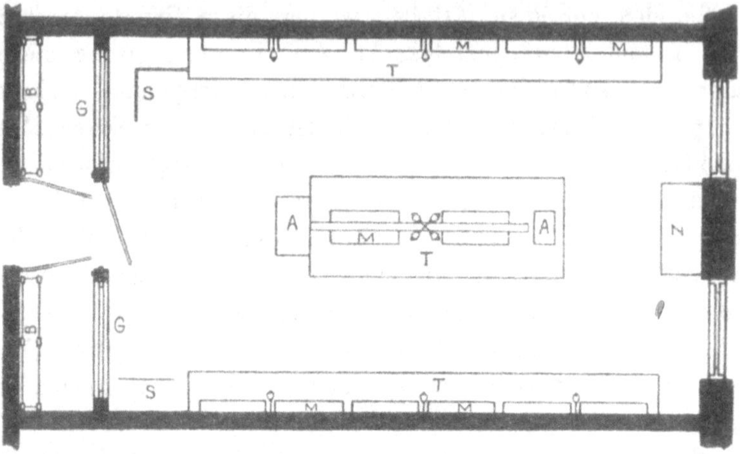

Fig. 7. Elektrochemisches Laboratorium.
T = Arbeitstische; M = Meßinstrumente; A = Ausguß; S = Schalttafel; Z = Abzug; B = Batterie; G = Glasfenster.

Fig. 8. Batterieabteil.

$1^1/_2$ cm dicke Schicht von feinem Quarzsand. Fig. 8 gibt eines dieser Abteile mit den Bleidrähten und Ausschnitten für jede Zelle wieder.

An Schaltbrettern sind drei vorhanden, von denen zwei die Stromzuführung für die sechs Plätze an den beiden Seiten des Raumes und das dritte diejenige für die vier Mittelplätze regelt. Die Vorderseite eines dieser Bretter ist in Fig. 9 wiedergegeben. Die großen Buchstaben beziehen sich auf die kontrollierten Arbeitstische.

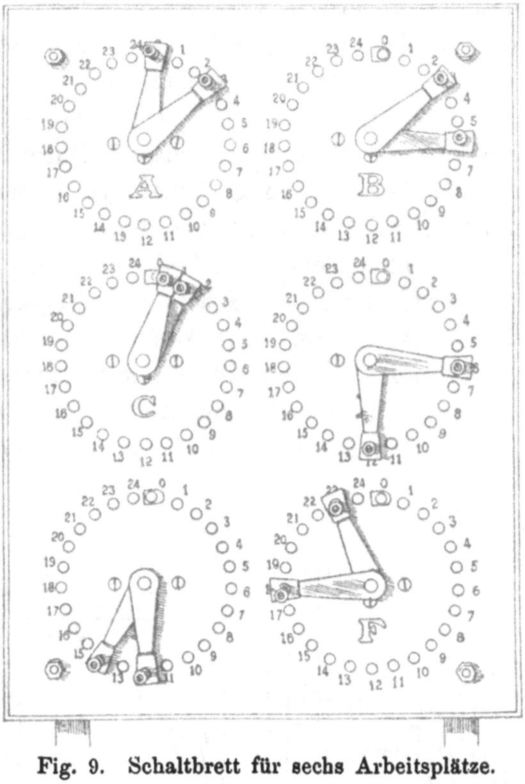

Fig. 9. Schaltbrett für sechs Arbeitsplätze.

Das Schaltbrett auf der Ostseite besteht aus einer emaillierten Tafel von 2 $^{1}/_{2}$ cm Dicke, 60 cm Breite und 85 cm Länge und enthält für jede der sechs zu kontrollierenden Zuführungen einen Kreis von 24 Kontaktstückchen. An jedem derartigen Kreis sind zwei federnde Hebel, isoliert voneinander, angebracht, die sich um ein gemeinsames Zentrum bewegen und auf den Kontaktknöpfen gleiten. Die letzteren sind fortlaufend von 0 bis 24 numeriert, außerdem ist ein Hemmnis vorhanden, um das Abgleiten der Hebel über Null hinaus zu verhindern. Zelle Nr. 1 ist zwischen den Knöpfen 0 und 1 an jeden der sechs Kreise geschlossen, Zelle Nr. 2 zwischen den Knöpfen 1 und 2, und so fort für den Rest der vierundzwanzig Zellen in dieser Gruppierung, so daß alle gleich numerierten Knöpfe auf dem einen Brett miteinander in Verbindung stehen und nur ein einziger Draht von den sechs gleich numerierten Knöpfen zu der Verbindung zwischen den beiden Zellen hinführt. Die Kreise sind der Reihe nach mit *A, B, C* usf. bezeichnet, entsprechend den Buchstaben an den zu kontrollierenden Zuführungen.

Will man z. B. bei Zuführung *E* zwei Zellen benutzen, so geht man nach dem Schaltbrett (Fig. 9) und dreht, wenn man findet, daß oberhalb der zwölften Zelle keine Zelle an einem der Kreise in Benutzung ist, einen der beiden Hebel auf Kontaktknopf Nr. 12 und den anderen auf Nr. 14. Man kann hierbei kaum einen Fehler begehen, auch können die Arbeiten verschiedener Personen nicht miteinander kollidieren, da mit einem Blicke festgestellt werden kann, welche Zellen gerade in Benutzung sind. Fig. 10

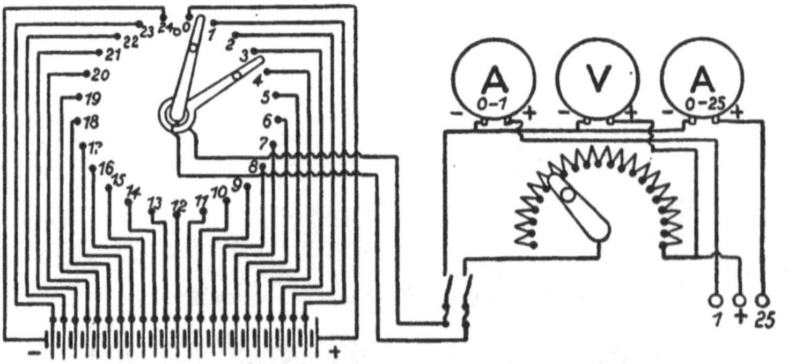

Fig. 10. Elektrische Verbindungen nach den Arbeitstischen.

zeigt die elektrischen Verbindungen, die von einem derartigen Verteilungsbrett nach den Zellen und den Zuführungen an den Arbeitstischen führen. Die Hebel selbst sind an ihrem äußeren Ende so schmal, daß sie zwischen zwei benachbarten Knöpfen und demnach auch zwischen den beiden dorthin führenden

Zellen keinen Kurzschluß verursachen können; ferner haben sie auf beiden Seiten einen nicht leitenden Belag, damit sie weder zwischen die einzelnen Knöpfe gelangen, noch auch selbst miteinander in Kontakt kommen können.

Das Schaltbrett an der Westseite ist genau analog dem soeben beschriebenen eingerichtet. Es enthält die Kreise *G, H, I, K, L* und *M*, während das dritte, welches die vier Zuführungen an dem Mitteltisch kontrolliert, zwar nur 60 Zentimeter im Quadrat groß ist, jedoch sechsundzwanzig Kontaktknöpfe an jedem Kreis hat. Diese sind numeriert von 0, 24, 25, 26 bis 48. Zwischen den beiden Knöpfen 0 und 24 sind die Zellen der Ostseite des Raumes geschaltet; zwischen den Knöpfen 24 und 25 ist Zelle Nr. 1 der Westseite des Raumes geschaltet, während Zelle Nr. 2 zwischen den Knöpfen 25 und 26 geschaltet ist. Durch diese Vorrichtung wird zwischen den beiden Gruppen von Zellen eine fortlaufende Verbindung hergestellt, so daß man imstande ist, an dem mittleren Tische je nach Bedarf von einer Zelle ab bis zu achtundvierzig Zellen zu benutzen. Man wird bei dieser Beschreibung bemerkt haben, daß keine Vorrichtung zum Parallelschalten der Zellen vorhanden ist; diese ist jedoch nicht notwendig, da die maximale Entladungsgröße der einzelnen Zellen den höchsten für die Arbeiten erforderlichen Strombetrag überschreitet.

Alle Messingteile an der Rückseite des Brettes sind ebenso wie die bloßliegenden Drahtenden gründlichst mit einer schützenden Farbe bestrichen, während die Messingteile auf der Vorderseite stark lackiert sind, um Korrosion zu verhindern. Die Oberfläche der Kontaktknöpfe kann leicht mit feinem Sandpapier blank gehalten werden.

Als Meßinstrumente sind nach einigem Hin- und Herüberlegen fest montierte Schaltbrettapparate gewählt worden. Wenn man dadurch auch gezwungen wurde, mindestens ein Drittel an Instrumenten mehr zu beschaffen, so waren doch die Kosten geringer, als wenn tragbare Instrumente beschafft worden wären, und außerdem hat spätere Erfahrung mit tragbaren Instrumenten gezeigt, daß mit Schaltbrettapparaten von guter Bauart eine größere Genauigkeit erzielt wurde, wenn auch nicht sofort, so doch sicher nach einigen Monaten.

Jede Zuführung besitzt eine Sicherung, ein Voltmeter, zwei Amperemeter, einen Rheostaten und eine Endklemme. Sie sind wie in Fig. 10 geschaltet. Die positive Zuführung durchläuft zunächst den veränderlichen Widerstand und geht dann direkt zu dem positiven Stöpsel. Der von dem negativen Stöpsel kommende Draht geht erst zu dem Schwachstrom-Amperemeter (0—1 A) und dann nach der negativen Seite des Schlüssels, während der negative, mit 25 bezeichnete Stöpsel mit derselben Stelle des Schlüssels verbunden ist, jedoch durch das Starkstrom-Amperemeter hindurch. Die Anode der elektrischen Zelle ist daher stets mit dem mittleren Stöpsel, die Kathode dagegen entweder mit dem Stöpsel 1 oder 25 verbunden, je nach der Stärke des Stromes, den man durch die Zelle leiten will. Das Voltmeter, geschaltet wie in der Figur, gibt die Potentialdifferenzen an den Endpunkten der Zelle an, wobei man in Anbetracht des geringen Spannungsabfalles innerhalb der Amperemeter eine kleine Addition anbringen muß.

Die Voltmeter an der Seite des Raumes haben Skalen von 0—50 und sind in 1—2 Volt eingeteilt. Diejenigen am Mitteltisch haben einen Meßbereich von 0—120.

Die Amperemeter mit dem Meßbereich von 0 bis 1 haben Teilstriche von 1—100, während die mit dem Bereich 0 bis 25 in 1—5 Amp. eingeteilt sind. Die drei Instrumente sind nebeneinander auf eine sich in der ganzen Länge des Raumes erstreckende, eichene Tafel montiert und durch dichtschließende Glaskästen, wie in Fig. 11 wiedergegeben wird, bedeckt. Die letzteren haben weder Türen noch eine Rückwand, sondern werden direkt an die Holztafel mit einer starken Zwischenlage aus Filz, die einen guten Abschluß herstellt, geschraubt. Die Drähte führen in die Kästen durch Hartgummiröhren, die an ihren äußeren Enden fest mit Isolierband verklebt sind.

Die Rheostaten sind zum Schutze gegen schädliche Dämpfe in emaillierten Dosen untergebracht. Sie haben einen Gesamtwiderstand von 172 Ohm, der in 51 Stufen eingeteilt ist, und zwar derartig, daß ihre Widerstände geometrisch eine Reihe bilden. Hierbei wurden die erste Stufe und die Summe aller Abstufungen in Übereinstimmung mit den Daten von Badwiderständen gewählt, die man bei früheren Arbeiten als die geeignetsten ausprobiert hatte. Sowohl die Drähte in den Zellenräumen als auch die in dem eigentlichen Laboratorium sind mit Gummi überzogen. Die letzteren wurden außerdem noch in

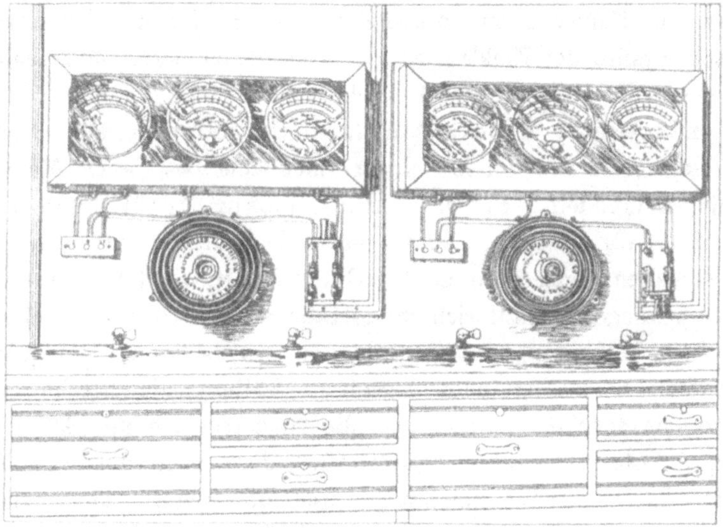

Fig. 11. Arbeitsplatz.

eichene Behälter eingeschlossen. Dies geschah jedoch weniger zum Schutz als um des guten Aussehens willen. Die ganze Anlage, sowie die innere Ausrüstung des Raumes haben sich in jeder Beziehung bewährt.[1]

[1] Science **13** (1901), 697; Z. f. Elektrochem. **8**, 398, 445; **9**, 946; **10**, 238; H. Nissenson, Einrichtungen von elektrolytischen Laboratorien unter besonderer Berücksichtigung der Bedürfnisse der Hüttenpraxis, Halle a. S. 1903; Elektrochem. Z. **10**, 267; G. ch. ital. **36**, 401; Abegg, Z. f. Elektrochem. **12**, 109; Foerster, ebenda **12**, 183. Ferner: Neuester Katalog der Vereinigten Fabriken für Laboratoriumsbedarf in Berlin N.

Bevor wir die bei der elektrolytischen Bestimmung der verschiedenen Metalle zu beobachtenden Einzelheiten beschreiben, dürfte vielleicht noch ein kurzer Abriß der Geschichte der Einführung des elektrischen Stromes in die chemische Analyse von allgemeinem Interesse sein.

V. Geschichtliches.

In den ersten Jahren des vorigen Jahrhunderts herrschte ein ziemlich reges Studium der elektrischen Erscheinungen, jedoch waren die Forschungen vornehmlich auf die Lösung der physikalischen Seite der Elektrolyse gerichtet. Zum ersten Mal schlug Cruikshank (1801), angeregt durch die Beobachtung der Schnelligkeit, mit welcher Kupfermetall durch den Strom gefällt wurde, die Elektrolyse als ein Mittel vor, möglicherweise auch Metalle damit aufzufinden. Später wiesen Fischer (1812) Arsen und Cozzi (1840) Metalle damit ganz allgemein in animalischen Flüssigkeiten nach, während Gaultier de Claubry (1850) seine Untersuchungen darauf richtete, Metalle aus Giften durch elektrolytische Abscheidung auf Platinblechen zu isolieren. Claubry arbeitete so, daß er nach beendeter Fällung die Bleche entfernte, sie sorgfältig wusch und die Niederschläge mit Salpetersäure in Lösung brachte. Sie wurden dann nach dem gewöhnlichen Analysengange untersucht und die Metalle identifiziert. Der von ihm verwandte Strom war offenbar sehr schwach, da die von ihm zur Abscheidung als notwendig bezeichnete Zeit von zehn bis zwölf Stunden variierte. Gaultier betrachtete diese Methode in allen Fällen als zuverlässig, empfahl sie jedoch besonders für den Nachweis von Kupfer in Brot. Bei der Prüfung auf Zink empfahl er einen Zinnstreifen als Anode, bemerkte jedoch ergänzend, daß ein Platinblech ebensogut geeignet wäre.

In Graham-Ottos Lehrbuch der Chemie (1857) wird angegeben, daß der Anodensauerstoff mitunter sehr schnell die Bildung von Peroxyden veranlaßt; ferner, daß z. B. die Dioxyde von Blei und Mangan aus Lösungen dieser Metalle an der positiven Elektrode der Batterie niedergeschlagen würden, und daß daher die Spitze eines mit der Anode einer Zelle in Verbindung stehenden Platindrahtes ein empfindliches Mittel zur Entdeckung von Mangan und Blei wäre. Bei derselben Gelegenheit wird auch die Oxydationskraft der Anode durch folgendes einfache Experiment hübsch wiedergegeben: Ein Stück Eisen, das mit der positiven Elektrode einer Batterie in Verbindung steht, wird in ein V-förmiges Glasrohr eingeführt, das eine konzentrierte Lösung von Kaliumhydroxyd enthält, während ein von der negativen Elektrode herkommender Platindraht in den anderen Schenkel des Gefäßes taucht. Nach kurzer Zeit erscheint Eisensäure in der Umgebung der Anode und wird an der dort auftretenden roten Farbe erkannt.

In demselben Jahre (1857) beschrieb C. Despretz die Zersetzung gewisser Salze mittels des elektrischen Stromes und gab an, daß er beim Arbeiten mit Lösungen der Acetate von Kupfer und Blei erwartet hätte, beide Metalle würden sich auf dem negativen Pol abscheiden. Er wäre jedoch sehr überrascht gewesen, als zu gleicher Zeit, wo sich das Kupfer an der Kathode abschied, das Blei sich als Oxyd an der Anode niederschlug. Dasselbe Ergebnis trat ein, als die Versuche bei den Nitraten und reinen Acetaten wiederholt wurden. Bei Mangan trat überhaupt keine Abscheidung auf der negativen Elektrode ein, sondern es erschien nur ein schwarzes Oxyd an dem entgegengesetzten Pol. Kaliumantimonyltartrat lieferte einen kristallinischen Niederschlag von Antimon an der Kathode, während an der Anode ein gelbroter Beschlag auftrat, angeblich wasserfreie Antimonsäure. Bei Wismutnitrat wurde eine rotbraune Abscheidung an der positiven Elektrode erhalten. Despretz schloß seinen Bericht mit der Angabe, daß die angegebenen Tatsachen zwar nicht sehr zahlreich wären, daß sie jedoch, soweit Blei, Antimon und Mangan in Betracht kämen, neu wären, und weiter, daß die Trennung von Kupfer und Blei durch den Strom nahezu vollständig verliefe.

Drei Jahre später (1860) empfahl Charles L. Bloxam die Arbeitsweise von Gaultier zur Entdeckung von Metallen in organischen Gemischen, wobei jedoch erwähnt werden soll, daß schon Smee (1851) in seinem Werk über Elektrometallurgie versichert hat, daß Morton als erster den elektrischen Strom zur Isolierung von Metallen aus Giften verwendet hätte. Wie dem auch sein mag, die Tatsache bleibt bestehen, daß Bloxam tatsächlich den Strom in sehr ausgiebiger Weise zu obigem Zwecke benutzt hat; wenn er auch nicht durch seine Methode quantitative Resultate erzielt hat, so verdienen immerhin der von ihm verwendete Apparat und seine späteren Arbeiten nach dieser Richtung hin große Anerkennung.

Um Arsen elektrolytisch zu entdecken, verwandte z. B. Bloxam eine kleine Glasglocke von 4 ccm Inhalt, die unten durch Pergamentpapier abgeschlossen war, welches mittels eines dünnen Platindrahts vollkommen dicht aufgepreßt wurde. Der offene Hals der Glocke war mit einem Kork verschlossen, durch welchen ein rechtwinklig gebogenes Glasrohr hindurchführte. Das letztere sollte den im Innern des Troges entwickelten Gasen nach oben einen Abzug gestatten. Der von der negativen Elektrode kommende Platindraht wurde an demselben Kork befestigt. An dem im Innern der Glashaube befindlichen Teil des Drahtes wurde ein Platinblech befestigt, welches in die mit etwas verdünnter Schwefelsäure versetzte Arsenlösung tauchte. Die Glocke stand samt ihrem Inhalt in einem weiten, mit Wasser gefüllten Becherglas, in welches die positive Elektrode der Batterie tauchte. Unter dem Einfluß des Stromes wurden Metalle, wie Antimon, Kupfer, Wismut und Quecksilber, auf dem Platinblech der negativen Elektrode abgeschieden, während Arsen in Form von Arsenwasserstoff frei wurde und durch das Ableitungsrohr in eine passende Absorptionsflüssigkeit geleitet wurde. Um festzustellen, welches Metall oder welche Metalle sich auf der Kathode abgeschieden hatten, wurde die eingehängte Platinplatte nach Unterbrechung des Stromes entfernt und mit heißem Ammoniumsulfid behandelt. Nach Eindampfen dieser Lösung zeigte ein zurückbleibender gelbroter Fleck an, ob Antimon vorhanden war. Wenn noch ein metallischer Niederschlag an dem Blech verblieb, so wurde das letztere mit Salpetersäure behandelt, um die Lösung der noch daran zurückgebliebenen Metalle zu bewirken.

J. Nicklès (1862) fällte Silber mit dem Strom eines Zink-Kupferpaares. Die positive Elektrode bestand aus einem Stück Graphit (von einem Bleistift), während ein dünner glänzender Kupferdraht die negative Elektrode bildete. Auf diesem schied sich das Silber ab. Der Strom war sehr schwach; denn es trat keine Wasserstoffentwickelung an der Kathode auf. Nicklès schlug vor, auch größere Silbermengen aus Silbercyanidlösungen auf diesem Wege zu reduzieren. Für diese Silbergewinnung gab er eine zylindrische Kathode an, die aus irgendeiner leicht schmelzenden Legierung hergestellt werden sollte, so daß nach beendigter Reduktion die übrigen Metalle leicht herausgeschmolzen werden könnten; das Silber soll hierbei in Form eines Bleches zurückbleiben. Ferner hat Nicklès Kupfer, Blei, Wismut und Antimon aus Geweben elektrolytisch abgeschieden.

Im Jahre 1862 nahmen A. C. und E. Becquerel ihre elektrochemischen Untersuchungen wieder auf, die sie schon etwa dreißig Jahre vorher begonnen hatten. Ihre Experimente scheinen jedoch hauptsächlich dazu angestellt worden zu sein, die Reduktion von Metalllösungen in großem Stile durchzuführen. Sie erstrebten nämlich nicht die quantitative Bestimmung von Metallen, sondern vielmehr eine leichte und zufriedenstellende technische Isolierungsmethode derselben.

Wöhler (1868) fand, daß, wenn Palladium mit der positiven Elektrode zweier Bunsenelemente verbunden und dann in mit Schwefelsäure angesäuertes Wasser gestellt würde, es sofort mit glänzenden, stahlähnlichen Farbstreifen bedeckt werde. Wöhler faßte diesen Überzug als Palladiumdioxyd auf; denn er beobachtete, daß sich beim Behandeln mit Salzsäure Chlor, sowie beim Erwärmen mit Oxalsäure Kohlendioxyd daraus entwickelte; an der Kathode schied sich außerdem ein schwarzes, amorphes Metall ab, dessen Menge jedoch nur gering war. Unter analogen Bedingungen ergab Blei ebenfalls ein braunes Dioxyd. Auch Thallium zeigte eine ähnliche Erscheinung. Osmium wird, wenn es in seiner gewöhnlichen porösen Form verwendet wird, sofort in Osmiumsäure verwandelt. Wählt man jedoch Ätzkali an Stelle von Säure, so nimmt die Flüssigkeit schnell eine tiefgelbe Farbe an, während ein dünner Metallbeschlag auf der Kathode erscheint. Ruthenium zeigte ein ähnliches Verhalten, als es in Form von Pulver verwendet wurde. Osmiumiridium, eine Verbindung, die unter gewöhnlichen Umständen nur schwierig angegriffen wird, geht sofort in Lösung, wenn sie mit der in eine Lösung von Ätznatron gestellten positiven Elektrode einer Batterie in Verbindung gebracht wird und teilt der alkalischen Flüssigkeit eine gelbe Farbe mit. Ein schwarzer Metallbeschlag erscheint hierbei allmählich auf der negativen Elektrode.

Die bisher beschriebenen Experimente waren qualitativer Natur. Die erste Notiz über eine quantitative Bestimmung von Metallen auf elektrolytischem Wege rührt von Wolcott Gibbs her, der 1864 Ergebnisse über die Bestimmung von Kupfer und Nickel veröffentlichte. Luckow sagte im Anschluß an diese Arbeit ein Jahr später (1865), daß er schon seit mehr als zwanzig Jahren Kupfer auf diesem Wege nachgewiesen habe. Bereits 1860 habe er ferner den elektrischen Strom auch zur quantitativen Bestimmung von Kupfer bei verschiedenen Analysen benutzt.

Luckow hat auch den Namen „Elektrometallanalyse“ für diese neue Methode der quantitativen Analyse vorgeschlagen. Nach diesem Forscher kann der Strom in folgender Weise verwendet werden:

1. um Metalle und Legierungen in Säuren aufzulösen, durch die sie ohne Hilfe des elektrischen Stromes nicht angegriffen werden;

2. um Metalle, wie Mangan und Blei (Silber, Nickel und Kobalt), nachzuweisen, da diese sich in Form von Peroxyden abscheiden; Mangan außerdem auch als Übermangansäure;

3. verschiedene Metalle zu trennen, z. B. Kupfer und Mangan von Zink, Eisen, Kobalt und Nickel;

4. Metalle quantitativ abzuscheiden und zu bestimmen, und zwar in sauren, alkalischen und neutralen Lösungen;

5. zu mannigfaltigen Reduktionen, z. B. Chlorsilber, Wismut-

oxychlorid, Bleisulfat zu ihren Metallen oder auch Chromsäure zu Oxyd, z. B. mit verdünnter Schwefelsäure angesäuertes Kaliumchromat.

Diese Anwendungen schließen nahezu alles ein, was seitdem mit Hilfe des Stromes ausgeführt worden ist. In derselben Abhandlung, in welcher Luckow die Aufmerksamkeit auf die oben verzeichneten Tatsachen lenkte, beschrieb er auch im einzelnen die Methoden, die er zur Fällung von Metallen anwandte. Ein eingehenderes Studium dieser ersten Versuche zeigt uns die Sorgfalt und Genauigkeit, mit welcher jede Einzelheit von diesem Forscher ausgearbeitet worden ist. Luckow gab auch an, daß das gesamte in der Lösung vorhandene Blei auf der positiven Elektrode als Dioxyd abgeschieden würde und aus der Gewichtszunahme bestimmt werden könnte. Diese Beobachtung wurde in vollem Umfange durch Hampe und später durch W. C. May bestätigt.

Wrightson wies ferner 1876 auf die Tatsache hin, daß, wenn Lösungen von Kupfer in Gegenwart von anderen Metallen elektrolysiert wurden, die letzteren in hohem Maße die Abscheidung des ersteren beeinflußten. Z. B. war bei Kupfer und Antimon die Abscheidung des Kupfers stets unvollständig, wenn das Antimon $^1/_4$ oder $^2/_3$ der Menge des Kupfers erreichte. Trotzdem konnte eine vollständige Trennung der beiden Metalle bewirkt werden, wenn die Menge des Antimons klein war. Ein ähnliches Verhalten wurde bei andren Metallen beobachtet. Die Abscheidung von Kadmium, Zink, Kobalt und Nickel verlief anscheinend nicht zufriedenstellend.

Lecoq de Boisbaudran (1877) elektrolysierte die Lösung des Metalles Gallium in Ätzkali, indem er den Strom von sechs Bunsenelementen auf 20—30 ccm der konzentrierten Flüssigkeit einwirken ließ. Das abgeschiedene Metall ließ sich abtrennen, wenn die negative Elektrode in kaltes Wasser getaucht und darin leicht hin und her gebogen wurde.

Das wenigversprechende Verhalten von Zinklösungen, wie es von Wrightson beobachtet worden war, wurde von Parodi und Mascazzini (1877), welche eine Lösung des Sulfats verwandten, zu welcher ein Überschuß von Ammoniumacetat gesetzt worden war, glücklicher Weise nicht bestätigt. Blei wurde ebenfalls in zusammenhängender Form aus seiner Alkalitartratlösung bei Gegenwart von Alkaliacetat abgeschieden.

Seit Luckows Versuchen über Mangan scheint diesem Metall wenig Aufmerksamkeit geschenkt worden zu sein. Erst Riche (1878) veröffentlichte wieder Ergebnisse darüber. Während er einerseits die Beobachtungen von Luckow bestätigte, entdeckte er andrerseits, daß Mangan nicht nur vollständig aus der Lösung seines Sulfates, sondern auch aus der des Nitrates gefällt wird, wodurch eine elektrolytische Trennung des Mangans von Kupfer, Nickel, Kobalt, Zink, Magnesium, den alkalischen Erden und den Alkalimetallen ermöglicht wurde. Riche empfahl, das abgeschiedene Dioxyd sorgfältig zu trocknen, es dann durch Glühen in das Oxyd Mn_3O_4 zu verwandeln und als solches zu wägen. Nach diesem Chemiker gibt schon ein millionstel Gramm Mangan bei der Einwirkung des Stromes eine deutliche Rosenrotfärbung, die selbst noch in zehnfacher Verdünnung bemerkbar ist.

Bei Zinkfällungen zog Riche eine Lösung von Zinkammoniumacetat mit einem Gehalt an freier Essigsäure vor.

Luckow gab zum ersten Mal an, daß das Quecksilber sich durch den Strom aus sauren Lösungen auf der negativen Elektrode in metallischer Form abscheidet. F. W. Clarke (1878) benutzte zu diesem Zweck eine Mercurichloridlösung, die schwach mit Schwefelsäure angesäuert war. Die Abscheidung wurde in einer Platinschale mit Hilfe von sechs Bunsenelementen ausgeführt. Zuerst fiel Mercurochlorid aus, welches jedoch allmählich zu metallischem Quecksilber reduziert wurde. J. B. Hannay hatte früher (1873) empfohlen, dieses Metall aus Lösungen von Mercurisulfat zu fällen, jedoch keine Ergebnisse angegeben.

Clarke schenkte auch dem Kadmium einige Aufmerksamkeit; seine Ergebnisse waren jedoch hier nicht zufriedenstellend. Einige Monate später konnte Verfasser des vorliegenden Buches (1878) erfolgreich Kadmium vollständig und in sehr kompakter Form aus Lösungen des Acetates fällen. Auf dieses

Verhalten gründete Yver (1880) seine Trennungsmethode von Kadmium und Zink. Ferner fand Verfasser (1880), daß die Fällung von Kadmium auch aus der Lösung des Sulfates ausgeführt werden könnte, im Gegensatz zu einer früheren Beobachtung von Wrightson. Zu derselben Zeit gelang es, auch Kupfer vollständig von Kadmium trennen, wenn man deren Lösung in Gegenwart von freier Salpetersäure elektrolysierte.

Eine sehr erfolgreiche Bestimmung von Zink und Kadmium wurde von Beilstein und Jawein im Jahre 1879 veröffentlicht. Sie wandten hierzu Lösungen der Doppelcyanide an.

Im Jahre 1880 fanden Heinrich Fresenius und Bergmann, daß die Elektrolyse von Nickel- und Kobaltlösung am besten in Gegenwart eines Überschusses von freiem Ammoniak und Ammoniumsulfat vor sich ging.

Ihre Erfahrungen beim Silber zeigten, daß die besten Resultate mit Lösungen, die freie Salpetersäure enthielten, sowie bei Anwendung schwacher Ströme erzielt werden konnten.

Verfasser zeigte (1880), daß beim Elektrolysieren von Uranylacetatlösungen das Uran völlig als Protosesquioxydhydrat gefällt wurde, und ferner, daß Molybdän als Sesquioxydhydrat aus warmen Lösungen von Ammoniummolybdat in Gegenwart von freiem Ammoniak gefällt werden konnte. Vielversprechende vorläufige Ergebnisse wurden auch mit Salzen des Wolframs, Vanadins und Cers erhalten.

In einer weiteren Mitteilung (1880) von Luckow, dem wir überhaupt sehr viele wertvolle Neuerungen in der Elektrolyse verdanken, wird eine ausführliche Beschreibung seiner Beobachtungen auf diesem Gebiet der Analyse geliefert, welcher der folgende gedrängte Auszug entnommen ist. Zwar bezieht sich dieser mehr auf das qualitative Verhalten verschiedener Verbindungen; indessen erscheint er doch so wichtig, daß er ein sorgfältiges Studium erheischt:

Wird der Strom durch eine saure Lösung von Kaliumchromat geleitet, dann wird die Chromsäure zu Oxyd reduziert, während, wenn die Lösung des Chromioxydes in Ätzkali einer analogen

Behandlung unterworfen wird, Kaliumchromat gebildet wird. Arsensäure und arsenige Säure verhalten sich ähnlich. Dasselbe ist bei löslichem Ferro- und Ferricyanid und Salpetersäure der Fall. In Gegenwart von Schwefelsäure werden Ferrioxyd und Uranioxyd zu niederen Oxydationsstufen reduziert. Bei der Elektrolyse der Alkalisulfite, Thiosulfate und Sulfide entstehen Sulfate, sowie aus organischen Alkalisalzen Carbonate. Kurz, der Strom wirkt im allgemeinen in sauren Lösungen reduzierend und entgegengesetzt in alkalischen. Bei der Elektrolyse von Lösungen von Chorwasserstoff, Bromwasserstoff, Jodwasserstoff, Cyanwasserstoff, Ferro- und Ferricyanwasserstoff und Schwefelwasserstoff scheidet sich der Wasserstoff an dem elektro-negativen Pol und die elektro-negativen Bestandteile an der positiven Elektrode ab. Cyan erleidet eine tiefgehende Zersetzung, wobei die Endprodukte Kohlensäure und Ammoniak sind. Bei der Elektrolyse von Ferro- und Ferricyan scheidet sich Berlinerblau an der positiven Elektrode ab. In verdünnter Chloridlösung tritt nur unterchlorige Säure auf, während in konzentrierten Lösungen auch Chlor gebildet wird. In Alkalichloridlösungen entstehen Chlorate, sobald die Flüssigkeit alkalisch wird. Bei Jodiden und Bromiden scheiden sich Jod und Brom an der positiven Elektrode ab, während Bromate und Jodate gebildet werden, wenn Metalle der ersten beiden Gruppen des periodischen Systems anwesend sind. Cyankalium wird in Kalium- und Ammoniumcarbonat verwandelt. Konzentrierte Salpetersäure wird zu salpetriger Säure reduziert, jedoch nur dann, wenn ihr spezifisches Gewicht nicht 1,2 erreicht; wenigstens nicht bei Anwendung eines schwachen Stromes. Verdünnte Salpetersäure allein oder in Gegenwart von Schwefelsäure wird nicht zu Ammoniak reduziert.[1] Wird verdünnte Salpetersäure jedoch in Gegenwart einer Kupfersulfatlösung elektrolysiert, dann scheidet sich das Kupfer an der negativen Elektrode ab und Ammoniumsulfat wird gebildet. Lösungen von Nitraten, die Schwefelsäure enthalten, verhalten sich analog. Phosphorsäure erleidet keine Veränderung;

[1] Z. f. anorg. Chem. **31**, 289.

Kieselsäure scheidet sich als weiße Masse, sowie Borsäure in Kristallen, die sich zu baumartigen Gruppen vereinigen, an der positiven Elektrode ab.

In den Berichten der Deutsch. Chem. Ges. **14**, 1622 (1881) veröffentlichten Classen und v. Reiß die erste einer Reihe von elektrolytischen Arbeiten, welche später fortgesetzt wurden. Diese erste Mitteilung beschäftigte sich mit der Fällung von Metallen aus Lösungen ihrer Doppeloxalate. Dieselben Verfasser arbeiteten auch ausgezeichnete Methoden für Antimon und Zinn aus. Ferner wurden von ihnen viele sehr nützliche Apparatformen für elektrolytische Arbeiten angegeben und beschrieben. Durch die Rührigkeit der Aachener Schule erlangte die Elektrolyse in den Augen des chemischen Publikums eine größere Bedeutung, als sie je vorher besessen hatte. Die Einzelheiten der wichtigeren Methoden, wie sie von Classen und seinen Mitarbeitern vorgeschlagen worden sind, werden später bei den betreffenden Metallen gebührende Beachtung finden.

Ganz unabhängig von Classen schlugen auch Reinhard und Ihle Zinkkaliumoxalat für die elektrolytische Bestimmung von Zink vor, und in diesem Zusammenhange dürfte es angebracht sein, auch zu erwähnen, daß schon im Jahre 1879 Parodi und Mascazzini[1] schrieben:

„Schließlich können wir noch hinzufügen, daß die elektrolytische Bestimmung von Antimon und Eisen in ihren Verbindungen nunmehr als vollendete Tatsache zu betrachten ist, wenigstens nach den erfolgreichen Versuchen, die wir über diesen wichtigen Gegenstand angestellt haben. Antimon wird nämlich vollständig aus seinem in basischem Ammoniumtartrat gelösten Chlorid sowie aus den Lösungen seiner Sulfosalze gefällt, während das Eisen aus einer Ferrilösung in Gegenwart von saurem Ammoniumoxalat abgeschieden wird.“ Diese beiden Vorschläge sind seitdem von Classen und seinen Schülern erweitert und wesentlich verbessert worden.

---

[1] G. ch. ital. 8, 178.

Im Jahre 1883 gab Wollcott Gibbs die Beschreibung einer elektrolytischen Methode zur Abscheidung von Metallen aus ihren Lösungen unter Anwendung von Quecksilber als negativer Elektrode und einem Platinblech als positiver Elektrode. Unter diesen Umständen wurden, wie man fand, bei mäßig starkem Strom Eisen, Kobalt, Nickel, Zink, Kadmium und Kupfer aus Lösungen ihrer Sulfate so vollständig abgeschieden, daß keine Spur Metall mehr in der Lösung entdeckt werden konnte. Dazu wurde ermittelt, daß die Phosphate dieser Metalle, wenn sie in verdünnter Schwefelsäure aufgelöst werden, leicht in Amalgame und freie Säuren gespalten wurden. Die Vorzüge dieser Methode wurden in einer Anzahl von einwandfreien Beispielen ausgeführt. Gibbs hatte nicht nur die Bestimmung des Metalles durch die Gewichtszunahme des Quecksilbers im Sinne, sondern in besonderen Fällen auch diejenige des mit dem Metall verbundenen Moleküls, und zwar entweder durch direkte Titration oder durch bekannte gravimetrische Methoden. Die Versuche waren rein qualitativer Art; sie reichten jedoch nach der Meinung von Gibbs hin, um die Korrektheit des Prinzips darzutun: „Es ist zu hoffen, daß auch die quantitative Bestimmung der elektronegativen Atome oder der mit dem Metall vereinten Moleküle die Aufmerksamkeit auf sich lenken wird, da die Methode ursprünglich dem doppelten Zweck dienen sollte." Die Methode ist jedoch für den Fall von Antimon und Arsen nicht anwendbar.

Drei Jahre später (1886) empfahl Luckow eine ganz ähnliche Arbeitsweise für die Bestimmung von Zink.

Moore veröffentlichte ebenfalls 1886 neue Daten über die Bestimmung von Eisen, Kobalt, Nickel, Mangan usw., worüber wir ausführlich bei den betreffenden Metallen berichten werden. Whitfield (1886) schlug eine indirekte elektrolytische Bestimmung der Halogene vor, welche sich als zweckmäßig erwiesen hat.

Brand bewirkte im Jahre 1889 erfolgreiche Trennungen, indem er Lösungen der Pyrophosphate von verschiedenen Metallen benutzte.

Smith und Frankel führten im Jahre 1889 ein ausgedehntes Studium der Doppelcyanide durch und fanden hierbei eine Anzahl sehr bequemer Trennungsmethoden. Die Ergebnisse ihrer zahlreichen Untersuchungen in dieser Richtung werden später ausführlich wiedergegeben.

Andere Veröffentlichungen über Elektrolyse sind noch die von Warwick über Metallformiate;[1] ferner die von Frankel über die Oxydation von Metallarseniden[2] und diejenige von Vortmann[3] über die elektrolytische Abscheidung von Metallen in Form von Amalgamen, sowie eine Reihe kritischer Berichte über elektrolytische Methoden von Rüdorff.[4]

In den auf die Veröffentlichung dieser Mitteilungen unmittelbar folgenden Jahren waren die Arbeiten in der Elektroanalyse hauptsächlich auf den Ausbau der Methoden gerichtet. Der Mangel an zuverlässig arbeitenden Bedingungen führte notwendig eine Durchprüfung früherer Vorschläge herbei, mit dem Ergebnis, daß zwar einige davon zu verwerfen waren, die Mehrzahl jedoch wieder Beachtung erlangte und eine ausgedehntere und bereitwilligere Aufnahme fand. Freudenberg (1893) brachte eine Idee, auf welche Kiliani zuerst die Aufmerksamkeit gelenkt hatte, wieder zu Ansehen, nämlich, daß durch Anwendung geeigneter Zersetzungsspannungen Metalltrennungen leicht auf elektrolytischem Wege ausgeführt werden könnten. Dieser Beitrag erschien in der Zeitschrift f. phys. Chem. **12**, 97 und wird auf Seite 31—38 im Auszuge mitgeteilt. Bemerkenswert erscheint, daß die darin angegebenen Trennungen schon früher von Smith und Frankel (1889) ausgeführt worden sind, und daß darauf hingewiesen wird, daß bei Verwendung der Doppelcyanide das Gebiet der Trennungen sehr erweitert würde.[5]

---

[1] Z. f. anorg. Ch. **1**, 285.
[2] Ch. N. **65**, 54.
[3] Ber. **24**, 2749.
[4] Z. f. ang. Ch. **1892**.
[5] Siehe auch Jr. Am. Ch. S. **16**, 93.

Die direkte elektrolytische Bestimmung der Halogene ist durch Vortmann, Specketer und andere ausgearbeitet worden.

Andere Beiträge haben die Brauchbarkeit der bekannten elektrochemischen Methoden für die technische Analyse in Betracht gezogen. Viele sind auch in ihrem Charakter derartig widersprechend, daß sie hier übergangen werden können. Die Literaturbelege darüber werden an den geeigneten Stellen gebracht.

Die allerneuesten Fortschritte in der Elektroanalyse betreffen die Schnellbestimmung von Metallen in bewegten Elektrolyten und die Anwendung von Quecksilberkathoden. Eine vollständige Beschreibung der Ergebnisse, die man mit diesen Mitteln erhalten hat, wird weiter unten (S. 40ff.) gegeben werden.

Die vorstehenden Abschnitte geben einen kurzen Überblick über das bisher auf dem Gebiet der Analyse durch Elektrolyse Erzielte, für weitere Informationen sehe man in der Literatur nach.[1]

---

[1] Literatur: Jahrb. **1850**, 602; C. r. **45**, 449; Jr. f. pkt. Ch. **73**, 79; Chem Soc. Quart. Journ. **13**, 12; Jahrb. **1862**, 610; Ann. **124**, 131; C. r. **55**, 18; Ann. **146**, 375; Z. f. a. Ch. **3**, 334; Ding. p. Jr. **1865**, 231; Z. f. a. Ch. **8**, 23; **11**, 1, 9; **13**, 183; Am. Jr. of Science (3d ser.) **6**, 255; Z. f. a. Ch. **15**, 297; Ber. **10**, 1098; Annales de Ch. et de Phy. **1878**; Am. Jr. of Science **16**, 200; Am. Phil. Soc. Pr. **1878**; Z. f. a. Ch. **15**, 303; Am. Ch. Jr. **2**, 41; Berg-Hütt. Z. **37**, 41; Z. f. a. Ch. **19**, 1, 314, 324; Am. Ch. Jr. **1**, 341; B. s. Ch. Paris **34**, 18; Ber. **12**, 1446; **14**, 1622, 2771; **17**, 1611, 2467, 2931; **18**, 168, 1104, 1787; **19**, 323; **21**, 359, 2892, 2900; Jr. f. pkt. Ch. **24**, 193; Z. f. a. Ch. **18**, 588; **22**, 558; **25**, 113; Ch. N. **28**, 581; **53**, 209; Ber. **25**, 2492; Z. f. ph. Ch. **12**, 97; Ber. **27**, 2060; Z. f. Elektrochem. **2**, 231, 253, 269; Z. f. a. Ch. **32** (1893), 424. Auch die folgenden Arbeiten sind eines sorgfältigen Studiums wert: Ann. **36**, 32; **94**, 1; Z. f. a. Ch. **19**, 1; Berg-Hütt. Z. **42**, 377; Z. f. a. Ch. **22**, 485; Paweck, Elektrotechnische Zeitschrift **X**, 243; Foerster und Müller, Z. f. Elektroch. **9**, 515; Medicus, Z. f. Elektrochem. **8**, 696; Z. f. Elektrochem. **8**, 569; Perkin, Electrolytic apparatus, Ch. N. **88**, 102; J. E. Root, Electrochemical Analysis and the Voltaic Series, Jr. phys. Chem. **7**, 428; Hollard, Influence of the Nature of the Cathode on the Quantitative Separation of Metals by Electrolysis, Ch. N. **88**, 5; ebenda **89**, 110; **87**, 193.

VI. Theoretische Betrachtungen.

Die verschiedenen Formen und die Anordnung der Apparate zur Ausführung elektrolytischer Metallbestimmungen werden später ausführlich behandelt werden. Bevor eingehende Angaben über Bestimmung und Trennung gemacht und Elektrolyte von verschiedenen Eigenschaften beschrieben werden, möge zunächst ein weiterer Abschnitt eingeschaltet werden, um einige theoretische Ansichten anzuführen, die man gegenwärtig über das verschiedene Verhalten der Metalle in Elektrolyten hat und die fast allgemein Annahme gefunden haben.

Kiliani kommt das Verdienst zu, zuerst mitgeteilt zu haben (1883), daß man unter Beobachtung der Differenzen im Zersetzungsdruck die Trennung von Metallen leicht auf elektrolytischem Wege bewerkstelligt werden könnte. Er benutzte hierbei Spannungen, die nahezu den Wärmewerten der der Elektrolyse unterworfenen Salze entsprachen.

Es herrschte indessen noch die Ungewißheit, ob die Fällung eines Metalles erst begann, wenn ein bestimmter Druck erreicht war, oder ob sie schon bei dem niedrigsten Druck stattfand und erst allmählich ein Maximum erreichte. Hierüber gaben Kilianis Studien keine entscheidende Antwort.

Im Jahre 1891 wies dann Le Blanc[1] einwandfrei nach, daß jeder Elektrolyt unter normalen Bedingungen einen ihm eigentümlichen Zersetzungsdruck aufweist und daß dieser Druck genau bestimmt werden könnte.

Freudenberg klassifiziert, geleitet von diesen Tatsachen,[2] die Metalle in folgender Weise:

1. in solche, welche bei mäßigen Spannungen sich überhaupt nicht aus wäßriger Lösung ausscheiden lassen: die Alkalimetalle, alkalischen Erden usw.

2. in solche, welche durch den Strom gewöhnlich als Superoxyde an die Anode geführt werden, wie Blei, Mangan, Thallium.

[1] Z. f. phys. Ch. 8, 299.
[2] A. a. O. 12, 97.

3. in solche, welche sich als metallische Überzüge auf der Kathode niederschlagen.

Die Trennung dieser drei Gruppen voneinander wird von der elektromotorischen Kraft (Druck) wenig beeinflußt und läßt sich ohne Schwierigkeiten erzielen.

Freudenberg beobachtete weiter:[1] „Die dritte oder letzte Gruppe kann man nun wieder in Unterabteilungen zerlegen, welche leicht voneinander zu scheiden sind, und zwar kommt hierfür als Hauptmoment in Betracht die Größe ihres Entladungspotentials im Vergleich zu der des Wasserstoffs. Nach den angeführten Daten von Le Blanc erreicht der Zersetzungswert aller Säuren und Basen ein Maximum, welches nicht überschritten werden kann, bei etwa 1,7 Volt. Es rührt dies daher, daß bei diesem Punkte die Ionen des Wassers sich entladen können. Es müssen daher alle diejenigen Metalle, deren Salzlösungen sich erst oberhalb 1,7 Volt zersetzen lassen, eine größere elektrische Haftintensität besitzen als der Wasserstoff der Säuren. Da nun bei der Elektrolyse zuerst diejenigen Ionen ihrer Ladung beraubt werden, welche dazu den geringsten Energieaufwand beanspruchen, so werden die letzteren Metalle aus solchen Lösungen, in denen die Wasserstoffionen im Verhältnis zur Stromdichte im Überschuß vorhanden sind, überhaupt nicht ausgefällt werden können. Man erreicht diesen Zweck am besten durch die Gegenwart von starken Säuren, wie Salpetersäure. Schwache Säuren genügen nicht, da in ihnen die Konzentration der Wasserstoffionen zu gering ist.

Alkalien und Salze der Alkalien können auf die Fällung der Metalle keinen Einfluß ausüben, da in ihnen das Alkalimetall mit der größten elektrischen Haftintensität die Rolle des Kations einnimmt und daher für die Entladung nicht in Betracht kommt. Die wichtigsten Metalle, welche in ihren Salzlösungen eine leichtere Zersetzbarkeit aufweisen als die entsprechenden Säuren, sind Gold, Platin, Silber, Quecksilber, Kupfer, Wismut, Antimon, Arsen, Zinn. Wie schon erwähnt, bleibt das Verhältnis ihrer

[1] Z. f. ph. Ch. **12** (1893), 99

Zersetzungswerte, da dasselbe vom Anion unabhängig ist, in allen Fällen das gleiche, wenn nur in den Lösungen eine genügende Anzahl Metallionen vorhanden ist. Diese Bedingung ist fast immer erfüllt, indem die Metallsalze in der Regel stark dissoziiert sind; sie erleidet hingegen eine Einschränkung bei den sog. „komplexen“ Salzen. Als solche sind vornehmlich die Cyandoppelverbindungen der Metalle zu nennen, ich will daher an diesen die hier auftretenden Erscheinungen erläutern. Fassen wir z. B. das Kaliumkupfercyanid ins Auge. Gemäß seiner Formel ist es das Kaliumsalz einer Kupfercyanwasserstoffsäure. Wäre dieses Salz absolut komplex, so könnten sich in demselben nur Ionen von $CuCy_4$ und von Kalium befinden.

Bei der Elektrolyse würden die ersteren an die Anode, die letzteren an die Kathode gehen, eine Ausscheidung von metallischem Kupfer könnte daher überhaupt nicht stattfinden. Nun ist aber tatsächlich das Kupferdoppelcyanid wie auch die analogen Verbindungen der übrigen Schwermetalle nicht vollständig komplex, sondern in wässeriger Lösung in geringem Grade gespalten in Kupfercyanid und Cyankalium, und diese sind nun weiter in ihre Bestandteile dissoziiert. Es sind daher auch in der Lösung des Kaliumkupfercyanids Kupferionen anzunehmen. Dieselben sind jedoch in diesem Falle in so geringer Menge vorhanden, daß sie chemisch sich nicht nachweisen lassen. In anderen Cyandoppelsalzen, z. B. dem des Silbers, ist hingegen der Grad der Spaltung hinreichend, um auch eine chemische Reaktion auf Silberionen zu ermöglichen. Es findet daher auf diesem Wege ein allmählicher Übergang zwischen komplexen Salzen und Doppelsalzen statt.

Eine Unterscheidung zwischen diesen beiden Verbindungsarten läßt sich nun gerade nach ihrem elektrischen Verhalten am besten treffen, indem sie, und dies ist für unsere Betrachtung das Wesentliche, die zur Ausscheidung des Metalls aus ihnen notwendige Spannung in charakteristischer Weise beeinflussen. Nach einer von Nernst[1] aufgestellten Theorie ist nämlich die Potential-

[1] Z. f. phys. Ch. **4**, 129.

differenz eines festen Metalls gegenüber einer Flüssigkeit außer von seiner Lösungstension noch abhängig von der Konzentration der in der Lösung vorhandenen Ionen und zwar derart, daß sie mit steigender Verdünnung wächst. Gerade so wie eine feste Substanz einer Flüssigkeit gegenüber ein um so größeres Auflösungsbestreben zeigt, je weniger von ihr sich schon in Lösung befindet, je geringer demzufolge der osmotische Gegendruck ist, ebenso zeigt ein Metall einer Flüssigkeit gegenüber eine um so größere Potentialdifferenz, je weniger Ionen desselben in der letzteren vorhanden sind. Umgekehrt wird daher auch die elektromotorische Kraft, welche die in Lösung befindlichen Metallionen zur Ausscheidung bringen soll, um so größer gewählt werden müssen, je weniger sie von dem osmotischen Druck derselben unterstützt wird, je geringer also die Konzentration der Ionen ist; sie muß unendlich groß werden, wenn die Zahl der Ionen unendlich klein wird. Es lassen sich daher die Metalle theoretisch niemals vollständig aus ihren Lösungen durch den galvanischen Strom fällen. Doch ist, wie sich aus der Nernstschen Formel ergibt, unter normalen Verhältnissen die Steigerung der Polarisation mit der Verdünnung eine so langsame, daß sie in der Praxis ohne Bedeutung bleibt. In den komplexen Cyandopppelsalzen ist jedoch die Anzahl der Metallionen so außerordentlich gering, daß sie die zu ihrer Ausscheidung erforderliche Potentialdifferenz in erheblicher Weise zu beeinflussen vermag. Der Grad dieses Einflusses hängt nun außer von der spezifischen Beschaffenheit des Doppelcyanids noch ab von der Menge des in Lösung befindlichen Cyankaliums, indem durch dessen Gegenwart die Dissoziation des Metallcyanids zurückgedrängt wird. Ebenfalls eine abnorme Höhe der Polarisation infolge der geringen Anzahl seiner Ionen kann das Wasser zeigen. Der Zersetzungswert desselben liegt bei der Gegenwart von Neutralsalzen, welche keine mit denen des Wassers gleichartige Ionen besitzen, wie oben angegeben, bei rund 2,2 Volt infolge der Bildung von Basis und Säure an den Elektroden. Säuren und Alkalien dagegen, bei deren Elektrolyse im Gegensatz zu den Alkalisalzen an den

Elektroden nur Konzentrationsänderungen auftreten, zeigen das normale Potential. Nun ist es für die Cyandoppelsalze, in deren Lösungen der höhere Zersetzungswert des Wassers von 2,2 Volt in Betracht kommt, wichtig, ob in ihnen das abnorme Potential der Metalle sich über dasjenige des Wasserstoffs zu erheben vermag, oder ob es darunter bleibt. Tritt der erstere Fall ein, so wird bei mäßigen Spannungen der Wasserstoff allein entladen werden, und das Metall kann nicht ausfallen. Zwar ist die Anzahl der Wasserstoffionen sehr gering, da aber auch diejenige der Metallionen außerordentlich klein ist, so ist die Ausscheidung der ersteren infolge ihres niedrigeren Potentials begünstigt.

Eine Fällung läßt sich unter diesen Umständen nur erzielen einerseits dadurch, daß man eine hohe Spannung und eine genügende Stromdichte anwendet, anderseits dadurch, daß man durch Zersetzen des in Lösung befindlichen Cyankaliums das Potential des auszuscheidenden Metalls erniedrigt.

Ein andrer Teil der Metalle, nämlich diejenigen, welche in ihren Cyandoppelsalzlösungen genügend gespalten sind, vermögen ihr Potential nicht über dasjenige des Wasserstoffs zu erheben, sie lassen sich daher aus einer Cyankaliumlösung sogleich reduzieren.

Die frühere Anschauung von einer sekundären Fällung der Metalle durch das bei der Elektrolyse in Freiheit gesetzte Kalium führt zu Widersprüchen. Sie vermag z. B. nicht gut zu erklären, warum ein Teil der Metalle aus überschüssiger Cyankaliumlösung sehr leicht, ein Teil jedoch nur schwer durch den Strom abgeschieden wird. Wenn tatsächlich das Kalium entladen wird und eine sekundäre Einwirkung auszuüben imstande ist, warum betätigt es diese Fähigkeit nur bei den einen Metallen, bei den andren aber nicht? Auch spricht sich der enge Zusammenhang, welcher zwischen der Fällbarkeit der Metalle und ihrem chemischen Nachweis durch Schwefelwasserstoff besteht, so klar wie möglich zugunsten der ersteren Theorie aus.

Nach diesem verschiedenen Verhalten der Metalle in Cyankaliumlösung ergibt sich eine zweite Einteilung derselben, welche, da sie auf wesentlich andren Prinzipien beruht, mit der für saure Lösungen geltenden nicht identisch ist. Diejenigen Metalle, welche aus Cyankaliumlösung leicht reduzierbar sind, sind Gold, Silber, Quecksilber und Kadmium; diejenigen, bei denen dies nicht der Fall ist, sind Kupfer, Platin, Arsen, Nickel, Kobalt, Eisen, Zink. Es ist bemerkenswert, wie das Potential der Metalle, welches ursprünglich infolge der spezifischen Haftintensitäten der Ionen konstant ist, durch Verminderung der Anzahl ihrer Ionen beliebig erhöht und in seiner Größenordnung verändert werden kann.

Außer den Cyandoppelsalzen ist mir noch ein anderer Fall bekannt, welcher praktische Verwendung gefunden hat und sich durch dieses Prinzip erklären läßt. Einige Metalle, z. B. Arsen und Antimon, welche sowohl als Basen wie auch als Säuren fungieren können, lassen sich ihres Ionenzustandes mehr oder weniger vollständig berauben, wenn man ihnen durch Auflösen in Alkalien die Rolle einer Säure zuerteilt. Ganz analog wie bei den Cyandoppelsalzen wächst dadurch ihr Potential über das des Wasserstoffs hinaus, und sie können durch den Strom nicht mehr reduziert werden.

Ich möchte an dieser Stelle noch auf eine Tatsache hinweisen, welche das Verhalten der Metalle bei der Elektrolyse gut veranschaulicht, ich meine die große Analogie, welche zwischen der Fällbarkeit derselben durch den galvanischen Strom und durch Schwefelwasserstoff vorhanden ist. Ihre Ursache läßt sich darin suchen, daß die Tendenz der Metalle und des Wasserstoffs, Ionen zu bilden, ihrem Verhältnisse nach im allgemeinen auch in ihren Schwefelverbindungen sich wiederfindet. Es werden daher aus einer Lösung, welche überschüssige Wasserstoffionen enthält, ebensowenig wie durch den Strom durch Schwefelwasserstoff diejenigen Metalle gefällt, deren Ionisierungstendenz größer ist als die des Wasserstoffs. In alkalischer Lösung, in welcher die Ionisierungstendenz des Wasserstoffs einen abnormen Wert erlangt, lassen sich wie durch den Strom so durch Schwefelwasserstoff alle Metalle, deren Ionisierungstendenz geringer ist als dieser

Wert, abscheiden. In einer Lösung von Cyankalium schließlich, in welcher das Potential der Metalle außerordentlich gesteigert ist, reagieren nur diejenigen mit Schwefelwasserstoff, welche sich auch momentan durch den Strom abscheiden lassen. Die Analogie zwischen den beiden Reihen ist gleich wohl keine absolute, z. B. läßt sich Kadmium in Salpetersäure durch Schwefelwasserstoff fällen, während dies durch den Strom nicht mehr gelingt. Sie läßt sich aber noch insoweit verfolgen, als sich in Metallgemischen ebenso wie durch den Strom durch Schwefelwasserstoff eine partielle Fällung erzielen läßt. Kadmium wird in schwach saurer Lösung durch Schwefelwasserstoff sogleich abgeschieden; befindet sich hingegen außerdem noch Kupfer in der Lösung, so wird zuerst nur dieses gefällt und erst, wenn die Hauptmenge desselben entfernt ist, auch das Kadmium. Könnte man die Einwirkung des Schwefelwasserstoffs ebenso regulieren wie die des Stromes, so würde auch auf diesem Wege eine Trennung der beiden Metalle möglich sein.

Das geschilderte Verhalten der Metalle gegenüber dem Wasserstoff hinsichtlich ihres Potentials in den verschiedenen Lösungsmitteln ist es, welches die einfachsten Trennungen ermöglicht und worauf die früheren Methoden fast ausschließlich beruhen. Da in diesem Falle das Einhalten einer bestimmten elektromotorischen Kraft nicht erforderlich ist, so konnte es geschehen, daß die Bedeutung derselben fast völlig vernachlässigt wurde. Bisher benutzte man für die meisten Fällungen die gleiche Spannung und regulierte die Stromstärke je nach dem Einfluß, welchen eine Gasentwickelung auf den Niederschlag ausübte, durch Ein- oder Ausschalten von Widerständen. Auch gelang es unter besonders günstigen Umständen allein auf diesem Wege eine Metalltrennung zu erzielen, indem man die Stromdichte so gering wählte, daß die Ionen des leichter reduzierbaren Metalls bis zum Schluß hinreichten, um die Entladung der Elektrizität für sich in Anspruch zu nehmen, so daß erst nach Entfernung derselben sich das zweite Metall an der Elektrolyse beteiligen konnte. Nun ist es aber in jeder Hinsicht zweckmäßiger, die Stromdichte nicht durch Vermehrung des äußeren Widerstandes sondern durch Herabsetzen der Spannung zu vermindern, da man nach diesem Verfahren nicht nur eine Ausfällung des zweiten Metalls ausschließen, sondern auch die Stromdichte erheblich größer lassen kann als nach der andren Methode. Man hat die Spannung nur derart zu wählen, daß sie die Polarisation des einen Metallsalzes genügend zu übertreffen vermag, während sie unterhalb derjenigen des andren bleibt. Es läßt sich dadurch eine zuverlässige und von der Dauer der Stromeinwirkung unabhängige Trennung von Metallen erzielen, welche für diejenigen in Betracht kommt, deren Potential dem des Wasserstoffs gegenüber das gleiche Vorzeichen trägt.

Es ist klar, daß die Bedeutung, welche bei Benutzung dieses Verfahrens die Spannung gegenüber der Stromstärke gewinnt, hinsichtlich der Methodik und der Apparate bei der Elektrolyse mancherlei Änderungen im Gefolge haben muß. Vor allem verliert das Knallgasvoltameter, dessen Angaben uns bisher ausschließlich über die angewandte Stromenergie Auskunft erteilten, als Meßinstrument seine Bedeutung usw."

Bancroft[1] erörterte vor einigen Jahren die Möglichkeit einer Trennung von Metallen durch Beachtung ihrer Zersetzungsspannung und fügte dann hinzu:

„In der Tat wird diese Methode bei den meisten vorgeschriebenen Trennungen nicht angewendet, welche eher als „Trennungen bei konstantem Strom" zu klassifizieren sind, selbst wenn der Strom nicht absolut konstant gehalten werden sollte. Um zu verhindern, daß das zweite Salz, sobald das erste abgeschieden ist, ausfällt, ist es von Wichtigkeit, daß Wasserstoff durch den Strom an Stelle des zweiten Metalles freigesetzt wird. Das wesentliche Merkmal einer „Trennung bei konstantem Strom" ist daher, daß die Zersetzungsspannung für Wasserstoff in der betreffenden Lösung unterhalb der Zersetzungsspannung eines der beiden Metalle liegt. Da die meisten Trennungen ursprünglich ohne ein Voltameter im Stromkreis ausgeführt wurden, so

[1] Internat. Kongr. f. ang. Ch. 1903, 4, 703.

wurde nicht eher ein befriedigendes Ergebnis erhalten, bevor man nicht eine Lösung gefunden hatte, welche eine Trennung bei konstantem Strom gestattete, und aus diesem Grunde sind alle Trennungen, mit Ausnahme einiger der neuesten, als „Trennungen bei konstantem Strom" zu bezeichnen."

Root[1] studierte unter Leitung von Bancroft die Bedingungen einer Anzahl Metalltrennungen aus Lösungen der Cyanide, Oxalate, Phosphate und Tartrate. Die folgenden Tabellen geben die wichtigeren Trennungen von Silber, Quecksilber, Kupfer, Wismut, Blei, Zinn, Nickel, Eisen, Kadmium und Zink wieder.

Trennungen.

Tabelle I.

	Silber oder Quecksilber von		
Cu	Salpetersäure	*V*	*V*
	Cyanid	*C*	*C*
Bi	Salpetersäure . . .	*V*	*V*
Pb	Überschüssige Salpetersäure	*C*	*C*
Sn	Sulfid (Ag_2S unlöslich)	*C*	*C*
Fe	Salpetersäure	*C*	*C*
	Cyanid	*C*	*C*
Ni	Säure	*C*	*C*
	Cyanid	*C*	*C*
Cd	Salpetersäure	*C*	*C*
	Cyanid	*V*?	*C*
Zn	Cyanid	*C*	*C*

Tabelle II.

	Kupfer von		
Bi	Cyanid + Citrat (Wismut fällt aus) . . .	*C*	*C*
Pb	Überschüssige Salpetersäure	*C*	*C*
Sn	Ammoniak und Tartrat	*C*	*C*
Fe	Säure, Phosphat oder Oxalat	*C*	*C*
Ni	Säure, Phosphat . .	*C*	*C*
	Oxalat	*V*?	*C*
Cd	Säure	*V*?	*C*
	Phosphat	*C*	*C*
	Cyanid (Cd fällt aus) .	*C*	*C*
Zn	Säure, Phosphat . . .	*C*	*C*

Tabelle III.

	Wismut von		
Pb	nicht vorhanden . . .	—	—
Sn	NH_3 + Tartrat . . .	*C*	*C*
Fe	Saures Sulfat	*C*	*C*
Ni	„ „	*C*	*C*
Cd	Säure	*C*	*C*
Zn	„	*C*	*C*

Tabelle IV.

	Eisen von		
Ni	nicht vorhanden . . .	—	—
Cd	Alkalicyanid (Cadmium fällt aus)	*C*	*C*
	Säure, $(NH_4)_2SO_4$ (Cadmium fällt aus) . .	*C*	*C*
	Phosphat (Cadmium fällt aus)	*C*	*C*
Zn	Alkalicyanid (Zink fällt aus)	*C*	*C*

[1] Jr. phys. Ch. 7 (1903), 428.

Tabelle V.

Nickel von			
Cd	Alkalicyanid (Cadmium fällt aus)	C	C
	Säure $(NH_4)_2SO_4$ (Cadmium fällt aus) . .	C	C
Zn	NaOH + Tartrat (Zink fällt aus)	C	C

Tabelle VI.

Cadmium von			
Zn	Sulfat	C	C
	Cyanid	C	C
	Phosphat	C	C
	Oxalat	C	V?

Die erste Spalte gibt das Metall und die zweite die Lösung wieder. In der dritten Spalte bedeutet *C*, daß eine „Trennung bei konstantem Strom“ angewendet wird, und *V* eine „Spannungstrennung“. In der vierten Spalte beziehen sich dieselben Buchstaben auf die Trennungsmethode, wie sie nach den Gesetzen der Zersetzungsspannung vorgezeichnet wäre.

„Wie zu erwarten war, waren praktisch alle Bestimmungen „Trennungen bei konstantem Strom“ und die wenigen, die es nicht waren, waren von geringer Bedeutung.“

Ein sehr interessanter Beitrag in derselben Richtung ist von Danneel[1] geliefert worden.

VII. Die Schnellfällung von Metallen auf elektrolytischem Wege.

Mit dem Arbeiten nach alten und dem Suchen nach neuen elektrolytischen Methoden beschäftigt, beobachtete Verfasser im Jahre 1901, daß sich bei der elektrolytischen Trennung und Fällung des Molybdäns von Wolfram blaugefärbte, fadenförmige Massen bildeten, die sich von der Kathode nach der Anode hin erstreckten (die Anode bestand aus einer Platinspirale) und beim Annähern an die Anode sofort verschwanden. Diese Fäden blauen

[1] Internationaler Kongreß f. ang. Ch. (1903) **4**, 680—687. Siehe auch Hollard, Ch. N. **87**, 193; **88**, 5; **89**, 110, 125; Centralblatt I (1903), 600. Ferner: F. Foerster, Z. f. ang. Ch. **19** (1906), 1842—1849. Ebenda **29**, 1889.

Wolframoxydes waren an der Kathode durch Reduktion gebildet worden und wurden wieder oxydiert, sobald sie in das Oxydationsgebiet der Anode gelangten. Ohne weiteres bot sich hier der Gedanke dar, daß man durch Rühren des Elektrolyten diese unerwünschte Reduktion der Wolframsäure verhindern könnte. Das Hindurchleiten eines Luftstromes zu diesem Zweck empfahl sich aus mehreren Gründen nicht, so daß das nächste war, die Anode rotieren zu lassen. Dies wurde in der Tat versucht. Die Ergebnisse waren damals nicht zufriedenstellend. Als man jedoch im selben Jahre die Idee des Rotierens der Elektrode auf andere Metalle anwandte, da wurde bald gefunden, daß sich Kupfer, Silber und Quecksilber in ausgezeichneter Form auf diese Weise niederschlagen ließen, und weiter, daß, wenn man die Anode mit höheren Umdrehungszahlen rotieren ließ und eine größere Stromdichte und höhere Spannung anwandte, alsdann eine schnellere und promptere Fällung der verschiedenen erwähnten Metalle eintrat. Die Dauer wurde erstaunlich abgekürzt. Die Ergebnisse wurden sorgfältigst aufgezeichnet. Die frühere Frage der Trennung von Molybdän und Wolfram blieb jedoch beharrlich unbeantwortet. In der Absicht, sie später zu lösen, wurde das weitere Arbeiten mit Kupfer und anderen Metallen längs der soeben beschriebenen Bahn abgebrochen; erst Anfang 1903 wurde es wieder aufgenommen. Verfasser veranlaßte zu dieser Zeit Herrn Franz C. Exner, welcher damals als Praktikant im Laboratorium der Universität Philadelphia arbeitete, die Versuche über die Schnellfällung von Metallen zu wiederholen. Exner sollte einerseits die Anode rotieren lassen und anderseits hierbei auch Ströme von großer Dichte und hoher Spannung anwenden. Die Ergebnisse dieser Versuche sind in Exners Doktorarbeit im Juni 1903 veröffentlicht worden. Sie waren so bemerkenswert, daß viele Chemiker damals der Ansicht waren, das Gebiet der Elektroanalyse könne dadurch eine vollständige Umwälzung erfahren. Nach des Verfassers Meinung stellen sie zum mindesten eine neue vorgezeichnete Bahn auf diesem Gebiet dar. Metalle.

welche bisher elektrolytisch unter den günstigsten Umständen (0,1—0,2 g) in einer Zeitdauer von 2—4 Stunden bestimmt wurden, ließen sich nunmehr in 5—10 Minuten bestimmen. Bevor wir jedoch die obigen Ergebnisse von Exner und die auf ähnlichem Wege von andern Schülern des Verfassers erzielten Resultate im einzelnen erörtern, wollen wir kurz die damit im Zusammenhange stehenden Versuche andrer Chemiker skizzieren.

Die Tatsache, daß ein Rühren des Elektrolyten die elektrolytische Abscheidung von Metallen begünstigt, ist schon vor langer Zeit in der Elektrolyse erkannt worden. Irgend ein geheimnisvoller Grund mußte vorliegen, daß sie sich nicht auch dem Geiste der Analytiker offenbarte. Immerhin ist es nur recht und billig, festzustellen, daß schon v. Klobukow[1] die Wichtigkeit des Rührens des Elektrolyten während des Hindurchgehens des Stromes betont hat. v. Klobukow wandte diesem Gegenstand sogar ein spezielles Studium zu und schlug auch verschiedene Gestalten von Rührern zur Verwirklichung seiner Idee vor. Er verwarf dagegen das Leiten von Gasen durch die Elektrolyte, weil sie sich nicht gleichmäßig verteilen ließen, und außerdem das Aufsteigen von Blasen an die Oberfläche einen schädlichen Einfluß auf die Metallniederschläge am Rande des Elektrolyten bewirkte und mitunter auch zu erwünschten Oxydationen führte. Bei seinen Bemühungen, mechanische Vorrichtungen zu ersinnen, kam er dann dazu, die Kathode und später die Anode rotieren zu lassen. Ferner versuchte er festliegende Elektroden, wobei er den Elektrolyten in Bewegung setzte. Schließlich entschied er sich für die Verwendung einer rotierenden Anode und gab an, daß die hierbei von ihm erzielten Ergebnisse in der Elektrolyse äußerst überraschend wären. Diese Ergebnisse wurden indessen niemals veröffentlicht, so daß die Leser seiner Arbeit sich nur eine ungefähre Vorstellung von dem Wirkungsgrad dieser Neuheit entwerfen konnten. v. Klobukows Hauptgedanke war, überhaupt in dem Elektrolyten eine Bewegung hervorzurufen; die An-

[1] Jr. f. pkt. Ch. 33 (Neue Folge), 473, 1886.

wendung höherer Ströme bei höheren Umdrehungszahlen der Elektrode wurde jedoch von ihm nicht erwogen. Bei der von ihm bevorzugten Gestalt des Apparates diente eine Platinschale als Kathode. Die Anode wurde befestigt, wie in Fig. 12 wiedergegeben wird. Die erforderliche Kraft wurde von einem Wassermotor geliefert. Die Anode ließ v. Klobukow nur mit 150 Umdrehungen in der Minute rotieren. Wir geben den Apparat hier wieder, weil er in geschichtlicher Beziehung unter den zahlreichen Apparatformen, die zum Zwecke des Rührens in der Elektroanalyse vorgeschlagen wurden, an erster Stelle steht. Man kann v. Klobukow nicht genug Anerkennung dafür zollen. Der Apparat stellt im wesentlichen die Form dar, die auch Exner und andre später verwendet haben. v. Klobukow benutzte einer unde Platinscheibe als Anode.

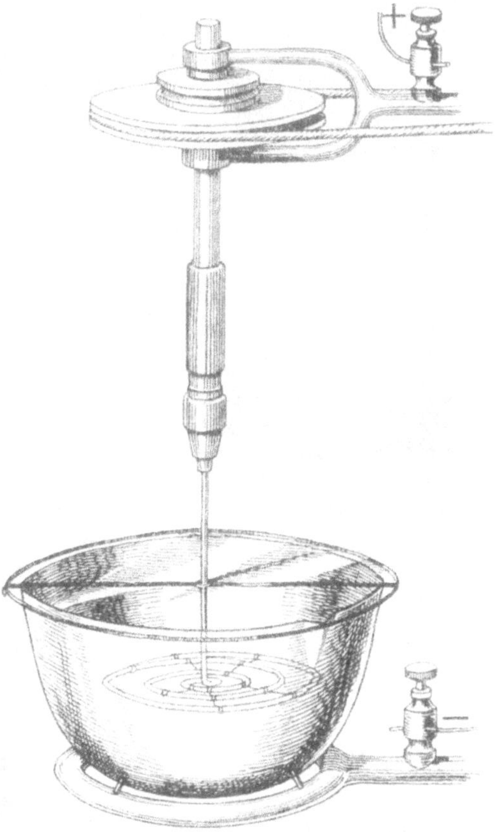

Fig. 12. v. Klobukows Apparat zum Rühren des Elektrolyten.

Levoir[1] erkannte ebenfalls die Vorzüge des Bewegens des Elektrolyten bei der Metallfällung an; ihm verdanken wir unter anderem den Apparat, der in Fig. 13 wiedergegeben wird. Die

[1] Z. f. a. Ch. **28**, 63.

positive Elektrode besteht aus einer großen Schale, in welcher die negative Elektrode in Form einer kleinen Schale hängt. Von dieser Anordnung erwartete man, daß der Elektrolyt durch die Sauerstoffblasen, die an der positiven Elektrode aufsteigen, gerührt würde. v. Klobukows Kritik der Levoirschen Anregung ging dahin, daß die erforderliche kräftige Entwicklung von Sauerstoff nicht immer bei Metallfällungen erreichbar wäre, und ferner, daß es nicht ratsam wäre, die gefällten Metalle in Berührung mit Sauerstoff zu bringen. Es könnte sehr leicht eine unnötige Oxydation innerhalb des Elektrolyten eintreten. Unter Berücksichtigung aller dieser Umstände hielt v. Klobukow es daher für vorteilhafter, die positive Elektrode zum Zwecke einer besseren Durchrührung langsam um ihre Achse sich drehen zu lassen. Soviel der Verfasser weiß, hat Levoirs Vorschlag keine allgemeine Aufnahme in der Elektroanalyse gefunden.

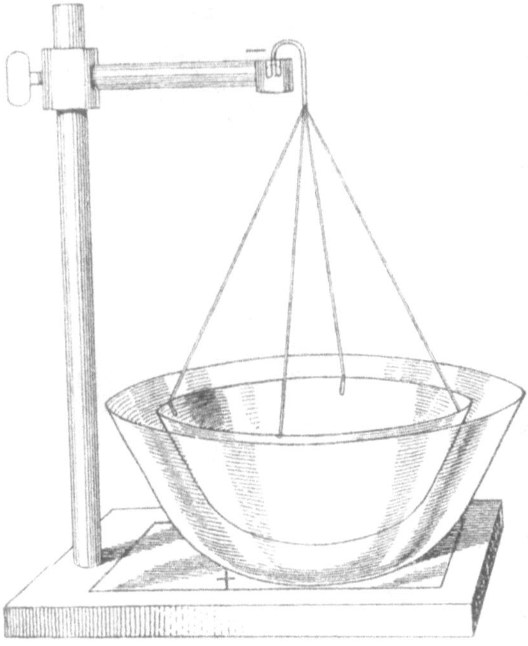

Fig. 13. Levoirs Apparat.

Bis dahin hatte man, wie gesagt, auf die Anwendung höherer Ströme und höherer Spannungen kein Gewicht gelegt. Dies haben vielmehr zuerst Verfasser und seine Schüler getan, als sie im Jahre 1901 begannen, die Anode während der Elektrolyse schnell rotieren zu lassen. v. Klobukow und Levoir begnügten sich damit, den Elektrolyten in Bewegung zu setzen.

Die Möglichkeit jedoch, größere Stromdichten und höhere Spannungen anzuwenden, entging ihnen. Veröffentlicht wurde dieser Gedanke zuerst in einem Artikel von Gooch und Medway,[1] worin diese sagen: „Unsres Wissens sind bisher noch keine Versuche angestellt worden, für analytische Operationen, bei denen es sich darum handelt, das Metall vollständig aus der Lösung abzuscheiden, eine rotierende Kathode anzuwenden. Bei solchen quantitativen Prozessen läßt sich nämlich eine lösliche Anode nicht verwenden. Es ist daher eine verhältnismäßig hohe elektromotorische Kraft erforderlich, um den Widerstand zu überwinden und das Metall schnell niederzuschlagen, wodurch jedoch aus der wäßrigen Lösung zugleich mit dem Metall Wasserstoff frei wird. Die Folge davon ist die Hervorbringung eines Niederschlages, dem es an Festigkeit und gutem Anhaftungsvermögen mangelt. Diese störende Wirkung des entwickelten Wasserstoffes auf den regelmäßigen Verlauf der Abscheidung scheint der Hauptgrund zu sein, weshalb Ströme von geringer Stärke bei den üblichen elektrolytischen Methoden der Analyse angewendet werden müssen. Wir haben daher einige Versuche angestellt, um zu sehen, ob es nicht möglich wäre, die störende Wirkung des Wasserstoffes durch Anwendung einer rotierenden Kathode bis zu solchem Grade zu vermeiden, daß auch bei höheren Strömen und in kürzerer Zeit hinreichend haftende und homogene Niederschläge für analytische Zwecke sicher erreicht werden."

Die Kathode von Gooch und Medway bestand aus einem Platintiegel von 20 ccm Inhalt, der durch einen Elektromotor mit einer Tourenzahl von 600—800 in der Minute rotiert wurde. Der Motor wurde so befestigt, daß seine Achse vertikal stand (Fig. 14). Der Tiegel wurde an der Achse des Motors angebracht, indem man ihn über einen durchbohrten Gummistopfen preßte und die verlängerte Motorachse durch die Bohrung führte. — „Zur Herstellung der elektrischen Verbindung zwischen dem Tiegel und der Achse wurde ein schmaler Platinblechstreifen an die Achse

[1] Am. Jr. of Science (4. Serie) **15**, 320.

gelötet und längs der Seiten des Stopfens aufwärts gebogen, wodurch die Achse, wenn der Tiegel über den Stopfen gepreßt

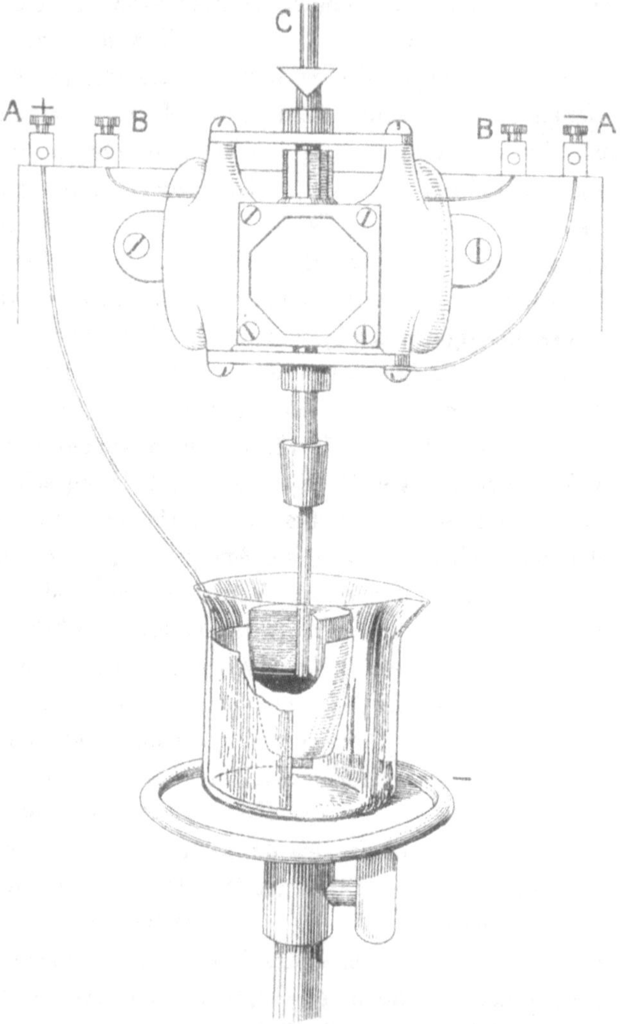

Fig. 14. Rührapparat mit rotierender Kathode.
A = Polklemmen; *B* = Motorklemmen; *C* = Achsenverlängerung für den Tourenzähler.

wurde, in Kontakt mit der Innenseite des Tiegels gelangte. Die Achse wurde, um den Tiegel bequem entfernen zu können, aus zwei Teilen hergestellt, die man, um einen guten Kontakt zwischen den beiden Achsenstücken zu erzielen, durch ein Gummistück verband, das hinreichend dick war, um ein Schlagen des Tiegels beim Rotieren zu verhindern.“ — Als Anode diente ein Platinblech, das in die in einem Becherglas befindliche Salzlösung tauchte. Auf diesem Wege wurden Kupfer-, Silber- und Zinksalze studiert. Die Ergebnisse waren in der Tat äußerst zufriedenstellend.

Es soll ausdrücklich erwähnt werden, daß bei diesen Versuchen die Kathode rotiert wurde, und daß, als die Versuche veröffentlicht wurden, die erwähnten Experimente von Exner schon ein gut Teil vorgeschritten waren, bei denen nicht nur für Kupfer, Zink und Silber, sondern auch schon für verschiedene andre Metalle Resultate erhalten worden waren, so daß der Verfasser des vorliegenden Buches sich veranlaßt fühlte, Professor Gooch die Ergebnisse von Exners Arbeit privatim mitzuteilen. Da Exner eine rotierende Anode mit höherer Stromdichte und höherem Druck auf des Verfassers Veranlassung verwendet, Gooch dagegen eine rotierende Kathode gewählt hatte, so schien kein triftiger Grund vorhanden zu sein, warum nicht jeder ungestört seinen eigenen Gedanken nachgehen sollte. Dies ist denn auch mit bemerkenswertem Erfolge auf beiden Seiten durchgeführt worden.

Es war nur zu natürlich, daß bald Modifikationen der Apparate folgen würden. Der beste Vorschlag in dieser Richtung ist vielleicht von E. S. Shepherd[1] im Cornell-Laboratorium gemacht worden (Fig. 15):

„An Stelle eines Platintiegels habe ich eine gewöhnliche Scheibenanode verwendet, bei welcher ich die Achse auf etwa 6 cm verkürzte und die ich durch eine Schraubenverbindung direkt mit der Achse des Motors verband. Die Verbindung mit der Batterie wurde durch den Eisenrahmen des Motors bewirkt. Verwendet wurde ein Spielzeugmotor, der für den vor-

[1] Jr. of phys. Ch. 7, 568.

liegenden Zweck genügte und seiner Billigkeit wegen gestattete, daß jede Kathode ihren eigenen Motor besaß. Die von Gooch vorgeschlagene Übertragung durch Riemen ist nicht sehr zufriedenstellend, da hier leicht ein Gleiten usw. eintritt. Am besten hat sich bewährt, zwecks Regulierung je einen Rheostaten an jedem Motor anzubringen, da niemals zwei Motore mit demselben Strom laufen und es außerdem wünschenswert war, die Tourenzahl zu vermindern, wenn das Becherglas entfernt und die Kathode gewaschen wurde. Dieser Rheostat bestand aus fünf Stück Drahtrollen (eine von 0 Ω, zwei von 1 Ω, zwei von 2 Ω), die durch den Stromschlüssel *S*

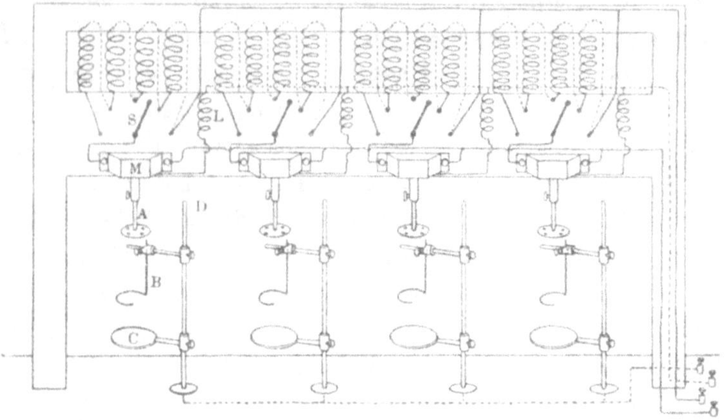

Fig. 15. Shepherds Apparatur zur Schnellelektrolyse.

miteinander in Verbindung standen, wobei die zweite Motorverbindung durch den Draht, welcher nach *M* führte, hergestellt wurde. Ein 110-Volt-Glühlampenwiderstand könnte natürlich auch anstatt obiger Rheostatenform genommen werden.

Die Kathodenverbindung durchlief bei Verwendung von Batteriestrom je vier sechskerzige Achtvoltlampen, oder die letzteren wurden durch gewöhnliche 110-Voltlampen bei Starkstrom ersetzt. Der Strom wurde reguliert, indem man die Lampen in ihren Untersätzen lockerte oder fester schraubte. Ohne jede Schwierigkeit ließ sich eine gute Verbindung durch den Motorrahmen nach der Kathode herstellen.

Das Becherglas mit dem Elektrolyten steht auf dem hölzernen Brett *C*, das an dem Messingstativ *D* auf und ab verschiebbar ist. Die Schraube zum Feststellen dieses Brettes soll so groß sein, daß man den Untersatz *C* mit einer Hand auf- und abwärts bewegen kann, während die andre für die Spritzflasche usw. frei bleibt.

Die Anode besteht aus einem festen Platindraht, der in einen der üblichen Elektrodenhalter geklemmt wird, von wo die Verbindung dann nach dem Messingstabe *D* geht. Die Entfernung zwischen Motor und Tischplatte beträgt etwa 30 cm, diejenige zwischen den einzelnen Motoren 10 cm. Als Kathode wurde eine Scheibenelektrode verwendet, weil zufälligerweise diese Form vorrätig war. Besser wäre indes eine solche aus Platindrahtnetz, da man dann einen stärkeren Strom anwenden und so die Dauer abkürzen könnte.

Die Messingverschraubung, welche die Kathode mit der Achse verbindet, wird durch ein Stück Gummischlauch, am besten einen Gummifinger, vor Korrosion geschützt."

Mit Hilfe dieser Vorrichtung wurden von Shepherd sehr zufriedenstellende Bestimmungen des Kupfergehalts im Kupferkies und des Zinkgehalts in Zinkblende durchgeführt.

Ein anderer Apparat ist Fig. 16 dargestellt.[1] Der Halter für die Kathode besteht aus einem Arm von Bronze, dessen Ende durchbohrt ist, um eine Spindel durchzulassen. Die letztere trägt unten eine kleine zentrisch verengbare Führung, wie man sie zum Befestigen von kleinen Bohrern benutzt, und dient zum Halten des Rotierers. Die Schnurscheibe ist am oberen Ende der Spindel befestigt und ruht auf dem oben glattgeschliffenen Arm von Bronze. Das Ganze wird mittels einer Schnur von einer Wasserturbine oder einem Elektromotor angetrieben. Der Kontakt in der Achse wirkte ausgezeichnet und das Drehen ging mit sehr wenig Reibung vor sich. Die einzelnen Teile dürfen nur leicht geschmiert

[1] Perkin, Practical Methods in Electro-Chemistry.

werden, und zwar am besten mit einer Mischung von Graphit und Öl.

Die Kathode besteht (siehe Figur 16), aus einem kleinen Zylinder aus sandmattiertem Platindrahtnetz mit einer Gesamtoberfläche von etwa 25 qcm. Die Anode hat die Form eines doppelten Ringes starken Platindrahtes und besitzt vier kleine, etwas hervorstehende Querstäbchen, die in bestimmten Zwischenräumen zwischen den beiden Ringen angebracht sind und verhindern, daß die Flüssigkeit mit der Kathode rotiert. Eine Doppelspirale aus starkem Platindraht leistet hier ebenso gute Dienste. Selbstverständlich müßte für Superoxydniederschläge die rotierende Elektrode zur Anode gemacht werden. Auch ein Zylinder aus Platinblech gibt sehr gute Resultate; in diesem Fall wird jedoch nur sehr wenig Metall auf der inneren Oberfläche abgeschieden. Indessen kann man durch Einschnitte in der Längsrichtung leicht diese Schwierigkeit überwinden. Bei Drahtnetzen, wie in der Figur, ist der Niederschlag hingegen praktisch innen und außen gleichmäßig verteilt.

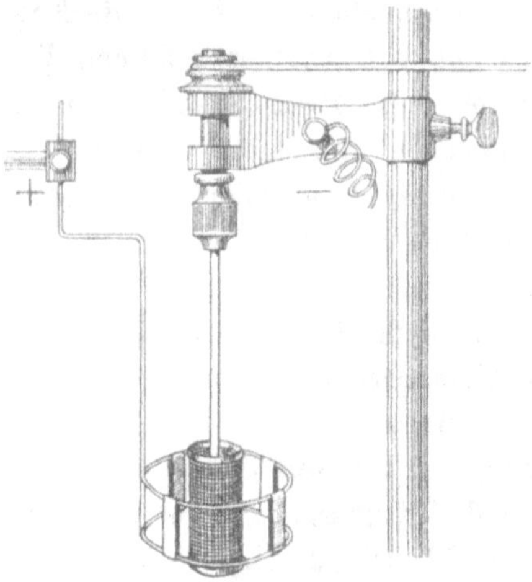

Fig. 16.
Rührapparat mit Drahtnetzkathode.

Vgl. auch die Arbeiten von R. Amberg,[1] sowie Fischer und Boddaert.[2] Auch eine Mitteilung von Price und Judge (Ch. News **94** [1906], 18) bringt eine Anzahl praktischer Vorschläge für die Schnellelektrolyse. Siehe ferner Sherwood und Alloman:[3] „Schnelle quantitative Abscheidung von Zink usw.", sowie die Referate von Stähler,[4] A. Fischer,[5] Foerster.[6]

[1] Z. f. Elektroch. **10** (1904), 853.
[2] Z. f. Elektroch. **10** (1904), 945.
[3] J. Am. Ch. S. **29**, 1065.
[4] Ch. Z. **30** (1906), 1203, 1221.
[5] Ch. Z. **31** (1907), 25.
[6] Z. f. Elektroch. **14** (1908), 3.

Da die feineren Einzelheiten für den Gebrauch der rotierenden Anode später bei den verschiedenen Metallen gegeben werden, so dürfte es nicht notwendig sein, hier darauf mehr Raum zu verwenden. Es sollen hier nur noch einige theoretische Bemerkungen von Henry Sand über diese Schnellfällungen angeführt werden. Sand sagt,[1] daß nach den vorliegenden Erfahrungen mit größter Wahrscheinlichkeit anzunehmen wäre, daß die hohen Stromdichten nur ermöglicht würden und abhingen allein von der Schnelligkeit der Flüssigkeitserneuerung an der Elektrode. Das Kathodenpotential ist nämlich höchstwahrscheinlich bei Metallniederschlägen von der Stromdichte an sich unabhängig, weshalb die Art der Metallniederschläge von der Stromdichte allein nur in sehr geringem Grade abhängen wird. Die großen Abweichungen, die bei verschiedenen Stromdichten beobachtet werden, sind fast ausschließlich als Folgen von lokalen Konzentrationsänderungen zu betrachten. Eine wie große Rolle die letzteren unter Umständen spielen können, hat Sand vor etwa vier Jahren an dem Beispiele der Elektrolyse von freie Schwefelsäure enthaltenden Kupfersulfatlösungen zeigen können.[2] Dort wurden, solange Kupferionen in merklicher Konzentration an der Oberfläche der berührten Elektrode vorhanden waren, diese allein abgeschieden. Sobald sie aber aus dieser Berührungsfläche praktisch verschwunden waren, wurde alles durch Diffusion zuwandernde Kupfer zugleich mit dem Wasserstoff in Freiheit gesetzt. In allen Fällen wurden infolge von lokaler Erschöpfung an Kupfersulfat trotz der natürlichen, durch Wasserstoffentwicklung, Erwärmung usw. hervorgerufenen Konvektion über 60 °/₀ des Stromes zur Entwicklung von Wasserstoff benutzt. Bei energischem, künstlichem Rühren dagegen wurde nur Kupfer niedergeschlagen. Wären die Versuche zum Zwecke der analytischen Bestimmung des Kupfers ausgeführt worden, so hätte dies im

[1] Z. f. Elektrochem. **10**, 452.

[2] Z. f. ph. Ch. **35**, 641.

ersten Fall pulverförmiges Kupfer, im zweiten einen zusammenhängenden Niederschlag bedeutet. Sand schreibt dann weiter:

„Die Umstände, von denen die lokalen Konzentrationsveränderungen an der Elektrode abhängen, sind hinlänglich bekannt und z. B. von Danneel[1] 1903 auf der Versammlung der Bunsengesellschaft aufgezählt worden. Dem Verfasser der vorliegenden Bemerkungen scheint es aber, daß durch eine bloße Aufzählung dieser Faktoren die Funktionen derselben nicht in das richtige Licht gestellt werden. Wenn z. B. von der Diffusion gesagt wird, sie wirke den Konzentrationsänderungen an der Elektrode entgegen, so wird dadurch noch nicht zum Ausdruck gebracht, daß die Diffusion die Stromleitung überhaupt erst ermöglicht und mit ihr untrennbar verbunden ist, indem ohne Diffusion die Konzentration von Metallsalz an der Elektrode momentan auf Null sinken würde. Ebensowenig wird durch eine solche Aufzählung die Tatsache ausgedrückt, daß Diffusion allein ohne Konvektion niemals imstande ist, Konzentrationsänderungen an der Elektrode vollkommen auszugleichen.

Die relative Funktion, die den einzelnen Faktoren zukommt, dürfte wohl am besten dargestellt werden durch einen Ausdruck für die Zeit, die verfließt, bis die Konzentration an der Elektrode ohne alle Konvektion oder künstliche Flüssigkeitsbewegung auf Null sinkt oder wenigstens um einen bestimmten Betrag abnimmt. Diese Zeit folgt unmittelbar aus der in der zitierten Abhandlung gegebenen Gleichung (2):

$$t = \frac{(\Delta c)^2 K}{\gamma (1 - n_c)^2 i^2} .$$

Hierin bedeutet Δc den Betrag, um den die Konzentration der betreffenden Salze sinken darf (für analytische Zwecke wohl immer die Konzentration des Salzes), K den Diffusionskoeffizienten des Salzes, γ die Zahl $(1{,}1284)^2/(96540)$, i die Stromdichte und n_c die Überführungszahl des niedergeschlagenen Metalls im er-

[1] Z. f. Elektrochem. 9, 763.

weiterten Sinne, d. h. das Verhältnis der vom Strome zur Kathode geführten Äquivalente Metall zu der Gesamtzahl der vom Strome geführten Äquivalente. Haben wir es mit einem komplexen Salze zu tun, in dem das Metall von der Kathode in Gestalt eines Anions fortwandert, so ist für n_c ein negativer Wert einzusetzen. Durch Versuche an dem Beispiele einer, freie Schwefelsäure enthaltenden, Kupfersulfatlösung wurde festgestellt, daß der Ausdruck auch genügend genau gilt, wenn ein Leitelektrolyt zugegen ist. Es dürfte sich wohl herausstellen, daß, wenn in gegebenem Apparate bei gegebener Rührgeschwindigkeit verschiedene Lösungen mit verschiedenen Stromdichten elektrolysiert werden, stets befriedigende Resultate erzielt werden, wenn nur die obige Größe einen bestimmten Wert nicht unterschreitet. Der Ausdruck (unter Weglassung der Konstante γ) dürfte sich also als charakteristisch für das Verhalten einer Lösung während der Elektrolyse erweisen. Es ist aus demselben z. B. ersichtlich, inwiefern leitende Salze Konzentrationsabnahmen begünstigen (durch Verkleinern von n_c), und daß Komplexbildung in dieser Hinsicht noch schädlicher wirken kann (durch den negativen Wert von n_c). Ferner ist zu schließen, daß ceteris paribus bei hoher Konzentration des Elektrolyten eine proportional höhere Stromdichte zulässig ist als bei niederer. In der Tat werden in der Schnellgalvanoplastik möglichst konzentrierte Lösungen mit wenig Leitelektrolyt angewandt. Für die analytische Schnellelektrolyse dagegen dürfte es ratsam sein, das Volumen möglichst klein zu halten, und die Stromstärke zugleich und möglichst proportional mit abnehmender Durchschnittskonzentration zu erniedrigen. Wird die Stromstärke trotz abnehmender Konzentration konstant gehalten, so sollte die Leistungsfähigkeit des Rührers in umgekehrtem quadratischen Verhältnis zur letzteren erhöht werden."[1]

---

[1] Siehe hierüber auch: R. Amberg, Z. f. Elektrochem. **10**, 385, 853; sowie Classen, Z. f. Elektrochem. **13**, 181.

VIII. Anwendung von Quecksilberkathoden.

Weitaus die meisten Arbeiten in der Elektroanalyse sind bis vor kurzem mittels Platinkathoden ausgeführt worden.[1] Für diese hat man mancherlei Formen gewählt, z. B.: Schalen, Konusse, Zylinder, Drahtnetze usw. Wolcott Gibbs (1880) (siehe S. 28) wies als erster auf die Möglichkeit hin, daß man auch metallisches Quecksilber als Kathode verwenden könne. Er wog in einem kleinen Becherglas einen bestimmten Betrag metallischen Quecksilbers genau aus, welches dann mittels eines Platindrahtes an eine Batterie geschlossen und zur Kathode gemacht wurde, während in der in dem Becherglas befindlichen Salzlösung ein Platinstreifen als Anode aufgehängt wurde. Die angewendeten Stromstärken variierten erheblich.

Drei Jahre später (1883) lenkte derselbe Chemiker[2] wiederum die Aufmerksamkeit auf „die Anwendung von Quecksilber als negativer Elektrode bei gleichzeitiger Benutzung eines Stückes Platinbleches als Anode." . . . Es ergab sich die Möglichkeit, Eisen, Kobalt, Nickel, Kadmium, Kupfer und Zink so vollständig aus Lösungen ihrer betreffenden Sulfate abzuscheiden, daß keine Spur Metall in der Flüssigkeit mehr entdeckt werden konnte". Gibbs hatte sich vorgenommen, nicht nur die Bestimmung des Metalls (aus der Gewichtszunahme des Quecksilbers), sondern in bestimmten Fällen auch diejenige des mit dem Metall verbundenen Moleküls durchzuführen, und zwar entweder durch direkte Titration oder mittelst bekannter gravimetrischer Methoden. Die Versuche waren zwar rein qualitativ, genügten aber nach der Ansicht von Gibbs zur Feststellung der Richtigkeit des entwickelten Prinzips.

Im Jahre 1886 beschrieb Luckow[3] in Erkenntnis der bei

---

[1] Vereinzelt sind auch solche aus Messing, Kupfer, Nickel, Zinn oder Silber vorgeschlagen worden. (Anm. d. Übers.)

[2] Am. Ch. Jr. **13**, 571.

[3] Ch. Z. **9**, 338; Z. f. a. Ch. **25**, 113.

der elektrolytischen Bestimmung von Zink auftretenden Schwierigkeiten eine Anordnung, bei welcher in einer Platinschale eine gewisse Quantität metallisches Quecksilber oder Quecksilberoxyd ausgewogen wurde. Dann wurde die Zinksalzlösung hinzugefügt und elektrolysiert. Hierbei ging alles Zink in das Quecksilber und verteilte sich über die innere Oberfläche der Schale als schönes festhaftendes Amalgam.

An der weiteren Entwicklung der eben genannten Idee wurde erst wieder gearbeitet, als Vortmann[1] im Jahre 1891 sich ziemlich eingehend mit der Bestimmung mehrerer Metalle in Form von Amalgamen beschäftigte. Sein Vorschlag ging dahin, eine ausgewogene Menge Mercurichlorid zu der Lösung des zu elektrolysierenden Salzes hinzuzusetzen, so daß die betreffenden Metalle zusammen mit Quecksilber ausgefällt würden. Die Ergebnisse waren sehr interessant und boten augenscheinlich entschiedene Vorteile. Spätere Versuche zeigten indes, daß mit Ausnahme einiger weniger Fälle[2], diese durch Vortmann ausgearbeitete Analysenmethode kaum der gewöhnlichen Ausführung elektrolytischer Metallbestimmungen überlegen war.

Einige Monate später hatten Drown und McKenna in demselben Jahre (1891)[3] bei ihren Versuchen, eine zur Bestimmung kleiner Mengen Aluminium in Gegenwart eines großen Überschusses von Eisen geeignete Methode zu finden, auf den oben genannten Vorschlag von Wolcott Gibbs zurückgegriffen. Sie wogen ein Becherglas mit etwas Quecksilber (als Kathode), gossen die Metalllösung darüber und führten ein Platinblech als Anode ein. Man ließ dann den Strom über Nacht einwirken, wobei das Eisen völlig in das Quecksilber ging. Bei der Ausführung dieser Anordnung traten verschiedene Schwierigkeiten ein. Auf dem Platindraht, der in das Quecksilber hineinragte, war oft Eisen niedergeschlagen, so daß es notwendig wurde, den Draht, eingeschlossen in einer Glasröhre, zusammen

---

[1] Ber. **24** (1891), 2749.

[2] Siehe auch S. 95, 97, 102.

[3] Jr. an. Ch. **5**, 627.

mit dem das Quecksilber enthaltenden Becherglas zu wägen. Ferner war es ziemlich schwierig, das Amalgam zu trocknen und konstantes Gewicht damit zu erhalten.

Auch Verfasser des vorliegenden Buches hat oftmals die soeben mitgeteilten Tatsachen erwogen und beschloß dann, eine Reihe von Versuchen mit einer Quecksilberkathode auszuführen, und zwar vornehmlich um folgende Punkte festzustellen: Erstens, ob in Salzen das negative Radikal und das damit verbundene Metall sich neben einander bestimmen ließen, und zweitens, ob die Trennung gewisser Metalle auf diesem Wege möglich wäre.

Zu diesem Zweck wurde praktisch dieselbe Vorrichtung wie die von Drown und Mc Kenna angenommen. In das Quecksilber, das als Kathode diente, tauchte ein Glasrohr, an dessen unterem Ende ein Kohlenstift hervorragte. Dieser Kohlenstift besaß vor dem Platindraht den Vorzug, daß Metalle daran nicht haften blieben. Man war daher nicht gezwungen, das Becherglas zusammen mit dem Quecksilber zu wägen. Das Glasrohr war nahezu angefüllt mit Quecksilber, in welches ein Kupferdraht, der mit der negativen Elektrode in Verbindung stand, eintauchte. Mit dieser zuerst angewendeten Form des Apparates wurden ganz zufriedenstellende Ergebnisse erzielt, wenn sich auch beim Trocknen des Amalgams einige Schwierigkeiten ergaben.[1] Anfänglich schien dies der allgemeinen Aufnahme der Methode in die gewöhnliche Analyse hinderlich zu sein. Indessen gelang es, diese Schwierigkeiten zu überwinden; denn man fand, daß durch Waschen mit Alkohol und Äther die letzten Spuren Wassers aus dem Amalgam entfernt werden konnten, und ferner, daß dann nicht mehr als zehn Minuten zum Trocknen des Metalls erforderlich waren. Eine Reihe sorgfältig durchgeführter Experimente führte zu dieser sicheren Feststellung. In der Zwischenzeit schlug William M. Howard im Laboratorium des Verfassers folgende Apparatur vor (Fig. 17), bei welcher die

[1] J. Am. Ch. S. **25**, 885.

Anode von Drown und Mc Kenna verwendet, der Kohlenstift jedoch vermieden wurde.

Die Vorrichtung ist äußerst einfach. Sie besteht aus einem kleinen, 50-ccm-Becherglas (Fig. 17), in welches dicht am Boden an der Seite ein dünner Platindraht eingeschmolzen ist. Im Innern taucht dieser

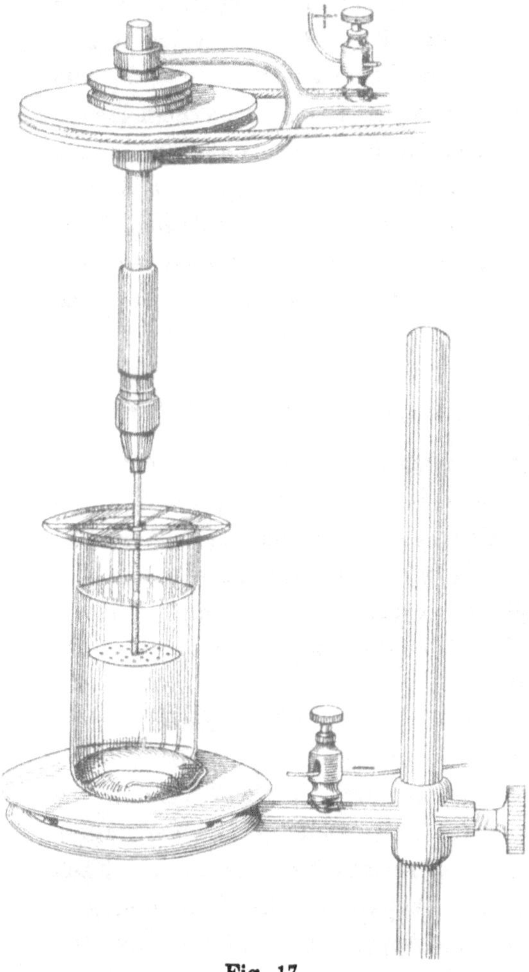

Fig. 17.
Apparat mit Quecksilberkathode.

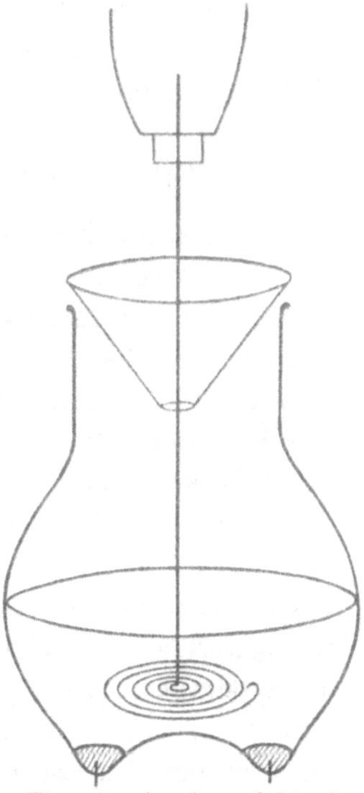

Fig. 18. Amalgamelektrode.
(Natürliche Größe.)

in das Quecksilber, während er außen mit einem Stück blanken Kupferbleches in Berührung steht, auf welches das Becherglas gestellt wird. Das Blech wird mit der negativen Elektrode der Zelle verbunden, so daß das Quecksilber zur Kathode gemacht wird.

Nähere Beschreibung der Anwendungen und Modifikationen dieses Apparates findet man im speziellen Teil.

Anm. des Übers. Eine praktische Modifikation dieser Zelle wird im chemischen Institut der Universität Berlin verwendet (Stähler und Alders). Die Zelle (Fig. 18) besteht aus einem Stehkölbchen (Jenaglas) von 75 ccm Inhalt, mit kurzem, $2^1/_2$ cm weitem Halse, das auf drei kurzen, im Boden eingeschmolzenen Platindrähten steht. Der Boden ist nach oben gewölbt, so daß man nach dem Eingießen des Quecksilbers das letztere in Gestalt einer ringförmigen Kathode erhält. Eine kleine Spiralanode führt durch ein Trichterchen in die Zelle. Das Trichterchen soll ein Verspritzen der Flüssigkeit während des Rotierens verhindern. Diese Amalgamzelle wiegt mit 40 g Quecksilber ca. 60 g.[1]

IX. Schnellelektrolyse im magnetelektrischen Feld.[2]

In einer kürzlich veröffentlichten Abhandlung[3] führt Francis C. Frary zwei neue Apparate vor zur Ausführung von Schnellelektrolysen, bei denen der Elektrolyt durch ein ihn umgebendes magnetelektrisches Feld gerührt wird. Die Apparate haben den Vorzug, daß bei ihnen kein Motor erforderlich ist und daß alle ihre Teile fest montiert sind, so daß die Gefahr etwaiger Verluste durch Spritzen herabgesetzt wird.

Magnetelektrische Rührung wird für technische Zwecke schon seit einiger Zeit verwendet.[4] Von den von Frary für die Elektroanalyse konstruierten Apparaten ist der erste zur Verwendung von zylindrischen Elektroden aus Platin oder anderen Metallen, der zweite dagegen für Quecksilberkathoden bestimmt. Nach Frary sollen in diesen beiden Apparaten alle Bestimmungen, die man mit den sonst üblichen Apparaten in Rührelektrolyten ausführt, bewerkstelligt werden können.

---

[1] Man muß beim Arbeiten mit diesen Zellen die Löslichkeit des Glases berücksichtigen (siehe S. 71).

[2] Vom Übersetzer zum Teil ergänzt.

[3] Z. f. Elektrochem. **23** (1907), 308; Z. f. ang. Ch. **20** (1907), 1897.

[4] Achcroft, Electroch. and Met. Ind. **4**, 145.

In dem ersten Apparat (Fig. 19) wird aus 1,5 mm starkem Kupferdraht ein Solenoid hergestellt, den man auf einen 11 cm hohen Kupferzylinder von 6 cm Durchmesser wickelt. Die Zahl der Windungen beträgt ungefähr 500. Die obere und untere Fläche der Spule sind aus starkem Eisenblech. Ein hohler Eisen-

Fig. 19. **Frarys Apparat für Drahtnetzkathoden.**

kern von 4 cm Höhe und 1 cm Wandstärke steht zur Verstärkung der magnetischen Wirkung in dem unteren Teil des Kupferzylinders. Das Solenoid wird von einem eisernen Mantel aus 2 mm starkem Eisenblech umgeben, der einerseits die Isoliermasse des Solenoides gegen mechanische Verletzungen schützen soll und anderseits dazu dient, dem magnetischen Stromkreis ein möglichst kurzes Feld außerhalb der Spule darzubieten. Auf diese Weise wird die gesamte magnetische Kraft des Solenoides auf den Teil des Apparates konzentriert, der oberhalb des inneren eisernen Zylinders liegt.

In diesem Apparat kann man Elektrolysen mit zylindrischen Elektroden aus Platinblech oder Platin-, Kupfer-, Silber- oder Nickeldrahtnetz ausführen. Im allgemeinen wird man Drahtnetzelektroden vorziehen, die man so wählt, daß sie ganz dicht an der Wand des Becherglases anliegen. Als Anode wählt man eine Spirale, wie sie in der Abbildung wiedergegeben wird. Das Becherglas hat etwa 125—150 ccm Inhalt und wird auf den inneren Eisenzylinder gestellt. Will man Metalle durch bestimmte Potentiale nach Sand (Seite 268) bestimmen oder trennen, so wählt man eine breitere Spirale, wodurch man den passenden Widerstand erzielt. Die Flüssigkeit soll im allgemeinen gerade die Kathode bedecken.

Gewöhnlich wird Elektrolyt und Solenoid hintereinander geschaltet, so daß man nur eine Stromquelle braucht. Der Widerstand der Spule beträgt etwa 1 Ohm. Der Draht hält einen Strom von 5 Amp. ohne Gefahr von Überhitzung aus. Da viele elektrolytische Methoden eine warme Lösung erfordern, so liegt hierin kein Nachteil. In Fällen, wo man in der Kälte zu arbeiten wünscht, wählt man ein kleineres Becherglas und kühlt dieses außen durch eine Bleischlange. Für niedrigere Ströme kann man das Solenoid extra schalten. Für höhere Ströme von mehr als 6 Ampere kann man analog verfahren oder einen Nebenschluß parallel zur Spule schalten.

Schickt man nun einen Strom durch den Solenoid, so wird ein einheitliches magnetisches Feld im Becherglas erzielt, wobei die Kraftlinien senkrecht laufen. Fließt dann zugleich ein elektrischer Strom von einer Elektrode zur andren innerhalb des Elektrolyten, so erhalten die Stromlinien des letzteren eine radiale und horizontale Richtung, wobei jedes unendlich kleine Teilchen des Elektrolyten nunmehr gemäß dem bekannten Gesetz der Physik abgelenkt wird. Die Folge ist, daß der Elektrolyt sich um die Anode wie um eine vertikale Achse zu drehen anfängt. Durch Viskosität werden auch die Teile der Flüssigkeit, welche nicht in der direkten Linie zwischen den beiden Elektroden liegen, zum Rotieren gezwungen.

Bei dem zweiten Apparat (Fig. 20), der zum Gebrauch mit einer Quecksilberkathode dienen soll, ist von Frary dasselbe Prinzip angewendet worden, nur daß hier die Stromlinien vertikal liegen, so daß man ein radiales magnetisches Feld wählen muß.

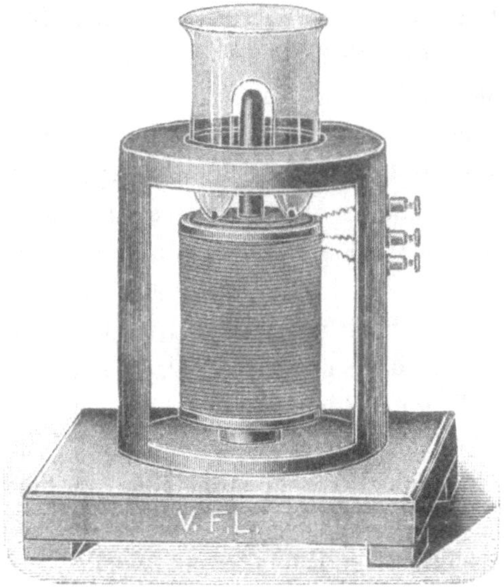

Fig. 20. **Frarys Apparat für Quecksilberkathoden.**

Das elektrolytische Gefäß ist so konstruiert, daß man das Volumen von 20 ccm bis 125 ccm Flüssigkeit variieren kann.

Die Kathodenzelle wird ringförmig gemacht und der eine Pol des Magneten bis in das innere Rohr der Zelle verlängert (Fig. 20). Den anderen Pol bringt man von unten rahmenförmig um das Solenoid an, wobei man oben eine kreisförmige Öffnung für die Zelle freiläßt. Die Kraftlinien pflanzen sich so auf dem gesamten magnetischen Stromkreis in Eisen fort mit Ausnahme der Stelle, wo die Zelle steht, so daß praktisch die gesamte magnetische Kraft des Solenoids um die Zelle konzentriert wird, ein Vorzug gegenüber dem ersten Apparat. Das Rotieren geht daher in diesem Apparat weit stärker vor sich, als in dem ersten. Die Kathodenzelle hat einen Durchmesser von 5 cm und eine Höhe von 10 cm und faßt etwa 200 ccm. Sie ist aus Jenaer Glas hergestellt und ruht auf drei eingeschmolzenen Platindrähten, die in das Quecksilber im Inneren ragen.

Die Spule hat 500 Windungen von 1,1 mm starkem, isoliertem Kupferdraht und wird auf einen eisernen Kern von 1,6 cm Durchmesser gewickelt. Auf der oberen Seite der Spule wird eine isolierte Kupferplatte befestigt, welche mit dem negativen Pol der Stromquelle verbunden wird, so daß das Quecksilber im Inneren zur Kathode wird. Bei einer Stromstärke von 3,4 Amp. fand Frary 100—104 Touren in der Flüssigkeit. Bei stärkerem Strom konnte die Tourenzahl nicht bestimmt werden, ist aber zweifellos beträchtlich höher. Die Zelle wiegt mit 40 g Quecksilber etwa 70 g und ist leicht auf einer analytischen Wage zu wägen. Die ganze Behandlungsweise dieser Quecksilberkathodenzelle ist analog der auf Seite 56 ff. (Fig. 17 und 18) angegebenen. Man muß jedoch auch hier beim Wägen auf die Löslichkeit des Glases Rücksicht nehmen.

Nach vorläufigen Versuchen scheinen die beiden Apparate von Frary berufen zu sein, in der Schnellelektrolyse vielfach an die Stelle der mechanischen Rührvorrichtungen zu treten. Namentlich erwies sich der zweite Apparat (Fig. 20) als sehr geeignet für Arbeiten mit Quecksilberkathoden.[1]

[1] Die Faryschen Apparate sind bei den Vereinigten Fabriken für Laboratoriumsbedarf, Berlin N., erhältlich.

B. Spezieller Teil.

I. Bestimmung der einzelnen Metalle.

Kupfer.[1]

Man löse 19,6 g reines Kupfersulfat in Wasser und verdünne zu einem Liter. 50 ccm dieser Lösung (= 0,25 g metallischen

[1] Literatur: Gibbs, Z. f. a. Ch. **3**, 334; Boisbaudran, B. s. Ch. Paris **1867**, 468; Merrick, Am. Ch. **2**, 136; Wrightson, Z. f. a. Ch. **15**, 299; Herpin, Z. f. a. Ch. **15**, 335; Moniteur Scientifique (3 ser.) **5**, 41; Ohl, Z. f. a. Ch. **18**, 523; Classen, Ber. **14**, 1622, 1627; Classen and v. Reiss, Z. f. a. Ch. **24**, 246; **25**, 113; Hampe, Berg-Hütt. Z. **21**, 220; Riché, Z. f. a. Ch. **21**, 116; Makintosh, Am. Ch. Jr. **3**, 354; Rüdorff, Ber. **21**, 3050; Z. f. ang. Ch. **1892**, 5; Luckow, Z. f. a. Ch. **8**, 23; Warwick, Z. f. anorg. Ch. **1**, 285; Smith, Am. Ch. Jr. **12**, 329; Croasdale, Jr. An. Ch. **5**, 133; Foote, Am. Ch. Jr. **6**, 333; G. H. Meeker, Jr. An. Ch. **6**, 267; Classen, Ber. **27**, 2060; Heidenreich, Ber. **29**, 1585; Regelsberger, Z. f. ang. Ch. **1891**, 473; Oettel, Ch. Z. **1894**, 879; Schweder, Berg-Hütt. Z. **36** (5), **11**, 21; Fernberger und Smith, J. Am. Ch. S. **21**, 1001; Wagner, Z. f. Elektrochem. **2**, 613; Oettel, Ch. Z. **47** (1894), 879; Foerster und Seidel, Z. f. anorg. Ch. **14**, 106; Head, Trans. Am. Inst. Mining Engineers **1898**; Revay, Z. f. Elektrochem. **4**, 313—329; Ullmann, Ch. Z. **22**, 808; Hollard, C. r. **123** (1896), 1003; Kollock, J. Am. Ch. S. **21**, 923; Richards und Bisbee, J. Am. Ch. S. **26**, 530; Gooch, Am. Jr. of Science **XV**, 320; Ch. N. **87**, 284; Foerster und Coffetti, Z. f. Elektrochem. **10**, 736; Denso, Z. f. Elektrochem. **9**, 463; Medway, Am. Jr. Sc. (4th Series) **XVIII**, 180; Heath, J. Am. Ch. S. **26**, 1120—1125; Spitzer, Z. f. Elektrochem. **11**, 391; Koch, Z. f. a. Ch. **41**, 105; Danvé, J. pharm. Chim. **16** (6), 371; Kufferath, Z. f. ang. Ch. **17**, 1785; Internationaler Kongreß f. angew. Ch. (Berlin) **4**, 677; F. Foerster, Ber. **39** III (1906), 3029; Guess, Eng. Min. Jr. **81** (1906), 328; Exner, J. Am. Ch. S. **25**, 897; Fischer and Boddaert, Z. f. Elektrochem. **10**, 947; Förster, Z. f. ang. Ch. **19** (1906), 1890; Smith, J. Am. Ch. S. **26**, 1614; Kollock und Smith, Am. Phil. Soc. Pr. **44**, 143; Flanigen, J. Am. Ch. S. **29**, 455; Langness, ebenda **29**, 460; Kollock und Smith, Am. Phil. Soc. Pr. **45**, 257.

Kupfers) werden in eine reine, vorher gewogene Platinschale gebracht. Der Apparat wird, wie die nachstehende Skizze (Fig. 21) zeigt, angeordnet, wobei man das Voltmeter zur Linken der Schale und das Milliamperemeter und den Rheostaten zur rechten Seite derselben aufstellt. Man fügt nun 9—10 Tropfen konzentrierter Salpetersäure zu der Lösung des Elektrolyten, verdünnt mit Wasser auf 125 ccm und erhitzt auf 70°. Dann elektrolysiert man mit einem Strom von $N.D_{100} = 0{,}09$ Amp. und 1,9 V. Während der

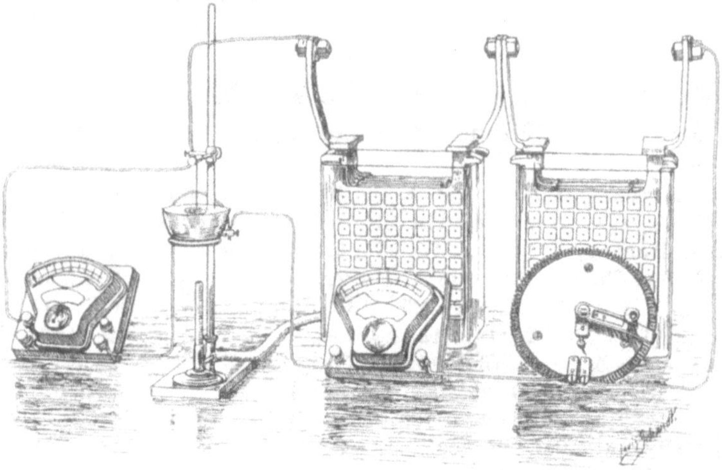

Fig. 21. Bestimmung des Kupfers.

Zersetzung bedeckt man das Gefäß mit einem durchbohrten Uhrglas. Vier bis fünf Stunden genügen meist für die Fällung. Um sich zu vergewissern, ob das Metall vollständig gefällt ist, gibt man mehr Wasser in die Schale. Dadurch wird eine reine Platinfläche exponiert. Erscheint auf dieser im Verlauf einer halben Stunde kein Kupfer mehr, so kann die Zersetzung als beendet betrachtet werden. Oder man kann auch einen Tropfen der Flüssigkeit mit einem Tropfen Ammoniak oder Schwefelwasserstoff in Berührung bringen. Wird dadurch eine blaue Färbung bzw. ein schwarzer Niederschlag nicht mehr hervorgerufen, dann ist die Abscheidung als beendet anzusehen.

Da die Fällung in einer sauren Lösung ausgeführt wird, so

darf der Strom nicht eher unterbrochen werden, als bis die saure Flüssigkeit entfernt worden ist; denn in vielen Fällen würde die kurze Zeit, während welcher die Säure auf das Metall einwirkt, hinreichen, um etwas von dem letzteren in Lösung zu bringen. Um dieses zu verhindern, hebert man die saure Flüssigkeit ab und läßt zugleich destilliertes Wasser in die Schale nachfließen. Man wäscht auf diesem Wege die Platinschale zweimal. Dann kann man den Strom ohne Furcht vor Verlusten ausschalten. Schließlich nimmt man die Schale ab und wäscht den Niederschlag mit heißem Wasser und darauf mit Alkohol aus. Das gefällte Kupfer wird unterhalb 100° getrocknet, wozu sich ein Luftbad oder eine warme Asbest- oder Eisenplatte eignen. Man wäge die Schale erst, nachdem sie völlig erkaltet ist und die Temperatur des Wägezimmers angenommen hat. Zum Erhitzen der Schale mit dem Elektrolyten wende man nie eine direkte Bunsenflamme an, sondern man befestige ein rundes Stück dünner Asbestpappe an der unteren Seite des Ringes, auf dem die Platinschale steht, und stelle darunter einen gewöhnlichen Bunsen- oder Mikrobrenner. Wasserbäder sind hierfür nicht erforderlich.

Rüdorff schlägt vor, zu der sauren Flüssigkeit vor dem Stromunterbrechen zehn Tropfen einer gesättigten Natriumacetatlösung zu geben, nachdem das Kupfer gefällt worden ist. Die freigewordene Essigsäure wirkt nicht so leicht auf das Kupfer ein, so daß dieses ohne weiteres gewaschen und in der soeben beschriebenen Weise behandelt werden kann.

Kupfer wird sehr schnell aus freie Salpeter- oder Schwefelsäure enthaltenden Lösungen gefällt. Salzsäure sollte dagegen niemals verwendet werden.

An Stelle der Spiralanode kann auch eine Platinschale von 50 mm Durchmesser und 20 mm Tiefe verwendet werden (siehe S. 73 Fig. 26). An den Wänden der letzteren befinden sich Ausschnitte, wodurch die Zirkulation der Flüssigkeit befördert und demgemäß die Fällung des Metalles beschleunigt wird.

Die Abscheidung des Kupfers kann auch in oder auf einem

Platintiegel ausgeführt werden. Dieses Verfahren ist mitunter bequem. Man bringe hierzu die zu elektrolysierende Flüssigkeit in ein Becherglas von 100—250 ccm Inhalt und hänge den Tiegel hinein, indem man ihn an einem dicht passenden Korke befestigt, durch welchen ein starker Kupferdraht hindurchgeht, der mit der negativen Elektrode einer Batterie in Verbindung steht. Die positive Elektrode wird von einem Platinblech gebildet, das in die Flüssigkeit taucht. Das Ende der Zersetzung kann man durch Zugabe von Wasser zu der im Becherglas befindlichen Lösung erkennen; erscheint auf der neu exponierten Platinfläche kein Kupfer mehr, so zeigt dies das Ende der Abscheidung an. Man hebt dann die Kathode aus der Flüssigkeit, wäscht das Kupfer mit Wasser, entfernt den Tiegel vorsichtig von dem Kork und trocknet ihn wie oben angegeben.

Läßt man den Strom zu lange in Gegenwart von Schwefelsäure auf das Kupfer einwirken, so wird leicht Kupfersulfid gebildet, was durch schwarze Flecken auf der Oberfläche des Kupferniederschlages angezeigt wird.

Anstatt nach einem der oben gegebenen Vorschläge zu arbeiten, kann man auch eventuell den Apparat von Riche benutzen. Hier wird ein Tiegel in einen andren gehängt. Die Wände des inneren sind durchbrochen, so daß die Flüssigkeit eine einheitliche Konzentration bewahrt. Diese Anordnung entspricht im wesentlichen dem oben beschriebenen Vorschlag.

Engels empfiehlt Zugabe von Harnstoff oder Hydroxylaminsulfat zu der Kupfersulfatlösung, weil dadurch anscheinend die Fällung des Metalles begünstigt wird. Demgemäß arbeitet er folgendermaßen: Man fügt 10—15 ccm konzentrierter Schwefelsäure und 1,5 g Hydroxylaminsulfat oder 1 g Harnstoff zu der Salzlösung, verdünnt mit Wasser auf 150 ccm, erwärmt auf 70° und elektrolysiert mit einem Strom von $N.D_{100}$ = 0,8—1,0 Amp. und 2,5—3,1 Volt. Das Metall wird in $1^1/_2$ Stunden gefällt.

Kupfer kann auch aus einer Lösung von Ammoniumkupferoxalat niedergeschlagen werden. Zu diesem Zweck wird die

Kupferlösung (Sulfat oder Chlorid) mit einem Überschuß einer gesättigten Lösung von Ammoniumoxalat behandelt und dann mit Wasser auf 120 ccm verdünnt. Man erwärmt nun auf 60° und elektrolysiert mit $N. D_{100} = 0{,}35$—1 Amp. und 2,5—3,5 Volt. Wenn das Metall sich abzuscheiden und die ursprünglich tiefblaue Farbe der Flüssigkeit zu verschwinden beginnt, fügt man 20 bis 30 ccm einer kalten gesättigten Lösung von Oxalsäure hinzu und zwar nach und nach aus einer Bürette. Man vermeide die Abscheidung von unlöslichem Kupferoxalat. Ist die Zersetzung beendet, so dekantiert man die Lösung und wäscht den Kupferniederschlag wiederholt mit Wasser und dann mit Alkohol, worauf man, wie oben angegeben, trocknet. Die Fällung ist im allgemeinen nach drei Stunden vollständig. Um zu sehen, ob alles Metall gefällt ist, prüft man mit Ferrocyankalium.

E. Wagner empfiehlt folgende Arbeitsweise zur Fällung des Kupfers aus Oxalatlösung: Man gießt die Kupferlösung in eine Ammoniumoxalatlösung (4 g Ammoniumoxalat in 60 g Wasser auf je 1 g Kupfersulfat). Im Anfang elektrolysiert man eine halbe Stunde lang mit einem Strom von 0,05 Amp., dann gibt man 5 ccm einer kalten gesättigten Lösung Oxalsäure hinzu und steigert nach Ablauf von 5 Minuten den Strom auf 0,3 Amp. Die Temperatur des Elektrolyten soll etwa 60° betragen. In den folgenden 80 Minuten gibt man in vier Zwischenräumen je 5 ccm Oxalsäure hinzu und wendet dann den Maximalstrom von 0,4 Amp. an. Nach zweistündigem Stromdurchgang wird man weder mit Ammoniak noch mit Ferrocyankalium Kupfer mehr in der Lösung nachweisen können. Die Flüssigkeit wird nun ohne Stromunterbrechung abgehebert, der Kupferniederschlag gewaschen und, wie oben angegeben, getrocknet.

Kupfer kann auch ziemlich genau aus Lösungen des Phosphates in Gegenwart freier Phosphorsäure oder aus Formiatlösung in Gegenwart freier Ameisensäure bestimmt werden.

Das folgende Beispiel soll gegeben werden, um die Anwendbarkeit einer sauren Phosphatlösung für diesen besonderen Zweck zu zeigen: Zu einer Kupfersulfatlösung (= 0,1239 g Kupfer) wurden

20 ccm einer Lösung von Dinatriumphosphat (spez. Gew. 1,0358) und 5 ccm Phosphorsäure (spez. Gew. 1,347) hinzugefügt. Dann verdünnte man mit Wasser auf 225 ccm, erwärmte auf 65° und elektrolysierte mit einem Strom von $N. D_{100}$ = 0,035—0,068 Amp. und 2,2—2,6 Volt. Die Fällung war in 6 Stunden vollendet. Der erhaltene Kupferniederschlag wurde gewaschen, wie oben (S. 65) angegeben getrocknet und wog 0,1238 g.

Rüdorff erhielt mit folgenden Versuchsbedingungen ausgezeichnete Resultate: 150 ccm der wäßrigen Lösung enthielten 0,1—0,3 g metallisches Kupfer; hierzu wurden 2—3 g Kalium- oder Ammoniumnitrat und 20 ccm Ammoniak (spez. Gew. 0,91) gefügt und bei gewöhnlicher Temperatur mit einem Strom von $N. D_{100}$ = 1 Amp. und 3,3—3,6 Volt elektrolysiert. Angeblich soll bei Beobachtung dieser Bedingungen das Kupfer auch in Gegenwart von Chloriden vollständig gefällt werden. Man soll aber einen Überschuß von Essigsäure zu der Lösung hinzusetzen, bevor der Strom unterbrochen wird.

Oettel bemerkte bei der Fällung von Kupfer aus ammoniakalischen Lösungen, daß das Metall auch quantitativ aus einer schwach ammoniakalischen Lösung, welche Ammoniumnitrat enthielt, bei einer Stromdichte von 0,07—0,27 Amp. pro qdm gefällt werden konnte. In Abwesenheit von Ammoniumnitrat und in Anwesenheit von viel Ammoniak wird jedoch das Metall schwammig. Er fand als günstigste Konzentration 0,8 g Kupfer in 100 ccm Flüssigkeit, wobei er eine drahtförmige Anode und einen Zylinder oder Konus als Kathode verwendete (s. S. 71). Chlor, Zink, Arsen, sowie kleine Mengen Antimon waren ohne schädlichen Einfluß, in Gegenwart von Blei, Wismut, Quecksilber, Kadmium fielen die Ergebnisse indessen zu hoch aus.

Moore schlägt vor, das frisch gefällte Kupfersulfid, wie man es im gewöhnlichen Gange der Analyse erhält, in Cyankalium aufzulösen und nach Zugabe von Ammoniumcarbonat die warme Lösung (70°) zu elektrolysieren. Bei Benutzung dieses Elektrolyten muß man darauf achten, den Strom sogleich nach der völligen Fällung des Kupfers zu unterbrechen, da sonst metallisches Platin auf dem Kupfer niedergeschlagen wird.

In unserem Laboratorium wurde beobachtet, daß die Elektrolyse sehr zufriedenstellend vonstatten geht, wenn man das Sulfid in einem möglichst kleinen Volumen Cyankaliumlösung auflöst, dann mit Wasser auf 150 ccm verdünnt, auf 65° erwärmt und mit $N.D_{100} = 0,15—0,8$ Amp. und 3 bis 4,5 Volt elektrolysiert. Das Metall wird in 2—3 Stunden vollständig gefällt.

Man hat zuweilen behauptet, daß in einer alkalischen Cyanidlösung die Anode leicht an Gewicht verliert und das gelöste Platin nach der Kathode wandert. Diesem Punkt ist in unserem Laboratorium sehr sorgfältige Aufmerksamkeit geschenkt worden mit dem Ergebnis, daß, wenn die zu der Kupferlösung hinzugefügte Cyanidmenge nicht mehr beträgt, als gerade zum Ausfällen und Wiederlösen des Metallcyanides nötig ist, dann von der Platinanode nichts aufgelöst wird. Ein Erwärmen der Lösung auf 65° begünstigt die Abscheidung des Kupfers. Ferner wurde festgestellt, daß in Gegenwart eines bestimmten Betrages Ammoniak die Anode überhaupt keinen Gewichtsverlust in dem Cyanidelektrolyten erleidet und daß außerdem dadurch die Metallabscheidung wesentlich beschleunigt wird. Aus zwei Beispielen geht dies hervor:

Angewandt Cu in g	KCN in g	NH_4OH in ccm	$N.D_{100}$ Amp.	Volt	Temp.	Dauer in Stunden	Cu gefunden in g
0,2015	1,5	10	1,00	5	65°	1	0,2014
0,2015	1,5	10	0,66	5	65°	1	0,2015

Bei der Analyse von **käuflichem** Kupfer wandte **Luckow** den in Fig. 22[1] wiedergegebenen Apparat an. Der Elektrolyt befand

[1] Betreffs passenden Elektrodenmaterials wende man sich an die Firma W. C. **Heräus** in Hanau (Main), die eine Anzahl Formen von Platinapparaten für Elektrolyse in den Handel bringt.

sich in dem Becherglas, das Metall wurde auf dem Platincylinder abgeschieden. Die beiden Elektrodenhalter kann man auch statt an zwei, an einem Glasstativ befestigen. Die in Fig. 23 und 24

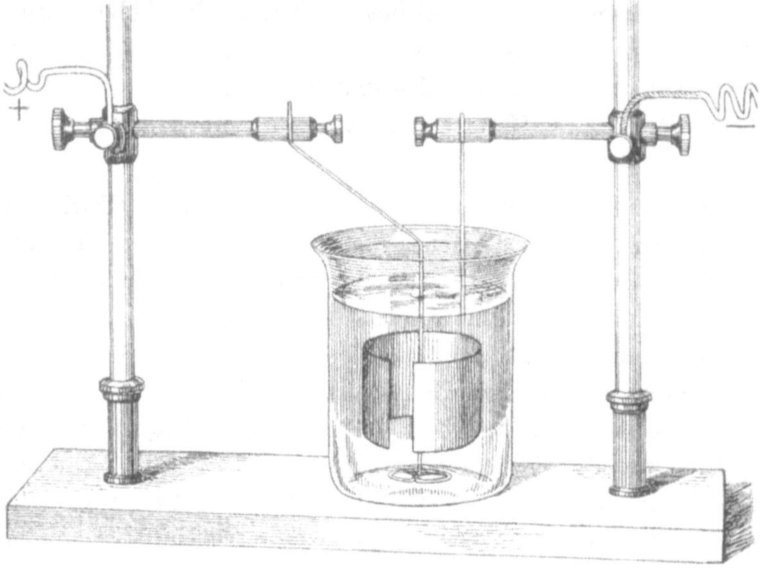

Fig. 22. Elektroden nach Luckow.

wiedergegebenen Anordnungen sind gleichfalls empfehlenswert. Namentlich wird die Platindrahtnetzkathode in Fig. 24 von Analytikern bevorzugt. Auch eine Anode aus Drahtnetz und von ähnlicher Form kann vorteilhaft angewendet werden (s. S. 269). Um die annähernde Oberfläche einer zylindrischen Drahtnetzkathode zu berechnen, benutzt man die Formel:

$$S = \pi d 2 \sqrt{n l b},$$

worin d den Durchmesser des Drahtes, n die Zahl der Maschen pro qcm, l die Länge, b die Breite des benutzten Drahtnetzstreifens (die Höhe des Zylinders) bezeichnet.[1]

[1] Winkler, Ber. 32 (1899), 2192.

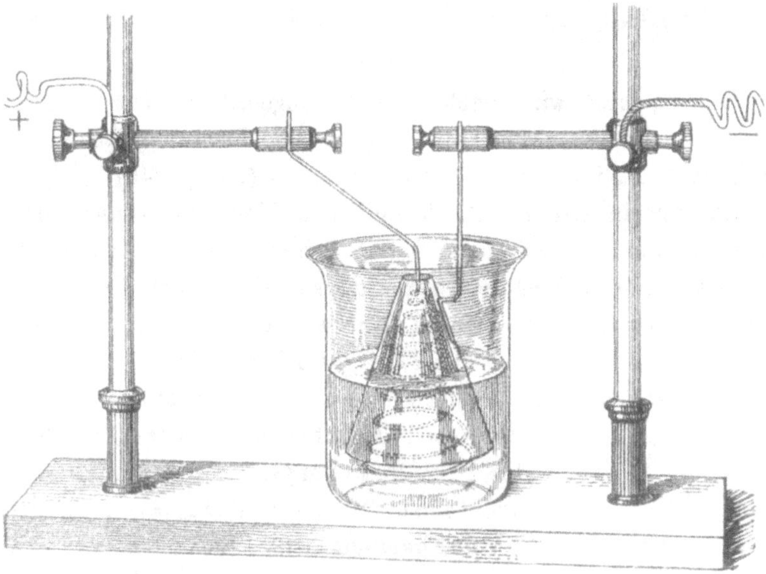

Fig. 23. Konuselektrode.

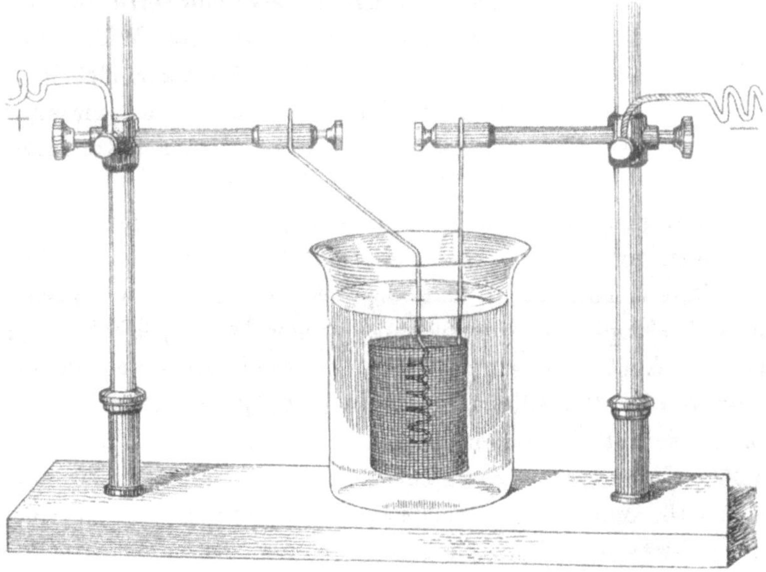

Fig. 24. Drahtnetzelektrode.

Die Schnellfällung von Kupfer mit Hilfe der rotierenden Anode.

Der Apparat wird nach Seite 43 angeordnet. Den Rührer kann man mit dem Motor auch durch eine biegsame Stahlwelle verbinden (A. Fischer, Z. f. Elektroch. **10** (1904), 945).

Zu der in der Schale befindlichen Kupfersalzlösung wird 1 ccm verdünnter (zehnprozentiger) Schwefelsäure hinzugesetzt, dann die Lösung auf 125 ccm verdünnt, so daß also eine Kathodenoberfläche von 100 qcm vorliegt, dann wird die Schale mit passenden Gläsern bedeckt und die Flüssigkeit bis nahezu zum Sieden erhitzt. Man entfernt nun die Flamme, dreht den Motor an, gibt der Anode (Fig. 25) eine Tourenzahl von 600 bis 700 Umdrehungen in der Minute und stellt einen Strom von $N. D_{100} = 5$ Amp. und 5 Volt Spannung her. Wenn die Elektrolyse beendet ist, was man an der eintretenden Farblosigkeit der Lösung erkennt, dann unterbricht man das Rotieren und verringert den Strom durch Einschalten von Widerstand aus dem Rheostaten. Nunmehr fügt man destilliertes Wasser zu der Lösung, um etwa freiliegendes Metall zu bedecken und dadurch Oxydation zu verhindern. Dann wird die saure Flüssigkeit abgehebert, wobei man jedoch die Schale durch Hinzufügen von Wasser aus einer Spritzflasche immer angefüllt hält. Darauf unterbricht man die Verbindung mit der Schale, wäscht den Kupferniederschlag mit warmem Wasser, Alkohol und Äther, trocknet und wägt. Unter den eben skizzierten Bedingungen wurde oft 0,4994 g Metall in fünf Minuten abgeschieden. Langness fällte im Laboratorium der Pennsylvania-Universität 0,5035 g Kupfer in sieben Minuten bei Anwendung von 10 Volt und 5—13 Amp. Die metallischen Niederschläge waren vollständig festhaftend, dunkelrot gefärbt und hatten ein prachtvolles, sammetähnliches Aussehen.

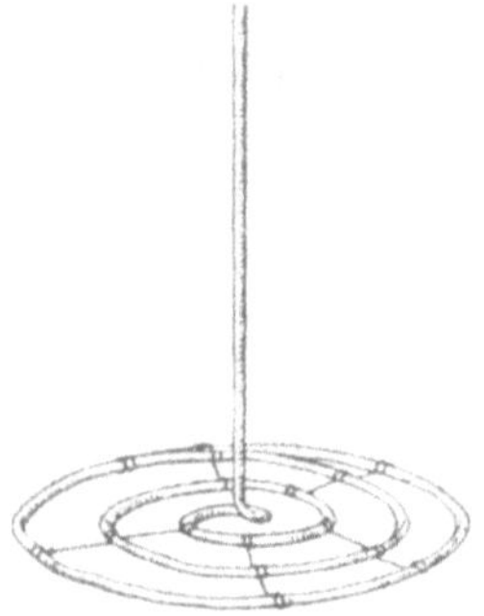

Fig. 25. Spiralanode.

Verlauf der Fällung:

In 1 Minute	. . . . . .	0,1493 g Metall
„ 2 Minuten	. . . . . .	0,3019 „ „
„ 3 „	. . . . .	0,4371 „ „
„ 4 „	. . . . .	0,4925 „ „
„ 5 „	. . . . . .	0,5029 „ „

Man kann als Anode auch eine Schale von der in Fig. 26 dargestellten Gestalt benutzen, die etwa 7 cm Durchmesser und 3 cm Tiefe besitzt und sonst völlig der Kathode an Gestalt gleicht.[1] In ihren Seitenwänden sind zehn senkrecht zum Rande stehende Einschnitte vorhanden, von welchen jeder 1,8 cm lang und 0,5 cm breit ist. Durch diese Öffnungen wird eine freie Zirkulation des Elektrolyten gewährleistet, ebenso wie durch eine runde Öffnung von 1,3 cm Durchmesser am Boden der Schale. Die Anode besitzt eine ca. 2 mm starke Achse aus Platiniridium und wird so eingestellt, daß sie von den Wänden der Kathode überall gleich weit entfernt ist. Der Elektrolyt wird durch die Drehung der Anode völlig in den Raum, der von der inneren Fläche der Kathode und der äußeren Fläche der Anode begrenzt wird, gedrängt. Dagegen ist bei der Rotation fast keine Flüssigkeit im Innern der kleineren Schale vorhanden. Die Verdünnung ist daher hier geringer als bei Anwendung einer Spiralanode. Wird diese „Schalenanode" sorgfältig eingepaßt, so braucht man keinerlei Verluste durch Spritzen oder Überlaufen zu befürchten. Zur Erläuterung des Erfolges dieser Anode sollen hier fünf wirkliche Versuche angeführt werden:

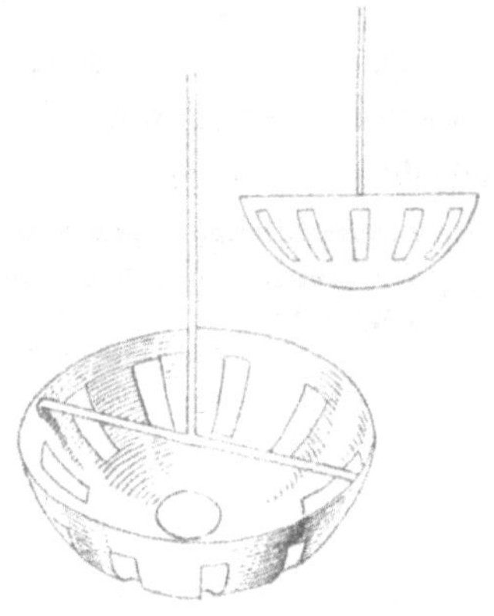

Fig. 26. Schalenanode.

[1] Langness, J. Am. Ch. S. **29** (1907), 460.

Nr.	Anwesendes Kupfer in g	Volt	Ampere	Zeitdauer in Minuten	Gewicht des Kupfers in g
1	0,4884	7+	10—15	4	0,4883
2	0,4884	8	10—15	3	0,4884
3	0,4884	8	10—15	5	0,4887
4	0,4884	8	10	2	0,4634
5	0,4884	8	10	1	0,2010

Bei diesen Versuchen überstieg der Inhalt des Elektrolyten nie 60 ccm. Die Metallniederschläge hatten dasselbe Aussehen wie bei Anwendung der Spiralanode. Das Volumen an freier Schwefelsäure (10 %iger) betrug bei allen soeben beschriebenen Versuchen 1 ccm.

Bei Anwendung eines salpetersauren Elektrolyten sind gut arbeitende Bedingungen leicht unter Beobachtung folgender Versuchsdaten zu erreichen:

Nr.	Anwesendes Kupfer in g	ccm Säure vom spez. Gew. 1,2	Verdünnung in ccm	Volt	Ampere	Kupfer gefunden in g
1	0,4876	0,5	125	8	7	0,4878
2	0,4876	0,5	125	8	7	0,4877
3	0,4876	0,5	125	8	8	0,4875
4	0,4876	0,5	125	8	8	0,4875

Bei diesen Versuchen wurde die Spiralanode gebraucht. Der Metallniederschlag war glänzend, festhaftend und kristallinisch.

Verlauf der Abscheidung.

In 1 Minute	. . . . . .	0,1507 g Metall
„ 2 Minuten	. . . . . .	0,2518 „ „
„ 3 „	. . . .	0,3418 „ „
„ 4 „	. . . .	0,3960 „ „
„ 5 „	. . . .	0,4486 „ „
„ 6 „	. . . .	0,4651 „ „
„ 8 „	. . . .	0,4852 „ „
„ 10 „	. . . .	0,4875 „ „

In einem ammoniakalischen Elektrolyten, der 0,4967 g Kupfer und 1,2 g Ammoniumnitrat bei einer Gesamtverdünnung von

125 ccm enthielt, wurde durch einen Strom von 9 Amp. und 8 Volt unter Anwendung der rotierenden Spiralanode 0,4963 g Metall in 15 Minuten gefällt. Die Niederschläge waren vollkommen haftend und von glänzendem Aussehen. In demselben Elektrolyten kann unter Anwendung der Schalenanode bei einem Strom von 17 Amp. und 6 Volt 0,4824 g Kupfer in 6 Minuten völlig gefällt werden.[1]

Die soeben mitgeteilten Bedingungen eignen sich sehr gut auch für die Bestimmung von Kupfer im Kupferkies.[2] Der letztere wird zu diesem Zweck fein zermahlen und in einem kleinen Becherglas schnell durch Kochen mit konzentrierter Salpetersäure zersetzt. Ist die Zersetzung vollständig, dann wird die Lösung rasch zur Trockne verdampft, der Rückstand mit einigen Tropfen Salpetersäure aufgenommen, Wasser hinzugesetzt, die Lösung erhitzt und in eine gewogene Platinschale hineinfiltriert, worin sie mit einem Überschuß von Ammoniumhydroxyd versetzt wird. Das Eisen fällt hierbei natürlich als Hydroxyd aus, worauf man jedoch keine Rücksicht nimmt. Man setzt vielmehr die Anode in Bewegung und elektrolysiert die Lösung. Eine Gefahr, daß hierbei Ferrihydroxyd an dem Kupferbelag haften bleibt, besteht nicht, da die gründliche Bewegung des Elektrolyten dies verhindert. Zahlreiche Bestimmungen sind in unserem Laboratorium ausgeführt worden und die Ergebnisse waren gut übereinstimmend. Selbstverständlich könnte, falls der angegebene Vorschlag keinen Beifall finden sollte, Ammoniumhydroxyd auch direkt zu der mit Salpetersäure angesäuerten wäßrigen Lösung des Minerals hinzugefügt werden, bevor man die Gangart abfiltriert, und demnach die letztere zusammen mit dem resultierenden Ferrihydroxyd auf das Filter gebracht werden. Das blaugefärbte ammoniakalische Filtrat enthält dann einen Überschuß von Ammoniumnitrat, so daß man ohne weiteres die oben beschriebene Elektrolyse ansetzen kann. Dieser Elektrolyt besitzt insofern einen Vorzug, als im ge-

[1] Siehe auch J. Am. Ch. S. **25** (1903), 898.

[2] Siehe auch S. 49.

wöhnlichen Gang der Analyse das Kupfer oft in Form des Nitrates erhalten wird.[1]

Auch in einem Alkalicyanidelektrolyten geht die Schnellfällung des Kupfers gut vonstatten. Beispiel: Zu einer Lösung, die 0,2484 g Metall enthielt, wurde gerade genug Kaliumcyanid hinzugefügt, um das Kupfercyanid auszufällen und wieder aufzulösen. Nach dem Verdünnen wurde die Flüssigkeit zum Sieden erhitzt und dann mit einem Strom von $N.D_{100} = 6$ Amp. und 18 Volt elektrolysiert. Die Fällung war nach 18 Minuten vollständig. Der Niederschlag war dunkelrot und glänzte wie poliert. Die Metallabscheidung aus diesem Elektrolyten geht noch schneller vor sich, wenn man die „Schalenanode“ (S. 73) anwendet. So wurden zu einer Lösung von Kaliumkupfercyanid (= 0,4882 g Kupfer) 10 ccm Ammoniumhydroxyd (spez. Gew. 0,93 bei 24°) hinzugefügt und diese Flüssigkeit mit einem Strom von 15 Amp. und 7 Volt elektrolysiert. In sechs Minuten wurde 0,4883 g Kupfer gefällt.

Hier hat man wiederum ein wertvolles Mittel, den Kupfergehalt von Mineralien zu bestimmen. Man dampft z. B. einen gewogenen Betrag (0,5 g) feingepulverten Kupferkies mit Königswasser zur Trockne. Dann nimmt man den Rückstand mit etwas Salzsäure und Wasser auf und übersättigt das Filtrat mit Schwefelwasserstoffgas. Das Kupfersulfid wird abfiltriert, mit Schwefelwasserstoffwasser gewaschen, dann vom Filter in möglichst verdünnter Cyankalilösung gelöst, das Cyanidfiltrat in einer gewogenen Platinschale gesammelt und, wie eben angegeben, elektrolysiert. Die Resultate werden vollständig befriedigen.[2]

Die Schnellfällung von Kupfer mittels der rotierenden Anode und der Quecksilberkathode.[3]

In der Einleitung (S. 56, 57 und 61) wurden einige Zellen erwähnt, welche man vorteilhaft dann verwenden kann, wenn

[1] Siehe auch Trennung des Kupfers vom Nickel (S. 192).

[2] Man kann Kupferlösungen auch ziemlich schnell mit dem Apparat Fig. 19 elektrolysieren (S. 59) (Frary); vgl. ferner S. 278.

[3] Literatur: J. Am. Ch. S. **25**, 883; **26**, 1595; ibid. **26**, 1614; Am.

Quecksilber als Kathode benutzt wird. Die Zelle Fig. 17. kann man leicht aus ca. 25 cm langen Reagenzröhren aus weichem Glas herstellen.[1] In ein derartig hergestelltes Gefäß bringt man dann eine Schicht Quecksilber, die genügt, um den Platindraht, der durch den Boden oder die Wandung des Becherchens geschmolzen ist, zu bedecken. Man wägt das Becherchen, bringt es dann auf ein Stück Kupferblech, das mit der negativen Elektrode in direkter Verbindung steht, wodurch das Quecksilber zur Kathode wird. Sodann gießt man in das Gefäß eine Lösung von Kupfersulfat, fügt ein oder zwei Tropfen Schwefelsäure hinzu und senkt die Anode (S. 57) vom Rührer aus in die Lösung. Das Becherchen wird mit Gläsern bedeckt, die in der Mitte etwas ausgeschnitten sind, um die Achse der Anode hindurchzulassen. Diese Gläser kann man sich sehr leicht aus den bekannten, in der Mikroskopie verwendeten Objektträgern herstellen.

Die Anode wird jetzt genau so rotiert, wie bei Fällungen in einer Platinschale (S. 72). Wenn höhere Ströme verwendet werden, so gerät die Metalllösung oft ins Sieden. Ein Teil der Flüssigkeit wird dann an den Seiten des Becherchens hochklettern und durch die entweichenden Gase oder die Bewegung der Flüssigkeit an die Deckgläschen getragen. Die Erfahrung hat jedoch gezeigt, daß es nicht notwendig ist, diesen Anteil hinunter zu waschen, da der sich kondensierende Dampf beständig diese Lösung hinunterspült. Die Deckgläschen sollen dann und wann gegen den Rand des Gefäßes geneigt werden, um das Wasser, das sich in großen Tropfen angesammelt hat, zum Ablaufen zu bringen.

Phil. Soc. Pr. **44** (1895), 137; J. Am. Ch. S. **27**, 1527; Myers, J. Am. Ch. S. **26**, 1124.

[1] Anmerkung des Übersetzers: Man versäume nie, die Glasgefäße vor dem Wägen mit Wasser gründlich auszukochen, da man andernfalls durch die Löslichkeit des Glases im Elektrolyten beträchtliche Differenzen erhalten könnte. Aus demselben Grunde empfiehlt es sich, die Gefäße aus Jenaer Glas herzustellen, wobei man natürlich zum Einschmelzen des Platindrahtes ein Stückchen eines andren geeigneten Glases verwendet.

Es ist wiederholt beobachtet worden, daß, je größer die Konzentration des Elektrolyten ist, mit um so größerer Schnelligkeit die Abscheidung vor sich geht,[1] daß sich jedoch die letzten Metallspuren nur langsam abscheiden. Man muß daher, wenn die Flüssigkeit farblos geworden ist, die elektrolytische Einwirkung noch mehrere Minuten fortsetzen, um den kleinen Betrag, der noch gelöst zurückbleibt, zu fällen.

Ist das Metall völlig niedergeschlagen, so unterbricht man das Rühren, nimmt die Deckgläschen ab und füllt die Zersetzungszelle mit destilliertem Wasser. Das letztere wird dann bis zu der Höhe der Spirale abgehebert und die Flüssigkeit durch destilliertes Wasser so lange ersetzt, bis der Strom auf den Nullpunkt sinkt. Dieses Waschwasser muß stets beiseite gestellt und geprüft werden, um sicher zu sein, daß das Metall auch völlig gefällt worden ist. Darauf unterbricht man den Strom und wäscht den Inhalt wiederum mit destilliertem Wasser, indem man die Zelle neigt und dreht, um das Amalgam vollständig zu waschen. Dann wird möglichst viel Wasser von dem Amalgam abgegossen und das Amalgam zweimal mit absolutem Alkohol und zweimal mit Äther gewaschen. Die Zelle wird jetzt außen trocken gewischt, nach der Verflüchtigung des Äthers in den Exsikkator gestellt und, wie früher beschrieben, gewogen.

Die folgenden Versuche sind einem Laboratoriumsnotizbuch entnommen. Sie zeigen, daß durch die soeben beschriebene

Versuch Nr.	Angewandt Cu in g	H_2SO_4 in ccm	Volumen in ccm	Strom in Amp.	Volt	Touren der Anode pro Min.	Dauer in Min.	Gefunden Cu in g	Fehler in g
1	0,7890	0,25	12	3,5	6	1200	10	0,7900	+0,0010
2	0,3945	0,15	12	4	6	1080	5	0,3941	−0,0004
3	0,3945	0,25	12	3,5	6	1200	6	0,3942	−0,0003
4	0,3945	0,15	12	5	6,5	1200	5	0,3944	−0,0001
5	0,3945	0,00	10	2—4	9—7	1200	6	0,3946	+0,0001
6	0,3945	0,17	10	3,5	8,5	1200	4	0,3944	−0,0001
7	0,3945	0,17	10	4	6	1080	5	0,3946	+0.0001

[1] Siehe z. B. T. W. Richards und Bisbee, J. Am. Ch. S. **26** (1904), 530.

Methode ohne irgendwelche Schwierigkeiten Schnelligkeit und Genauigkeit erzielt werden können. Selbst wenig erfahrene Chemiker können damit sehr zufriedenstellende Bestimmungen sowohl von Kupfer, als auch von andren Metallen, wie wir später sehen werden, ausführen.

Verlauf der Abscheidung.

In einer Lösung von Kupfersulfat (5 ccm Volumen, 0,3945 g metallisches Kupfer enthaltend), die schwach mit Schwefelsäure angesäuert worden war, brachte ein Strom von 5 Amp. und 6 Volt das Metall in folgender Weise zur Ausscheidung:

In 1 Minute	0,1800 g
„ 2 Minuten	0,3400 „
„ 3 „	0,3664 „
„ 4 „	0,3945 „
„ 5 „	0,3945 „

Zusätze.

1. Der folgende Versuch wurde angestellt, um zu bestimmen, was für einen Gewichtsverlust das Quecksilber beim Stehen im Exsikkator eventuell erleiden kann: Eine Zelle wurde gefüllt und wie oben präpariert und gewogen. Sie wurde dann in den Exsikkator gebracht und in Zwischenräumen von 24 Stunden wieder gewogen. Ein Verlust von 0,0001 g pro Tag wurde während der ersten Woche beobachtet. Der Betrag des Verlustes nahm dann dermaßen ab, daß der Gesamtverlust nach einer Periode von 26 Tagen sich auf nicht mehr als 0,0015 g belief. Oft wurde beim Zurückwägen der Zelle am Morgen gefunden, daß sie über Nacht im Exsikkator überhaupt keinen Verlust erlitten hatte.

2. Es ist nötig, daß das Innere der Zelle völlig rein gehalten wird, da sonst das Amalgam Neigung zeigt, am Glase haften zu bleiben. Aus dieser Quelle können Verluste eintreten, da kleine Quecksilberkügelchen leicht vom Waschwasser, sowie vom Alkohol und Äther mitgerissen werden.

3. Ein interessanter Versuch, der sich auch für das Unterrichtslaboratorium eignet, besteht darin, daß man einen gewogenen Betrag reinen Kupfersulfates in einem kleinen Volumen Wassers auflöst (5—10 ccm) und die Lösung in der oben beschriebenen Weise mit einer Quecksilberkathode und einer rotierenden Anode elektrolysiert. Man fügt jedoch keine Schwefelsäure hinzu. Wenn die Flüssigkeit farblos geworden ist, so hebert man sorgfältig die Flüssigkeit in ein Becherglas ab. Man wäscht das Amalgam wie oben, bringt das Waschwasser und die zuerst abgegossene Flüssigkeit zusammen und titriert dann die gesamte Lösung mit einer Zehntel-Normallösung von Natriumcarbonat. Der Schwefelsäuregehalt des Salzes wird so mit großer Genauigkeit erhalten. Die Gewichtszunahme des Quecksilberbecherchens gibt uns andrerseits den Kupfergehalt, so daß eine vollständige Analyse des Salzes (abgesehen vom Kristallwasser) in sehr wenigen Minuten ausgeführt werden kann.[1]

Ein Metallnitrat kann nach S. 286ff. (unter „Salpetersäure") vollständig analysiert werden.

Zur Bestimmung des Metall- und Halogengehaltes in Metallhaloiden siehe S. 88 sowie S. 293ff.

Kadmium.[2]

Kadmium kann ebenso leicht wie Kupfer elektrolytisch bestimmt werden. Man bereitet sich eine Lösung des Chlorides

[1] Anm. des Übers.: Man kann diese Analyse mit den Apparaten Fig. 17, Fig. 18 und Fig. 20 ausführen.

[2] Literatur: Ber. **11**, 2048; Smith, Am. Phil. Soc. Pr. **1878**; Clarke, Z. f. a. Ch. **18**, 104; Beilstein und Jawein, Ber. **12**, 759; Smith, Am. Ch. Jr. **2**, 42; Luckow, Z. f. a. Ch. **19**, 16; Wrightson, Z. f. a. Ch. **15**, 303; Classen und v. Reiss, Ber. **14**, 1628; Warwick, Z. f. anorg. Ch. **1**, 258; Moore, Ch. N. **53**, 209; Smith, Am. Ch. Jr. **12**, 329; Vortmann, Ber. **24**, 2749; Rüdorff, Z. f. ang. Ch. **1892**; Classen, Ber. **27**, 2060; Heidenreich, Ber. **29**, 1586; Wallace und Smith, J. Am. Ch. S. **19**, 870; ibid. **20**, 279; Balachowsky, C. r. **131**, 384; Miller und Page, Z. f. anorg. Ch. **28**, 233; Kollock, J. Am. Ch. S. **21**, 911; Avery und Dales, J. Am. Ch. S. **19**, 380; Medway, Am. Jr. Sc. and Ar. (4th series) **18**, 56; Flora, Am. Jr. of Science (4th series) **20**, 286; Z. f. anorg. Ch. **47**, 13; Danneel und Nissenson, Internationaler Kongreß f. ang. Ch.

oder Sulfates von bestimmter Stärke und bringt davon je 50 ccm in ein gewogenes Platingefäß.[1] Dazu gibt man 1 g reines Kaliumcyanid, verdünnt mit Wasser auf 125 ccm, erwärmt auf 60° und elektrolysiert mit $N.D_{100}$ = 0,06 Amp. und 3,2 Volt. Das Metall wird in fünf Stunden vollständig niedergeschlagen. Oder man kann auch die Zersetzung am Abend beginnen, so daß das Metall am Morgen vollständig gefällt ist. Um sich von der Vollständigkeit der Abscheidung zu überzeugen, erhöht man durch Zugabe von Wasser die Flüssigkeitssäule in der Platinschale. Beim Waschen ist ein Abhebern der überstehenden Flüssigkeit nicht erforderlich. Man kann diese vielmehr nach Unterbrechung des Stromes, ohne Metallverluste durch Wiederauflösen befürchten zu brauchen, abgießen. Der Niederschlag wird mit kaltem und heißem Wasser, sowie mit Alkohol und Äther gewaschen. Dann trocknet man ihn auf einer warmen Eisenplatte, deren Temperatur 100° nicht überschreitet.

Kadmium kann auch aus der Lösung seines Phosphates in Phosphorsäure gefällt werden. Die folgenden Bedingungen gaben hier befriedigende Resultate: Man ließ einen Strom von $N.D_{100}$ = 0,06 Amp. und 3—7 Volt auf Kadmiumsulfat (0,1656 g Cd) einwirken, nachdem man 30 ccm Natriumphosphatlösung (1,0358 spez. Gew.) und 1 $^1/_2$ ccm Phosphorsäure (spez. Gew. 1,347) hinzugegeben und auf 100 ccm verdünnt hatte. Die Temperatur der Lösung betrug 50°. Das gefällte Kadmium wog: a) 0,1654 g und b) 0,1657 g. Der Strom mußte in der letzten Stunde der Fällung gesteigert und ferner der Niederschlag ohne Unterbrechung des Stromes gewaschen werden.

Kadmium kann auch aus seiner Sulfatlösung bei Anwesenheit eines kleinen Betrages freier Schwefelsäure [2 ccm H_2SO_4 (spez. Gew. 1,09) auf je 0,1 g Kadmium] gefällt werden.

---

4 (1903), 680; Exner, J. Am. Ch. S. **25**, 902; Davison, J. Am. Ch. S. **27**, 1275; Kollock und Smith, J. Am. Ch. S. **27**, 1528; Fischer und Boddaert, Z. f. Elektrochem. **10**, 948; Förster, Z. f. ang. Ch. **19**, 1890; Kollock und Smith, Am. Phil. Soc. Pr. **45**, 260.

[1] Siehe unter Kupfer.

Man erwärme auf 50° und elektrolysiere mit $N. D_{100}$ = 0,15 Amp. und 2,5 Volt. Die saure Flüssigkeit wird vor Unterbrechung des Stromes abgehebert und der Niederschlag wie oben behandelt.

Das Kadmium läßt sich auch ziemlich schnell in kristallinischer Form aus seiner Acetatlösung abscheiden. Folgendes Beispiel gibt die geeignetsten Bedingungen für diese Bestimmung wieder: 0,1329 g Kadmiumoxyd wurde in Essigsäure aufgelöst, die Lösung zur Trockne verdampft und der Rückstand in 30 ccm Wasser aufgelöst. Die Flüssigkeit wurde dann auf 50° erwärmt und bei einem Strom von 0,02 Amp. auf 37 qcm Kathodenoberfläche und einem Druck von 3,5 Volt elektrolysiert. Das Metall wurde vollständig in fünf Stunden gefällt. Es war kristallinisch und festhaftend. Gute Ergebnisse können auch erhalten und die Dauer der Abscheidung verkürzt werden, wenn man 1 g Ammoniumacetat zu der Lösung hinzufügt, nachdem der Strom eine Stunde lang eingewirkt hat. Sobald die Fällung vollendet ist, unterbricht man den Strom, wäscht das abgeschiedene Metall zuerst mit warmem Wasser, dann mit absolutem Alkohol und schließlich mit Äther. Man trocknet auf einer mäßig warmen Platte.

Balachowsky wandte für die Fällung des Kadmiums eine versilberte Platinschale an. Man löst 1,5—2 g Kadmiumsulfat in 100 ccm Wasser, gibt auf jedes Gramm Salz 5 ccm Essigsäure hinzu, erwärmt auf 60° und elektrolysiert mit einem Strom von 0,004 Amp. pro Quadratzentimeter und 2,8 Volt. Später steigert man den Strom auf 0,006 Amp. und 3,5 Volt. Das abgeschiedene Metall ist in der bereits beschriebenen Weise zu behandeln.

Derselbe Chemiker erhielt auch sehr befriegende Resultate durch Hinzufügen von Formaldehyd, Acetaldehyd oder Harnstoff zu der Lösung von Kadmiumsulfat. Die Flüssigkeit wurde dann auf 60° erhitzt und bei 2,5—3,3 Volt und einem Strom von 0,003—0,006 Amp. pro Quadratzentimeter elektrolysiert.

Gewünschten Falles kann man das Metall auch aus einer Lösung des Doppeloxalates von Ammonium und Kadmium[1] oder

[1] Siehe unter Kupfer S. 67.

aus einer Formiatlösung in Gegenwart von freier Ameisensäure fällen.

Bei Benutzung der Oxalatlösung gibt man auf je 0,3—0,4 g Sulfat 10 g Ammoniumoxalat hinzu, verdünnt mit Wasser auf 120 ccm, erwärmt auf 75° und elektrolysiert dann mit $N. D_{100} = 0{,}5 - 1{,}5$ Amp. und 3—3,5 Volt. Zur vollständigen Abscheidung werden $3\,{}^1/_2$ Stunden nötig sein.

Avery und Dales wandten eine Formiatlösung an. Sie empfehlen folgende Arbeitsweise: Man gibt 6 ccm Ameisensäure (spez. Gew. 1,20) zu der Lösung von Kadmiumsulfat, darauf Kaliumcarbonat, bis ein geringer bleibender Niederschlag entsteht. Diesen löst man in gerade hinreichend viel Ameisensäure auf und gibt noch 1 ccm derselben Säure hinzu. Dann wird die Flüssigkeit auf 150 ccm verdünnt und bei $N. D_{100} = 0{,}15 - 0{,}20$ Amp. und 2,6—3,4 Volt elektrolysiert.

Vortmann hat mehrere Metalle ziemlich zufriedenstellend in Form von Amalgamen bestimmt (siehe S. 29, 55, 95, 103). Unter Benutzung seiner Vorschrift für Kadmium gibt man zu der Lösung des betreffenden Salzes eine Lösung von Mercurichlorid und 5 g Ammoniumoxalat. Man bewirkt die Auflösung des letzteren, ohne zu erwärmen. Diese Arbeitsweise ist jedoch nur dann gut, wenn geringe Mengen Kadmium anwesend sind, da Kadmiumammoniumoxalat nicht sehr löslich ist. Der zur Fällung angewandte Strom soll bei beginnender Abscheidung 0,6—0,8 Amp. betragen. Beginnt dann das Amalgam von Quecksilber und Kadmium sich abzuscheiden, so wird der Strom auf 0,3 Amp. verringert und nun allmählich gesteigert, bis er schließlich am Ende der Abscheidung wieder seine ursprüngliche Stärke erhält. Überschreitet die Kadmiummenge 0,3 g, so läßt man die Elektrolyse in ammoniakalischer Lösung vor sich gehen. Zu diesem Zweck gibt man Weinsäure (3 g) und einen Überschuß an Ammoniak zu der das Quecksilber und Kadmium enthaltenden Lösung und verdünnt mit Wasser auf 200 ccm. Man läßt den Strom so lange einwirken, bis eine Probe der Flüssigkeit auf Zugabe von Ammoniumsulfid klar bleibt.

Im gewöhnlichen Gange der gravimetrischen Analyse wird Kadmium meist als Sulfid erhalten. Um dieses für die Elektrolyse vorzubereiten, löst man es in Salpetersäure, vertreibt den Überschuß der letzteren, gibt einen kleinen Betrag Kaliumhydroxyd (genug, um das Kadmium zu fällen) und dann einen Überschuß von Kaliumcyanid (1—2 g) hinzu. Im übrigen verfährt man, wie oben angegeben.

Die Schnellfällung von Kadmium mittels rotierender Anode.

Der Apparat wird wie beim Kupfer zusammengestellt. Zu einer Lösung von Kadmiumsulfat (angewandt: 0,2756 g Kadmium) werden 3 ccm Schwefelsäure (1 : 10) hinzugesetzt, dann wird auf 125 ccm verdünnt, bis zum beginnenden Sieden erhitzt, und der Brenner entfernt. Man gibt nun der Anode eine Tourenzahl von 600 Umdrehungen in der Minute und elektrolysiert mit einem Strom von $N. D_{100}$ = 5 Amp. und 8—9 Volt. In 10 Minuten wird die Abscheidung des Kadmiums vollständig. Bei obiger Substanzmenge wurde 0,2756 g gefunden. Bei einem zweiten Versuch, wo 0,5512 g Metall angewandt war, wurde 0,5508 g in 15 Minuten abgeschieden. Die Niederschläge waren von grauer Farbe, kristallinisch und festhaftend. Viel Schwefelsäure verlangsamt die völlige Abscheidung des Metalls. Man fand jedoch, daß bei Anwesenheit von 0,5 ccm Schwefelsäure (1 : 10) unter Anwendung eines Stromes von $N. D_{100}$ = 4 Amp. und 14 Volt noch der hohe Betrag von 0,5762 g Metall in 8 Minuten gefällt werden konnte.

Verlauf der Fällung.

In 1 Minute	0,1190 g
„ 2 Minuten	0,2245 „
„ 3 „	0,3417 „
„ 5 „	0,5217 „
„ 7½ „	0,5760 „
„ 8 „	0,5762 „

Die Abscheidung von Kadmium aus einem ammoniakalischen Elektrolyten verlief bei feststehenden Elektroden nie zufriedenstellend. Bei Anwendung einer rotierenden Anode konnte indes auch dieser Elektrolyt verwendet werden: Zu der Lösung des Kadmiumsalzes gibt man so viel Ammoniumhydroxyd, daß das Metallhydroxyd ausgefällt und wieder gelöst wird. Hierzu fügt man eine Lösung von 10 ccm Schwefelsäure (1 : 10), neutralisiert dann mit Ammoniak, verdünnt auf 125 ccm und elektrolysiert mit einer Normalstromdichte $N. D_{100} = 5$ Amp. und 6 ½ Volt. In 10 Minuten wird die Abscheidung vollständig. In diesem Elektrolyten war der Verlauf der Fällung folgendermaßen:

In 1 Minute	0,1312 g
„ 2 Minuten	0,2708 „
„ 3 „	0,2868 „
„ 4 „	0,2889 „
„ 5 „	0,2887 „

Wie oben mitgeteilt, eignet sich auch ein ameisensaurer Elektrolyt gut für die Fällung des Kadmiums. Bei Verwendung der rotierenden Anode wird das Kadmium hieraus in wenigen Minuten abgeschieden. Dies geht aus einem von einer Reihe von Beispielen hervor:

Zu einer Lösung, die 0,2896 g Kadmium als Sulfat enthielt, gab man 5 g Natriumcarbonat und 16 ccm Ameisensäure vom spez. Gew. 1,06, worauf man auf 125 ccm verdünnte, den Elektrolyten zum Kochen erhitzte, die Flamme entfernte, die Anode auf 600 Touren in der Minute brachte und dann einen Strom von $N. D_{100} = 5$ Amp. und 5 Volt anwandte. In 5 Minuten wurde 0,2900 Metall abgeschieden.

Ferner wurde zu einer Lösung, die 0,2898 g Kadmium enthielt, 1,25 g Natriumkarbonat und 5 ccm Ameisensäure (spez. Gew. 1,06) gegeben und darauf mit $N. D_{100} = 5$ Amp. und 9 Volt elektrolysiert. Die gesamte Metallmenge wurde in 5 Minuten gefällt. Aus demselben Elektrolyten wurde damals folgender Abscheidungsverlauf bestimmt:

In 1 Minute	0,1645 g	Kadmium
„ 2 Minuten	0,2816 „	„
„ 3 „	0,2891 „	„
„ 4 „	0,2896 „	„

In einem Elektrolyten, der Ammoniumformiat in Gegenwart von entweder freiem Ammoniumhydroxyd oder freier Ameisensäure enthielt, ging die Abscheidung des Kadmiums ebensogut vonstatten. So wurden bei 0,2898 g Metall in Anwesenheit von 5 ccm Ammoniumhydroxyd und 10 ccm Ameisensäure (spez. Gew. 1,06) und einem Strom von $N. D_{100} = 5$ Amp. und 6 Volt, wobei die Anode 600 Touren in der Minute machte, folgende Mengen abgeschieden:

In 1 Minute	0,1612 g
„ 2 Minuten	0,2850 „
„ 3 „	0,2904 „

Die Metallniederschläge glichen denen aus dem Natriumformiatelektrolyten.

Einer der ersten für die Abscheidung des Kadmiums vorgeschlagenen Elektrolyte war Natriumacetat in Gegenwart von freier Essigsäure. Die Ergebnisse damit waren sehr zufriedenstellend. Bei Anwendung der rotierenden Elektrode kann der Zeitfaktor auf wenige Minuten vermindert werden. So wandte man eine Kadmiumsulfatlösung, die 0,3984 g Metall enthielt, an, fügte dazu 3 g Natriumacetat und 0,25 ccm verdünnte Essigsäure, verdünnte dann auf 125 ccm und elektrolysierte mit einem Strom von $N. D_{100} = 5$ Amp. und 8,5—9 Volt. Bei einer Tourenzahl von 600 Umdrehungen in der Minute fanden folgende Abscheidungen statt:

In 1 Minute	0,1601 g	Kadmium
„ 2 Minuten	0,2863 „	„
„ 3 „	0,3963 „	„
„ 4 „	0,3987 „	„

Auch Ammoniumacetat kann an Stelle des Natriumsalzes genommen werden. Dann ist jedoch ratsam, schon ganz im Anfang Essigsäure einzusetzen.

Bei einem Alkalicyanidelektrolyten halte man die folgenden Bedingungen eines wirklichen Versuches ein: Füge zu einer Lösung von Kadmiumsulfat (= 0,4568 g Metall) 3 g reines Kaliumcyanid und 1 g Natriumhydroxyd, verdünne dann mit Wasser auf 125 ccm und elektrolysiere bei $N. D_{100} = 5$ Amp. und 5,5 Volt. Die Fällung wird dann folgendermaßen vor sich gehen:

In	1 Minute	. . . . . .	0,1808 g Metall
„	2 Minuten	. . . . . .	0,2585 „ „
„	3 „	. . . . . .	0,3291 „ „
„	5 „	. . . . . .	0,3778 „ „
„	7 1/2 „	. . . . . .	0,4348 „ „
„	10 „	. . . . . .	0,4534 „ „
„	15 „	. . . . . .	0,4568 „ „

Die Kadmiumniederschläge waren nach dieser Vorschrift glänzend silberweiß.

Ammonium- und Natriumacetat erwiesen sich für Kadmium nicht als günstige Elektrolyten, während Ammoniumsuccinat in Gegenwart eines kleinen Überschusses von Bernsteinsäure gute Ergebnisse lieferte, wobei die Niederschläge ähnlich denen aus ameisensauren oder essigsauren Elektrolyten waren. Bei Natriumsuccinat ist die Anwesenheit freier Säure für die Beschaffenheit des Niederschlages nicht günstig. 0,4 g Metall kann in zehn Minuten abgeschieden werden. Vgl. ferner S. 279.

Die Schnellfällung von Kadmium mittels rotierender Anode und der Quecksilberkathode.

Man benutzt den beim Kupfer beschriebenen Apparat[1] (S. 76).

Man wägt das Gefäß mit der Quecksilberschicht, gießt dann eine wäßrige Lösung von Kadmiumsulfat (angewandt: 0,9480 g Metall) hinein und wendet einen Strom von 1,5—3.5 Amp. und 10—7 Volt an. Nach Verlauf von 15 Minuten ist die Fällung des Kadmiums beendet. Man wäscht und trocknet nach den Angaben beim Kupfer. Die Anode soll 360 Touren ausführen. Das Amalgam ist von schönem Glanz. Der Verlauf der Fällung des Kadmiums ist folgender:

[1] Oder auch Fig. 18 und Fig. 20 (S. 57 und 61).

In	1 Minute	. . . .	0,1531 g
„	2 Minuten	. . . .	0,4984 „
„	7 „	. . . .	0,8707 „
„	9 „	. . . .	0,9480 „
„	10 „	. . . .	0,9484 „

1 ccm (40 Tropfen) konzentrierter Schwefelsäure hält die Abscheidung dieses Metalles ziemlich merkbar auf. Die Hälfte dieses Volumens an Säure ist jedoch nicht nachteilig.

Oben (siehe Kupfer S. 80) wurde ferner die Anwendung der Quecksilberkathode und rotierenden Anode zur kompletten Analyse von Metallsulfaten und -nitraten erwähnt. Wie die Halogene zu gleicher Zeit mit den Kationen bestimmt werden können, wird später ausgeführt werden (S. 293ff.). Hier soll noch der Verlauf der Arbeitsweise bei der Analyse eines Metallhaloides angegeben werden, wenn die Bestimmung des Halogens von sekundärer Bedeutung ist, vielmehr hauptsächlich die des Metalles in Betracht kommt. Würde man nämlich den soeben bei dem Sulfat verwendeten Apparat bei Haloiden benutzen, so würde unter dem Einfluß hoher Stromdichten eine reichliche Entwicklung von Halogen eintreten, wodurch die rotierende Anode sehr energisch angegriffen würde. Man kann diese schädlichen Versuchsbedingungen indessen umgehen, wenn man eine Schicht Toluol oder Xylol auf die Lösung des Metallhaloides bringt: jede dieser beiden Flüssigkeiten ist imstande, das frei werdende Halogen völlig zu absorbieren. Chloride von Kobalt, Gold, Eisen, Quecksilber und Zinn wurden in dieser Weise mit größter Leichtigkeit zufriedenstellend analysiert. Im Falle des Kadmiums wurde das Bromid verwendet. Seine Lösung wurde so gewählt, daß 5 ccm davon 0,2212 g Metall enthielten. Nach Zugabe von 10 ccm Toluol wurde die Flüssigkeit mit einem Strom von 2 Amp. und 5 Volt elektrolysiert. Das Toluol färbte sich anfangs rot, nahm dann aber eine gelbe Farbe an. Ein Bromgeruch wurde nicht bemerkt. Nach 10 Minuten war 0,2215 g Metall gefällt.[1]

[1] Siehe auch: J. Am. Ch. S. **27**, 1547 und Jr. Ch. Soc. (London) **87**, 1034.

Quecksilber.[1]

Zur Darstellung von Quecksilberlösungen für analytische Zwecke benutzt man entweder das Mercurinitrat oder -chlorid. Einen aliquoten Teil einer derartigen Lösung versetzt man mit 3 ccm konzentrierter Salpetersäure, verdünnt auf 125 ccm, erhitzt auf 70° und elektrolysiert mit einem Strom von $N.D_{100} = 0{,}06$ Amp. und 2 Volt. Das Metall wird in vier Stunden vollständig gefällt. Der Niederschlag erscheint in feinen Tröpfchen. Die saure Flüssigkeit muß vor dem Unterbrechen des Stromes entfernt werden, oder man kann auch Natriumacetat hinzugeben: In letzterem Falle kann die Flüssigkeit dekantiert werden, ohne daß ein Verlust durch Wiederauflösen von Quecksilber zu befürchten wäre (Rüdorff).

Ferner: Eine schwach mit Schwefelsäure (0,5 ccm Säure) angesäuerte Mercurichloridlösung wurde auf 125 ccm verdünnt, dann auf 65° erwärmt und mit einem Strom von $N.D_{100} = 0{,}4$ bis 0,6 Amp. und 3,5 Volt elektrolysiert, wobei alles Metall in einer Stunde ausgefällt wurde. Man wasche das ausgeschiedene Metall stets mit kaltem Wasser. Rüdorff empfahl folgende Substanzen zu der das Quecksilber enthaltenden Flüssigkeit hinzuzusetzen: 0,5 g Weinsäure und 10 ccm wäßriges Ammoniak (spez. Gew. 0,91) oder 5 ccm Salpetersäure, 10 ccm einer gesättigten Lösung von Natriumpyrophosphat und 10 ccm wäßriges Ammoniak. Durch einen Strom von 0,02 Amp. wird das Quecksilber in kompakter, festhaftender Form abgeschieden.

[1] Literatur: Ber. **6**, 270; Clarke, Am. Jr. of Science **16**, 200; Classen und Ludwig, Ber. **19**, 323; Hoskinson, Am. Ch. Jr. **8**, 209; Smith und Knerr, ebenda **8**, 206; Smith und Frankel, Am. Ch. Jr. **11**, 264; Smith, Jr. An. Ch. **5**, 202; Vortmann, Ber. **24**, 2749; Brandt, Z. f. a. Ch. **1891**, 202; Rüdorff, Z. f. ang. Ch. **1892**, 5; Eisenberg, Dissert., Heidelberg 1895; Schmucker, J. Am. Ch. S. **15**, 204; Frankel, Jr. Fr. Ins. **1891**; Rising und Lenher, Berg-Hütt. Z. **55**, 175; Wallace und Smith, J. Am. Ch. S. **18**, 169; Fernberger und Smith, J. Am. Ch. S. **21**, 1006; Kollock, J. Am. Ch. S. **21**, 911; Bindschedler, Z. f. Elektrochem. **8**, 329; Glaser, Z. f. Elektrochem. **9**, 11; Matolcsy, Ch. Blatt. 77. Jahrg. (1906), 166; Exner, J. Am. Ch. S. **25**, 901; Kollock und Smith, J. Am. Ch. S. **27**, 1537; R. O. Smith, J. Am. Ch. S. **27**, 1270; Fischer und Boddaert, Z. f. Elektrochem. **10**, 919.

Verfasser empfiehlt auf Grund von Versuchen in seinem Laboratorium besonders Lösungen des Doppelcyanides von Quecksilber und Kalium für die elektrolytische Abscheidung von Quecksilber. Zu der Quecksilbersalzlösung wird 1 g reines Kaliumcyanid auf je 0,1—0,2 g Metall hinzugesetzt, dann mit Wasser auf 100 ccm verdünnt, auf 65° erwärmt und mit einem Strom von $N.D_{100}$ = 0,02—0,07 Amp. und 1,6—3,2 Volt elektrolysiert. Bis zu 0,25 g Metall kann man in 3 Stunden abscheiden. Diese Arbeitsweise erfordert, einmal eingeleitet, keine weitere Beaufsichtigung. Der Niederschlag ist stets kompakt und von grauer Farbe. Man benutze nur Wasser zum Auswaschen, denn Alkohol löst anscheinend leicht etwas Metallhaut mechanisch ab. Bei allen Quecksilberlösungen ist es ratsam, das Metall auf einer Schicht metallischen Silbers abzuscheiden, da die Platinschalen unterschiedslos von Quecksilber angegriffen werden.

Classen empfiehlt die Doppeloxalatlösung für die Quecksilberfällung und gibt demgemäß zu der Mercurichloridlösung etwa 4—5 g Ammoniumoxalat, verdünnt mit Wasser auf 120 ccm und elektrolysiert bei 29—37° mit einem Strom von $N.D_{100}$ = 1 Amp. und 4,05—4,7 Volt. Das Quecksilber fällt in vollständig festhaftender Form aus. Die Zeit hängt nur vom Stromdruck ab.

Die Fällung verläuft auch sehr zufriedenstellend in einer phosphorsauren Lösung, wie man aus folgendem Beispiel ersieht: Zu einer Lösung von 0,1159 g Quecksilber wurden 30 ccm Natriumphosphatlösung (spez. Gew. 1,038) und 5 ccm Phosphorsäure (spez. Gew. 1,347) hinzugefügt, worauf mit Wasser auf 175 ccm verdünnt wurde. Nach dem Erwärmen auf 50° elektrolysierte man vier Stunden lang mit einem Strom von $N.D_{100}$ = 0,04 Amp. und 1,6 Volt. Der Quecksilberbelag wog 0,1162 g und wurde wie oben behandelt.

In der allgemeinen Analyse erhält man oft das Quecksilber als Sulfid. Seine Bestimmung in dieser Gestalt erfordert Zeit und ungewöhnliche Sorgfalt. Das Sulfid ist jedoch in fixen Alkalisulfiden, die freies Alkali enthalten, löslich. Der Verfasser hat nun entdeckt, daß eine derartige Lösung ohne Schwierigkeiten elektrolysiert werden kann. Das Quecksilber wird daraus in kompakter Form abgeschieden. Eine früher in unserem Laboratorium ausgeführte Analyse wird am besten die geeigneten Bedingungen für eine erfolgreiche Bestimmung wiedergeben: 20 ccm Natriumsulfidlösung (spez. Gew. 1,19) wurden zu einer Mercurichloridlösung (= 0,1903 Quecksilber) hinzugefügt und das Ganze mit Wasser auf 125 ccm verdünnt. Hieraufließ man einen Strom von $N. D_{100} = 0,11$ Amp. und 2,5 Volt fünf Stunden lang einwirken. Die Temperatur der Lösung war 70°, das Gewicht des gefällten Quecksilbers betrug 0,1902 g. Es wurde im übrigen behandelt, wie in den vorigen Abschnitten angegeben. Am besten benutzt man eine Platinschale als negative Elektrode und eine Platinspirale (S. 72) als Anode. Man trocknet den Niederschlag auf einer mäßig warmen Platte oder über Schwefelsäure.

Es wurden auch mehrere Quecksilberbestimmungen in Zinnober ausgeführt, um die allgemeine Anwendbarkeit der Methode zu prüfen. Gewogene Mengen dieses Minerals, in der üblichen gravimetrischen Weise analysiert, hatten die Anwesenheit von 85,40 % metallischen Quecksilbers darin ergeben. Es wurden darauf Proben davon in Platinschalen ausgewogen und in der soeben beschriebenen Weise in 20—25 ccm Natriumsulfidlösung von dem angegebenen spezifischen Gewicht gelöst. Dann wurde mit Wasser auf 125 ccm verdünnt und bei 70° mit obigen Bedingungen elektrolysiert. Die Dauer der Abscheidung überschritt niemals drei Stunden, die Ergebnisse waren:

Zinnober in Grammen	Quecksilber in Grammen	Quecksilber in Prozenten
0,2167	0,1850	85,37
0,2432	0,2077	85,40

Die Platinschale wurde während der elektrolytischen Zersetzung bedeckt gehalten. Dies sollte bei jeder Metallbestimmung geschehen. Hier war der Hauptzweck dieser Vorrichtung, ein etwaiges Verdampfen zu verhindern. Dabei entsteht nämlich leicht ein Metallrand, der sich entweder teilweise verflüchtigt oder in Quecksilbersulfid verwandelt wird, was man an einer dunkel gefärbten Haut erkennen kann.

Die Schnellfällung von Quecksilber mittels rotierender Anode.[1]

In einem salpetersauren Elektrolyten mit 0,5840 g Quecksilber als Mercuronitrat und 1 ccm konzentrierter Salpetersäure wurde das gesamte Metall in 7 Minuten durch einen Strom von $N.D_{100} = 7$ Amp. und 12 Volt gefällt. Die Anode machte 700 Umdrehungen in der Minute.

Der Verlauf der Abscheidung aus diesem Elektrolyten wurde ermittelt, indem man eine Lösung von 0,5120 g Metall der Einwirkung des Stromes unterwarf, wobei man folgende Ergebnisse erhielt:

Abgeschiedenes	Metall:	in	2	Minuten	0,3612 g
„	„	„	4	„	0,4772 „
„	„	„	8	„	0,5077 „
„	„	„	10	„	0,5122 „
„	„	„	12	„	0,5121 „
„	„	„	20	„	0,5119 „

Bei diesen Versuchen über die Abscheidungsgeschwindigkeit überschritt der Druck niemals 7 Volt; er betrug gewöhnlich 6,5 Volt; die Gesamtverdünnung des Elektrolyten war 115 ccm.

Auch ein Alkalisulfidelektrolyt erwies sich als äußerst geeignet zur Fällung von Quecksilber mit Hilfe einer rotierenden Elektrode. So wurden zu einer Mercurichloridlösung (0,2603 g Metall) 10 ccm Natriumsulfidlösung (spez. Gew. 1,17) hinzugesetzt, dann auf 115 ccm verdünnt und bei einem Strom von $N.D_{100} = 6$ Amp. und 7 Volt elektrolysiert, wobei die Anode, wie oben angegeben, rotiert wurde. In 15 Minuten wurde 0,2602 g Metall gefällt.

Der Verlauf der Abscheidung war folgendermaßen:

---

[1] Man benutzt die Apparate auf S. 72; vgl. ferner S. 278.

Abgeschiedenes Metall:	in	2	Minuten	0,1371 g
„ „	„	5	„	0,2198 „
„ „	„	8	„	0,2538 „
„ „	„	10	„	0,2554 „
„ „	„	12	„	0,2596 „
„ „	„	13	„	0,2601 „
„ „	„	15	„	0,2602 „
„ „	„	20	„	0,2604 „

Diese Vorschrift kann zur Bestimmung des Quecksilbers im Zinnober, wie schon in einem früheren Abschnitt beschrieben wurde (S. 91), verwendet werden. Z. B. ergab ein Erz, in dem man 46,20 % Quecksilber nach der Destillationsmethode gefunden hatte, bei Anwendung der soeben geschilderten Arbeitsweise 46,40; 46,46; 46,40; 46,41; 46,40; 46,46 % Quecksilber. Die Quecksilberniederschläge ließen nichts zu wünschen übrig. Die für die einzelne Bestimmung erforderliche Zeit, d. h. vom Abwägen des Erzes bis zum Wägen des Quecksilberniederschlages, überschritt niemals $1^1/_2$ Stunden. Die angewandte Erzmenge schwankte zwischen 0,3000 und 0,5000 g.

Die Behauptung ist nicht übertrieben, daß in Anbetracht so vieler übereinstimmender Erfahrungen in unserem Laboratorium die elektrolytische Methode den sonstigen, bei der Bestimmung des Quecksilbers üblichen Methoden weitaus überlegen ist.

Die Schnellfällung von Quecksilber mittels der rotierenden Anode und der Quecksilberkathode.

Man benutzt hier dieselben Apparate wie beim Kadmium und Kupfer.

Eine Mercuronitratlösung enthielt 0,3570 g Quecksilber in 5 ccm, ferner war Salpetersäure in hinreichender Menge, um die Bildung basischen Salzes zu verhindern, vorhanden. Bei Anwendung eines Stromes von 3 Amp. und eines Druckes von 7 bis 5 Volt verlief die Abscheidung folgendermaßen:

1 Minute	. . . . .	0,2777 g Quecksilber
2 Minuten	. . . . .	0,3542 „ „
3 „	. . . . .	0,3572 „ „

Durch Verdünnen mit Wasser auf 25 ccm wurde die Zeitdauer bis zur völligen Abscheidung auf 8 Minuten verlängert. Zugabe von zuviel freier Salpetersäure übte ebenfalls einen verzögernden Einfluß aus. Auch Mercurichlorid konnte auf obigem Wege analysiert werden, wobei man indes die Vorsichtsmaßregel des Toluolzusatzes (S. 88) anwandte, damit die Anode nicht durch das freiwerdende Chlor angegriffen würde. So wurden zu 5 ccm obigen Salzes (= 0,2525 g Quecksilber) 10 ccm Toluol hinzugesetzt und die Zersetzung bei einem Strom von 1—3 Amp. und 10—7,5 Volt ausgeführt. In 10 Minuten war das Metall völlig niedergeschlagen.

Jüngst in obigem Laboratorium ausgeführte Versuche liefern den Beweis, daß auch Zinnober so bestimmt werden kann. Das Erz wird mit Königswasser zersetzt, die Lösung zur Trockne verdampft, der Rückstand mit Wasser aufgenommen, von der Gangart abfiltriert und das Filtrat in der eben beschriebenen Weise elektrolysiert.

Wismut.[1]

Die elektrolytische Bestimmung von Wismut ist oft untersucht worden. Zahlreiche Elektrolyte sind vorgeschlagen

[1] Literatur: Luckow, Z. f. a. Ch. **19**, 16; Classen und v. Reiss, Ber. **14**, 1622; Thomas und Smith, Am. Ch. Jr. **5**, 114; Moore, Ch. N. **53**, 209; Smith und Knerr, Am. Ch. Jr. **8**, 206; Schucht, Z. f. a. Ch. **22**, 492; Eliasberg, Ber. **19**, 326; Brand, Z. f. a. Ch. **28**, 596; Vortmann, Ber. **24**, 2749; Rüdorff, Z. f. ang. Ch. **1892**, 199; Smith und Saltar, Z. f. anorg. Ch. **3**, 418; Smith und Moyer, J. Am. Ch. S. **15**, 28; ebenda **15**, 101; Wieland, Ber. **17**, 1612; Smith und Knerr, Am. Ch. Jr. **8**, 206; Schmucker, Z. f. anorg. Ch. **5**, 199; J. Am. Ch. S. **15**, 203; Kollock, J. Am. Ch. S. **21**, 925; Wimmenauer, Z. f. anorg. Ch. **27**, 1; Brunck, Ber. **35**, 1871; Balachowsky, C. r. **131**, 179—182; Hollard und Bertiaux, C. r. **139** (1904), 839; Exner, J. Am. Ch. S. **25**, 901; Kollock und Smitn, J. Am. Ch. S. **27**, 1539; Fischer und Boddaert, Z. f. Elektrochem. **10**, 947.

worden, von denen die meisten versagten. Das abgeschiedene Metall war, ausgenommen bei geringen Substanzmengen, nahezu unterschiedslos von dunkler Farbe und zeigte eine Tendenz zur Schwammigkeit, wenn es auch im allgemeinen festhaftend war. Ferner liegt bei vielen der angegebenen Methoden ein weiterer Übelstand in der Abscheidung von Peroxyd auf der Anode. Aus diesen Gründen sind viele der früheren Vorschläge verworfen worden und sollen daher auch in dem vorliegenden Text übergangen werden.

Vortmann zieht die Amalgammethode vor, gemäß welcher man 0,5 g Wismutoxyd und 2 g Quecksilberoxyd in hinreichender Menge Salpetersäure auflöst, dann mit Wasser auf 150 ccm verdünnt und bei gewöhnlicher Temperatur mit $N. D_{100} = 1$ Amp. und 3,5 Volt elektrolysiert. Das Amalgam ist bei einem Verhältnis von 4 Hg zu 1 Bi von silberweißer Farbe. Es soll ohne Unterbrechung des Stromes gewaschen, dann sorgfältig getrocknet und gewogen werden. Diese Methode ist angeblich besonders zur Fällung großer Wismutmengen geeignet.

Wimmenauer hat die verschiedenen im Laufe der Zeit vorgeschlagenen Methoden kritisch durchgesehen und empfiehlt auf Grund seiner Erfahrungen folgende Arbeitsweise: Man löst 0,1—0,3 g Wismutnitrat in 2—4 ccm Glyzerinlösung (1 Teil käufliches Glyzerin auf 2 Teile Wasser), verdünnt dann mit Wasser auf 150 ccm und elektrolysiert bei 50° in einer mattierten Schale bei einem Strom von $N. D_{100} = 0,1$ Amp. und 2 Volt. Die Anode wird während der Zersetzung rotiert. Dies kann durch einen kleinen Elektromotor nach Fig. 27 ausgeführt werden. Das Rotieren soll die Bildung von Peroxyd verhindern, da das letztere durch die Bewegung der Anode in unmittelbare Berührung mit verdünnter Salpetersäure kommt, in welcher es sich auflöst. Steht die Anode dagegen still, dann bildet sich eine schützende Gasschicht an ihrer Oberfläche, was die Abscheidung von Peroxyd begünstigt.

A. L. Kammerer hat neuerdings ein erschöpfendes Studium auf die elektrolytische Bestimmung von Wismut in unserem Laboratorium verwandt und hierbei alle möglichen Formen von

Kathoden und Anoden bei wechselnden Elektrolyten ausprobiert. Er kam zu dem Ergebnis, daß man sich auf folgende Bedingungen zur Erzielung zufriedenstellender Resultate verlassen könnte: 0,10—0,15 g Metall in 1 ccm Salpetersäure (spez. Gew. 1,42), 2 ccm Schwefelsäure (spez. Gew. 1,84), 1 g Kaliumsulfat, 150 ccm Gesamtverdünnung; $N.D_{100}$ = 0,02 Amp., Volt = 1,8. Temperatur: 45—50°; Zeit: 6—7 Stunden.

Der Strom soll in der letzten Stunde auf 0,15 Amp. gesteigert werden. Wärme ist absolut notwendig, will man einen

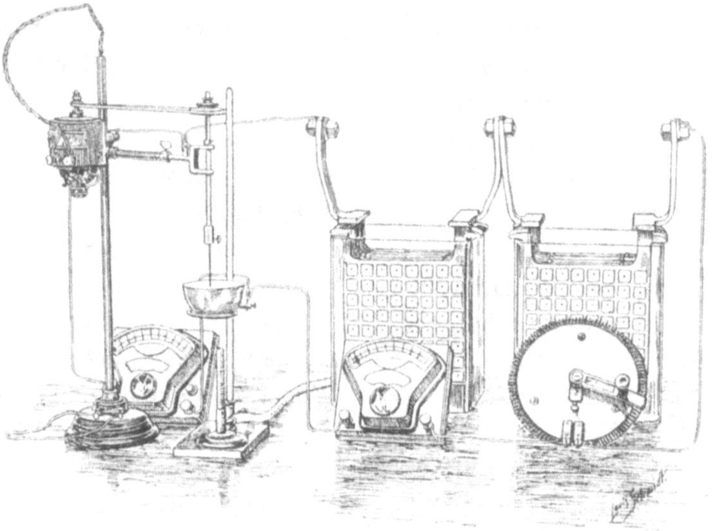

Fig. 27. Bestimmung von Wismut mittels Rührelektrode.

glänzenden Metallniederschlag erhalten. Der Niederschlag soll ohne Stromunterbrechung gewaschen werden, genau wie dies bei andren Metallen empfohlen wurde, sobald diese aus sauren Lösungen gefällt wurden. Ferner soll man stets dicht passende Deckgläser benutzen, um die Verdampfung auf das Mindestmaß zu beschränken. Das Metall scheint sich ebensogut auf glatten wie auf mattierten Oberflächen abzuscheiden.

Die zahlreichen erfolgreichen Bestimmungen, die man in Übereinstimmung mit der soeben beschriebenen Vorschrift erzielt hat, weisen darauf hin, daß diese Methode vielleicht die beste ist, die man bisher bei diesem speziellen Metalle angewendet hat.

Bei der Bestimmung von Wismut hält Balachowsky vor allem folgende Bedingungen für wichtig: a) eine schwachsaure Lösung, b) die Abwesenheit größerer Halogenmengen, c) die Anwendung einer niedrigen Stromdichte (die 0,06 Amp. pro Quadratdezimeter nicht überschreitet), d) eine mattierte Schale, e) Zugabe von Harnstoff oder Aldehyd; und gibt folgendes Beispiel: 0,06—1,7 g Wismutsulfat, 5—7 ccm Salpetersäure, 150 ccm Wasser, 3,5—5 g Harnstoff; $N.D_{100}$ = 0,04—0,06 Amp. und 1—2 Volt. Temperatur: 60—70°; Zeit: 6—10 Stunden.

Sollte es notwendig sein, eine Lösung von Alkaliacetat oder Zitronensäure bei der Fällung von Wismut zu verwenden, dann beobachte man folgende Bedingungen: 0,1822 g Wismut, 3 g Zitronensäure, 125 ccm Gesamtverdünnung, $N.D_{100}$ = 0,03 Amp. und 2 Volt. Temperatur: 65°; Zeit: 6 Stunden. Gefunden: 0,1820 g Wismut. Die Anode wurde vor und nach der Elektrolyse gewogen.

Die Schnellfällung von Wismut mittels der rotierenden Anode.

Bei rotierender Anode konnte 0,5510 g Metall in Gegenwart von 1 ccm konzentrierter Salpetersäure in 20 Minuten mit einem Strom von $N.D_{100}$ = 1 Amp. und 2,5 Volt gefällt werden. Die Tourenzahl der Anode betrug 700—900 pro Minute. Anfangs war das abgeschiedene Metall weiß und kristallinisch, später wurde es locker und schwarz, blieb jedoch zum Waschen und Wägen noch hinreichend festhaftend. Betreffs der Apparate siehe unter Kupfer (vgl. auch S. 279).

Vorzuziehen ist indes, das Wismut in Gegenwart von Quecksilber als Amalgam zu fällen. Hierzu fügt man zu einer Lösung von Wismutnitrat (äquivalent 0,2970 g Metall) ebensoviel Quecksilber in Form von Mercuronitrat und 1 ccm konzentrierter Salpetersäure. Man erhitzt die Lösung zum Sieden und elektrolysiert bei einem Strom von $N.D_{100}$ = 5 Amp. und 8,5 Volt.

Die vollständige Abscheidung des Metalles als Amalgam geht in 8—10 Minuten vor sich.

Die Schnellfällung von Wismut mittels der rotierenden Anode und an einer Quecksilberkathode.

Verschiedentlich ist in den obigen Abschnitten auf die Schwierigkeiten bei der Fällung des Wismutes hingewiesen und betont worden, daß man die Versuchsbedingungen, die sich als zufriedenstellend erwiesen haben, sehr genau innehalten muß. Dieser Empfindlichkeit der Methoden ist es auch zuzuschreiben, daß der Analytiker bisher meist von der elektrolytischen Arbeitsweise abgesehen hat, wenn es sich um die Bestimmung dieses Metalles handelte.

Mit der einfachen Vorrichtung der Quecksilberkathode mit rotierender Anode, wie sie bei den oben beschriebenen Metallen benutzt wurde, kann die Bestimmung jedoch ohne Schwierigkeit ausgeführt werden.

Zu einer Lösung von 0,2273 g Metall, die 12 ccm im Volumen nicht überschreitet, fügt man 0,5 ccm konzentrierter Salpetersäure und elektrolysiert mit einem Strom von 4 Amp. und 5 Volt. Das gesamte Metall wird in etwa 12 Minuten gefällt. Man benutzt eine glatte Anode. Auf einer rauhen Anode könnte sich nämlich leicht Peroxyd in geringer Menge im Anfange des Versuchs abscheiden. Meistens verschwindet dieses jedoch schnell wieder. Man lasse die Anode möglichst schnell rotieren, damit das Quecksilber das sich abscheidende Wismut rasch aufnehmen kann, da sich sonst das letztere oft als schwarze Masse unter der Anode ansammelt.

Der Verlauf der Fällung aus diesem Elektrolyten ist folgender:

In	1 Minute	. . . .	0,1305 g Metall
„	3 Minuten	. . . .	0,2274 „ „
„	5 „	. . . .	0,2515 „ „
„	8 „	. . . .	0,2732 „ „
„	10 „	. . . .	0,2751 „ „
„	12 „	. . . .	0,2775 „ „

Die Verwendung von Schwefelsäure anstatt Salpetersäure macht im Verlauf der Abscheidung des Wismuts nur wenig Unterschied:

In	5	Minuten	0,2409 g
„	10	„	0,2764 „
„	15	„	0,2770 „

Blei.[1]

Blei kann als Metall durch Elektrolyse von Lösungen des Doppeloxalates (siehe auch Kupfer und Kadmium), des Acetates, des Oxydes in Natriumhydroxyd oder des entweder in Natriumhydroxyd oder in Phosphorsäure von 1,7 spez. Gew. aufgelösten Phosphates erhalten werden. Aus allen diesen Lösungen scheidet sich das Metall zwar gut ab, beim Trocknen des Niederschlages erfährt man jedoch Schwierigkeiten; denn das feuchte Metall erleidet fast unterschiedslos eine teilweise Oxydation, wodurch die Ergebnisse zu hoch ausfallen. Der Niederschlag könnte vielleicht ohne Oxydation in einer Wasserstoffatmosphäre getrocknet werden, aber diese Arbeitsweise erscheint dem praktischen

[1] Literatur: Kiliani, Berg-Hütt. Z. **1883**, 253; Luckow, Z. f. a. Ch. **19**, 215; Riché, Ann. de Chim. et de Phys. (5 ser.) **13**, 508; Z. f. a. Ch. **21**, 117; Classen, ebenda 257; Hampe, Z. f. a. Ch. **13**, 183; May, Am. Jr. of Science (3 ser.) **6**, 255; Z. f. a. Ch. **14**, 347; Parodi und Mascazzini, Ber. **10**, 1098, Z. f. a. Ch. **16**, 469; **18**, 588; Riché, Z. f. a. Ch. **17**, 219; Schucht, Z. f. a. Ch. **21**, 488; Tenny, Am. Ch. Jr. **5**, 413; Smith, Am. Phil. Soc. Pr. **24**, 428; Vortmann, Ber. **24**, 2749; Rüdorff, Z. f. ang. Ch. **1892**, 198; Warwick, Z. f. anorg. Ch. **1**, 258; Classen, Ber. **27**, 163; Kreichgauer, Ber. **27**, 315; Z. f. anorg. Ch. **9**, 89; Classen, Ber. **27**, 2060; Medicus, Ber. **25**, 2490; Neumann, Ch. Z. **20**, (1896), 381; Hollard, B. s. Ch. Paris **19**, 911; Linn, J. Am. Ch. S. **24**, 435; Marie, Ch. Z. **24**, 341, 480; Nissenson und Neumann, Ch. Z. **19**, 1143; Elbs und Rixon, Z. f. Elektrochem. **9**, 267; Danneel und Nissenson, Internationaler Kongreß f. angew. Ch. **4** (1903), 677; Hollard, B. s. Ch. Paris (Series 3) **31**, Nr. 5; Ch. N. **89**, 278; Meillère, J. Pharm. Chim. (6) **16**, 465; Guess, Eng. Min. Jr. **81** (1906), 328; Hollard, Ch. Z. **27** (1903), 141; Exner, J. Am. Ch. S. **25**, 904; R. O. Smith, J. Am. Ch. S. **27**, 1287; Fischer und Boddaert, Z. f. Elektrochem. **10**, 949; Vortmann, Ann. **351**, 283.

Analytiker etwas umständlich. Es ist daher im allgemeinen besser, die Tendenz des Bleies, sich aus sauren Lösungen als Dioxyd abzuscheiden, zu benutzen.

Für Versuchszwecke bereitet man sich ein bestimmtes Volumen Bleinitratlösung. Man elektrolysiert dann mehrere Portionen (je 0,1 g Blei) in einer Platinschale, die man zur Anode macht, unter Anwendung eines Stromes von $N. D_{100}$ = 1,5—1,7 Amp. und 2,36—2,41 Volt. Das Volumen des Elektrolyten soll 100 ccm betragen; die Temperatur 50—60°. Damit das Blei völlig als Dioxyd auf der positiven Elektrode und nicht zum Teil auch metallisch auf der Kathode gefällt wird, soll die zu analysierende Lösung 20 ccm Salpetersäure vom spez. Gew. 1,35—1,38 enthalten. Diese Säuremenge ist erforderlich, falls Blei allein in Lösung ist. Um das Lösen des Metalles, das eventuell nach der Kathode gewandert sein könnte, zu beschleunigen, unterbricht man den Strom für eine kurze Weile (etwa 5 Sekunden), und zwar einmal etwa in der Mitte der Bestimmung und ein zweites Mal kurz vor Beendigung der Fällung. Chloride dürfen nicht zugegen sein. In Gegenwart anderer Metalle geht die vollständige Abscheidung des Bleies als Dioxyd auch bei Anwesenheit von weniger Säure als oben angegeben vor sich. Am Ende der Fällung hebert man die saure Flüssigkeit ab, wäscht dann den Niederschlag und trocknet ihn bei 180—190°, worauf man wägt. Das gefundene Gewicht, multipliziert mit 0,866, ergibt die Menge des vorhandenen metallischen Bleies. Zahlreiche Versuche in unserem Laboratorium haben gezeigt, daß die Bleidioxydniederschläge ein zu hohes Gewicht aufwiesen, wenn sie nicht eine bestimmte Zeit lang bei einer Temperatur von 200—230° getrocknet waren. Wahrscheinlich ist dieses höhere Gewicht nicht auf die Bildung eines höheren Oxydes (als das Dioxyd) zurückzuführen, sondern vielmehr auf anhaftendes und eingeschlossenes Wasser, das nur mit Schwierigkeit ausgetrieben wird. Aus einer Reihe von Ergebnissen, die man beim Trocknen des Dioxydes bei verschiedenen Temperaturen erhalten hat, scheint hervorzugehen, daß der Faktor, mit dem das Dioxyd zu multiplizieren ist, nicht 0,866, sondern 0,8643 betrage. Der Niederschlag kann leicht in mit Oxalsäure versetzter Salpetersäure aufgelöst werden, oder auch durch Übergießen mit verdünnter Salpetersäure und nachheriges Einstellen eines Zink- oder Kupferstabes. Henz empfiehlt hierzu Nitritlösung, angesäuert mit Salpetersäure. Aus der Literatur geht ferner hervor, daß May vorgeschlagen hat, den Niederschlag nach dem Trocknen vorsichtig zu glühen und schließlich als Bleioxyd (PbO) zu wägen.

Die obige Fällung des Bleies als Dioxyd liefert eine ausgezeichnete Methode, um das Metall von andren zu trennen, z. B. von Quecksilber, Kupfer, Kadmium, Silber und allen solchen, die in Salpetersäure löslich sind, oder solchen, die in salpetersauren Lösungen auf der Kathode abgeschieden werden. Man benutze bei diesen Bestimmungen eine Classensche Schale, deren innere Oberfläche durch ein Sandgebläse mattiert worden ist; die Abscheidung des Dioxydes wird dadurch sehr beschleunigt. So können in wenigen (4—5) Stunden bis 4 g Dioxyd bei 100 qcm Oberfläche mit einem Strom von 1,5 Amp. gefällt werden. Man wäscht mit Wasser und Alkohol und trocknet nach obigen Angaben.

Anwesenheit von Arsen in der Lösung erniedrigt die gefundenen Bleiwerte. Wenn die Menge des ersteren sehr gering ist, dann kann man den Fehler vernachlässigen. Selen hat eine ähnliche Wirkung.

Bleidioxyd wird ebensowenig wie Mangandioxyd (S. 136) aus Lösungen, in denen ein Überschuß von Alkalisulfocyanid vorhanden ist, abgeschieden, sondern vielmehr, falls es schon als Dioxyd gefällt sein sollte, auf Zugabe von Sulfocyanid wieder aufgelöst.

Zur Analyse von Bleierzen lösen Nissenson und Neumann 0,5 g des Materials in 30 ccm Salpetersäure (1,4 spez. Gew.), kochen und verdünnen mit Wasser, filtrieren in eine Platinschale und elektrolysieren bei 60—70° mit einem Strom von $N.D_{100}$ = 1 Amp. und 2,5 Volt. Das Dioxyd wird wie oben gewaschen und getrocknet. Eine Stunde genügt für die Fällung.

Die Schnellfällung von Bleidioxyd mittels rotierender Elektrode.[1]

Exner fügte 20 ccm konzentrierter Salpetersäure zu einer gegebenen Lösung von Bleinitrat, verdünnte dann auf 125 ccm und ließ darauf einen Strom von $N.D_{100} = 10$ Amp. und 4,5 Volt einwirken. Die rotierende Elektrode — in diesem Falle die Kathode — machte 600 Touren pro Minute. Die Niederschläge waren einheitlich, sammetschwarz und zeigten keinerlei Tendenz abzublättern, falls die Menge des abgeschiedenen Dioxydes 1 g nicht überschritt. Die Dauer schwankte von 10—15 Minuten. Als Anode wurde eine Platinschale mit mattierter innerer Oberfläche benutzt.

R. O. Smith wandte einen Strom von $N.D_{100} = 11$ Amp. und 4 Volt auf eine Lösung von Bleinitrat an, die 0,4996 g Blei (= 0,5787 g Dioxyd) enthielt, und fand folgenden Verlauf der Abscheidung:

In	5 Minuten	0,4940 g	Bleidioxyd
„	10 „	0,5708 „	„
„	15 „	0,5747 „	„
„	20 „	0,5770 „	„
„	25 „	0,5787 „	„
„	30 „	0,5789 „	„

Die längste Zeitdauer betrug für $^1/_4$ g Metall 15 Minuten und für $^1/_2$ g Metall 25 Minuten.

Die Schnellfällung von Blei an der Kathode.[2]

Für die meisten Fälle dürfte sich die soeben angegebene Schnellfällung des Bleies an der Anode als ausgezeichnet erweisen. Diese Methode ist jedoch nicht ausführbar, sobald in der Lösung Reagenzien vorhanden sind, welche das gebildete Dioxyd reduzieren (z. B. HNO_2) oder lösen (z. B. Phosphate). Um nun auch für derartige Fälle eine Schnellbestimmung des Bleies

[1] Apparate wie beim Kupfer; vgl. ferner S. 279.

[2] Zusatz des Übersetzers.

zu ermöglichen, haben Stähler und Alders neuerdings das Blei an der Kathode mittels Rührelektrode abgeschieden.

Hierbei erwies sich der Weg von Linn (S. 231), welcher das Blei aus starker Phosphorsäure an einer Platinkathode langsam fällte, nicht sehr empfehlenswert, da das Metall sich nach dem Trocknen leicht oxydierte (siehe S. 99). Dagegen ließ sich in der oben beschriebenen Amalgamzelle (S. 57, Fig. 18) das Blei schnell und quantitativ isolieren, wenn zu der Lösung Phosphorsäure gefügt wurde. Aus dem flüssigen Bleiamalgam schied sich jedoch beim Waschen mit Alkohol und Äther ein schwarzes Pulver ab, so daß Verluste unvermeidlich waren. Weitere Versuche lehrten dann, daß ein früherer Vorschlag von Vortmann,[1] welcher Blei in 12 Stunden aus Nitritlösung als festes Amalgam abschied, so modifiziert werden konnte, daß das Blei innerhalb 15—20 Minuten quantitativ an der Kathode abgeschieden wurde. Die Vorschrift von Stähler und Alders ist kurz folgende:

Lösungen:

1. Eine Bleinitratlösung enthaltend 0,0997 g Pb in 10 ccm
2. „ Mercurichloridlösung „ 0,0855 „ Hg „ 10 „
3. „ 33 % ige Phosphorsäure.

Der Gehalt der Hg-Lösung wurde mittels der Zelle Fig. 18, derjenige der Pb-Lösung elektrolytisch als PbO_2 bzw. PbO und gravimetrisch als $PbSO_4$ bestimmt.

Ausführung. Je 10 ccm der Bleilösung und 10 ccm der Quecksilberlösung werden in einer gewogenen Platinschale mit 1 ccm konzentrierter Salpetersäure, sowie mit 1—1 $^1/_2$ ccm Phosphorsäure versetzt, und die Flüssigkeit erwärmt, bis man eine klare Lösung erhält. Dann wird mit Wasser auf 125 ccm verdünnt, der Rotierer (Fig. 12 S. 43) angestellt (500 Touren) und mit $N.D_{100}$ = 5 Amp. und 10—11 Volt elektrolysiert, wobei sich die Flüssigkeit allmählich auf 60—70° erwärmt. Die zuerst an der Anode auftretende braune Färbung von PbO_2 geht im Verlauf von

[1] Ber. **24** (1891), 2749, sowie S. 55.

8—10 Minuten in Lösung. Vorteilhaft ist es, von Zeit zu Zeit auf einige Sekunden die Spannung herabzusetzen. Nach ca. 12 Minuten ergibt ein mit einer Kapillare herausgenommener Tropfen der Lösung auf Porzellan mit einem Tropfen Ammoniumsulfidlösung keine scharfe Färbung mehr. Dennoch sind noch einige Milligramm Blei in Lösung. Um auch diese abzuscheiden, beginnt man, sobald die angegebene Reaktion negativ oder schwach ausfällt, durch vorsichtigen Zusatz von Natronlauge (10 % reinstes NaOH aus Natrium) die Säure abzustumpfen, wobei man das Rühren nicht unterbricht. Man hüte sich, zu schnell zu neutralisieren, da sonst Bleiphosphat ausfällt. Dies kann man nur verhindern, indem man die Flüssigkeit ganz allmählich neutralisiert und von Zeit zu Zeit mit einer Pipette etwas Lösung hochsaugt und prüft, ob sie klar ist. Nach weiteren 5 Minuten ist in der Regel die Fällung des Bleies vollständig. Man nimmt nun mit einer Pipette 5 ccm der klaren Lösung heraus[1] und versetzt sie in einem Reagenzglas mit einigen Tropfen Ammoniumsulfid. Zur Kontrolle hält man vier Reagenzgläser (5 ccm Inhalt) mit Vergleichslösungen (aus obiger $Pb(NO_3)_2$-Lösung hergestellt) bereit, die 0,00000, 0,00001, 0,00002, 0,00005 g Pb enthalten, und ebenfalls mit Schwefelammonium versetzt worden sind. Man kann auf diese einfache kolorimetrische Weise den Verlauf und das Ende der Abscheidung quantitativ feststellen. Nach beendigter Fällung wird genau neutralisiert (Lackmus) und die Flüssigkeit möglichst schnell abgegossen und die Schale zweimal mit Wasser, Alkohol und Äther gewaschen, durch Schwenken in der hohlen Hand und Anblasen getrocknet, 15 Minuten in den Exsikkator gestellt und gewogen. Die Anode verlor durch das anwesende Chlor höchstens 0,1 mg pro Versuch. Natürlich kann man auch Quecksilbernitrat statt Chlorid nehmen oder Toluol auf die Flüssigkeit schichten (siehe S. 89), wodurch man diesen Fehler ganz umgeht. Nach dem Wägen wird das

[1] d. h. etwa $^1/_{25}$ des Gesamtvolumens, wofür man eine kleine Korrektion anbringen kann, falls der Bleibetrag darin sich höher als 0,05 mg zeigen sollte.

Amalgam durch verdünnte Salpetersäure aus der Schale gelöst, wobei ein geringer Platinverlust eintritt, der pro Bestimmung etwa auf 0,5 Pfg. zu bewerten ist (d. h. ca. 1—1 1/2 mg).

Versuche.

Dauer in Minuten	Gef. Pb+Hg:	Gef. Pb:	Soll Pb:
20	0,1852 g	0,0997 g	0,0997 g
19	0,1848 „	0,0993 „	0,0997 „
16	0,1850 „	0,0995 „	0,0997 „
18	0,3703 „	0,1993 „	0,1994 „
13	0,3704 „	0,1994 „	0,1994 „

Die Abscheidung des Amalgames verlief folgendermaßen:

a) Ohne Abstumpfen mit NaOH:

				soll
In	2 Minuten . . .	0,0847 g	Amalgam	0,1852
„	4 „ . . .	0,1198 „	„	„
„	6 „ . . .	0,1497 „	„	„
„	10 „ . . .	0,1773 „	„	„
„	15 „ . . .	0,1828 „	„	„
„	20 „ . . .	0,1828 „	„	„

Es stellte sich somit ein Gleichgewichtszustand ein.

b) Beim Abstumpfen mit NaOH:

			verwendet:
Nach 15 Minuten . .	0,1834 g	Amalgam	(4 ccm NaOH [10 %])
„ 20 „ . .	0,1848 „	„	(5 „ „ „)

Bei richtiger Ausführung und einiger Übung kann man mit dieser Methode äußerst zuverlässige Resultate erzielen, da man durch die angegebene kolorimetrische Prüfung noch 0,1 mg Blei pro 100 ccm Lösung quantitativ erkennen kann. Diese leicht ausführbare Kontrolle der restierenden Flüssigkeit dürfte sich auch sonst bei elektrolytischen Fällungen empfehlen.

Auch mit ruhenden Elektrolyten ist die beschriebene Methode zu benutzen. Hier verlor die Anode jedoch bei Anwendung von Quecksilberchlorid 0,4 mg pro Versuch, und außerdem war die Dauer wesentlich länger.

Weniger gut ist es, statt durch Phosphorsäure durch Kaliumnitrit (Vortmann) die Bildung von Bleidioxyd zu verhindern, da hier mitunter das Amalgam schlecht ausfällt.

Interessant ist noch folgender Vergleich der üblichen Bleibestimmungen, welchen dieselben Verfasser anstellten. Es ergab sich in obiger Bleinitratlösung der folgende Bleigehalt:

1.	Aus dem abgewogenen	$Pb(NO_3)_2$;	berechnet:	0,1000 g
2.	„ „	PbO_2 (getrocknet bei 200—220°);	gefunden Pb:	0,1003 „
3.	„ „	PbO (erhalten aus dem PbO_2 durch Glühen s. S. 101)	„ „	0,0997 „
4.	„ „	$PbSO_4$ (durch Abrauchen des Nitrates mit H_2SO_4)	„ „	0,0997 „
5.	„ „	Amalgam	„ „	0,0996 „

Es erscheint hiernach, daß das Bleidioxyd auch nach dem Trocknen bei 220° noch etwas höhere Werte liefert, als sie sich nach den andren Methoden ergeben; denn der aus dem Bleinitrat berechnete Bleiwert ist sicher etwas zu hoch (inkludiertes Wasser).

Silber.[1]

Versuche von Luckow haben den Beweis geliefert, daß Silber aus Lösungen, die 8—10 % freie Salpetersäure enthalten, abgeschieden werden kann. Der Niederschlag war bei Luckow jedoch schwammig und außerdem fand zu gleicher Zeit eine Abscheidung von Silberperoxyd an der Anode statt. Das letztere konnte indessen durch Hinzugabe von etwas Glyzerin, Milch- oder Weinsäure zu der Lösung verhindert werden. Eine voluminöse Masse enthielt man auch aus Silberlösungen, die einen Überschuß an Ammoniak oder Ammoniumcarbonat enthielten, wobei zu gleicher Zeit Peroxyd auf der Anode erschien.

[1] Literatur: Luckow, Ding. p. Jr. **178**, 43; Z. f. a. Ch. **19**, 15; Fresenius und Bergmann, Z. f. a. Ch. **19**, 324; Krutwig, Ber. **15**, 1267; Schucht, Z. f. a. Ch. **22**, 417; Kinnicutt, Am. Ch. Jr. **4**, 22; Rüdorff, Z. f. ang. Ch. **1892**, 5; Eisenberg, Dissert. Heidelberg 1895; Smith, Am. Ch. Jr. **12**, 335; Fulweiler und Smith, J. Am. Ch. S. **23**, 583; Exner, J. Am. Ch. S. **25**, 900; Gooch und Medway, Am. Jr. of Science **15**, 320; Ch. N. **87**, 284; Kollock und Smith, J. Am. Ch. S. **27**, 1536; Langness, J. Am. Ch. S. **29**, 464; Fischer und Boddaert, Z. f. Elektrochem. **10**, 949.

Fresenius und Bergmann, die der Elektrolyse von sauren Silberlösungen ein besonderes Studium gewidmet haben (S. 25), beobachteten, daß die Tendenz des Metalles zur Schwammbildung besonders dann ausgeprägt ist, wenn der Elektrolyt konzentriert ist und ein starker Strom angewendet wird. Bei verdünnter Lösung und schwachem Strom war dagegen der Niederschlag dicht und von metallischem Aussehen (bei Gegenwart von freien Säuren). Aus neutralen Lösungen wird, selbst wenn diese sehr verdünnt sind, das Metall in flockigem Zustande auch durch die schwächsten Ströme abgeschieden. Um daher für die quantitative Analyse brauchbare Resultate zu erhalten, wurden folgende Versuchsbedingungen angenommen: Die Gesamtverdünnung der Lösung betrug 200 ccm; in dieser waren 0,03—0,04 g Silber und 3—6 g freie Salpetersäure anwesend. Die Pole waren etwa 1 cm voneinander entfernt, während der Strom bei 50—60° $N.D_{100}$ = 0,04—0,05 Amp., sowie bei gewöhnlicher Temperatur $N.D_{100}$ = 0,1—0,2 Amp. und 2 Volt betrug.

Bei den Versuchen von Fresenius und Bergmann wurde ein Apparat, ähnlich dem in Fig. 28 angegebenen, verwendet, der einige entschiedene Vorteile hat. Die Spirale *a* und der Konus *b* sind aus Platin gefertigt. Das Metall scheidet sich auf dem Konus ab, dessen Seiten durchbrochen sind, so daß die Flüssigkeit während der ganzen Zersetzung eine einheitliche Konzentration bewahrt. Wenn nämlich flüssige Elektrolyten viel Eisen enthalten, dann sollte der innerhalb des Konus entwickelte Sauerstoff sich möglichst gleichmäßig auf dessen äußere Fläche verteilen. Dies ermöglicht man durch die Öffnungen des Konus. Die Gestalt des letzteren verhindert auch, daß Verluste durch das

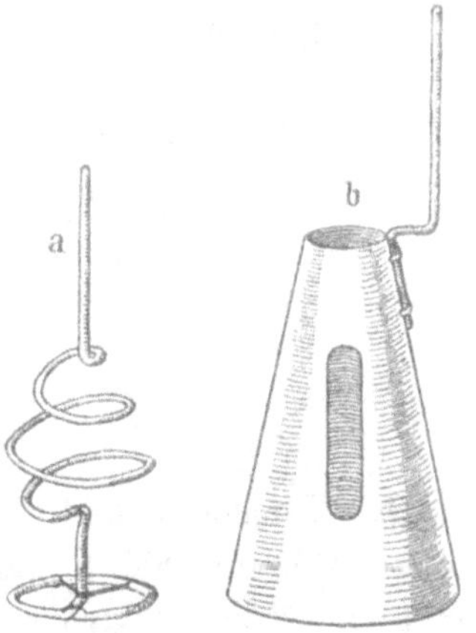

Fig. 28. Elektroden nach Fresenius und Bergmann.

Zerplatzen der Gasblasen, welche von der Platinspirale (der Anode) aufsteigen, eintreten.

Krutwig schlägt vor, einen großen Überschuß von Ammoniumsulfat zu der vorher mit Ammoniak alkalisch gemachten Silberlösung hinzuzusetzen, und wendet einen Strom von $N.D_{100} = 0{,}02$—$0{,}05$ Amp. und 2,5 Volt an. Auf diese Weise kann 0,1 g Silber in 2 Stunden gefällt werden.

Verfasser des vorliegenden Buches bevorzugte meistens Silberlösungen mit einem Überschuß an reinem Alkalicyanid. Hier tritt keine Peroxydabscheidung ein, und schon ein sehr schwacher Strom fällt 0,15—0,20 g Metall in 10 Stunden aus einer kalten Lösung. Wird die Flüssigkeit während der Zersetzung auf 65° erwärmt, so kann 0,2—0,3 g Silber auch schon in $3^1/_2$ Stunden gefällt werden. Die Stromdichte soll bei dieser Fällung $N.D_{100} = 0{,}07$ Amp. betragen. Einige Beispiele aus dem Notizbuch eines Praktikanten sollen zeigen, wie gut die Methode arbeitet:

Angewandt je 0,2133 g Ag. Gesamtverdünnung 125 ccm.

Versuch Nr.	KCN in g	$N.D_{100}$	Volt	Temperatur	Dauer in Stunden	Gefunden Ag in g
1	2	0,03 A.	2,5	65°	4	0,2132
2	2	0,03 „	2,5	60°	3	0,2133
3	4	0,04 „	2,5	60°	3	0,2131
4	2	0,025 „	2,7	60°	4	0,2134
5	2	0,025 „	2,7	60°	3	0,2135
6	2	0,025 „	2,7	60°	4	0,2125

Bei Versuch 1 und 2 wurde das Metall auf einer Schale gefällt, während bei 3 und 4 eine flache Kathode und bei 5 und 6 eine Konuselektrode zur Aufnahme des Silbers diente. Das Metall war sehr festhaftend und von hohem Glanze. Es wurde mit Wasser, Alkohol und Äther gewaschen.

Chlor, Brom und Jod können indirekt elektrolytisch bestimmt werden, indem man sie zunächst als Silbersalze fällt, dann die letzteren in Cyankalium auflöst und die resultierende

Lösung der Einwirkung eines Stromes von drei oder vier Zink-Kupfer-Elementen (Meidinger) aussetzt.

Luckow reduzierte Silberchlorid, indem er es in eine Platinschale brachte, die als Kathode diente, dann mit verdünnter Schwefel- oder Essigsäure bedeckte und die positive Elektrode in die Flüssigkeit hineinhing. Mit vier Meidingerelementen konnte er 0,1 g Silberchlorid in 10 Minuten reduzieren. Der Niederschlag war zwar schwammig, aber festhaftend; er wurde mit Wasser gewaschen und darauf gründlich getrocknet, um die eingeschlossene Säure sicher zu entfernen. [Siehe auch Kinnicutts Versuche (s. oben Lit.) sowie Prescott und Dunn. Jr. An. Ch. **3**, 373.]

Die Schnellfällung von Silber mittels einer rotierenden Anode.[1]

Zu einer Lösung von Silbernitrat, die etwa 0,5 g Metall enthält, gibt man 2 g Kaliumcyanid, erhitzt die Lösung (125 ccm) nahezu zum Sieden und elektrolysiert bei einem Strom von $N.D_{100} = 2—2{,}8$ Amp. und 5 Volt. Das Metall wird in Form eines dichten weißen Niederschlages in 9—10 Minuten abgeschieden. Die Anode läßt man 700 mal in der Minute rotieren. Der Verlauf der Abscheidung war bei Verwendung einer flachen Spiralanode aus obigem Elektrolyten folgender:

In	1 Minute	0,2046 g
„	2 Minuten	0,3391 „
„	3 „	0,4858 „
„	4 „	0,5043 „
„	5 „	0,5225 „
„	7 „	0,5270 „
„	10 „	0,5301 „

Bei Anwendung der auf S. 73 beschriebenen „Schalenanode" wurde 0,53 g angewandtes Silber in 2 Minuten gefällt, wobei fast das gesamte Silber in der ersten Minute abgeschieden wurde.

[1] Apparate wie bei Kupfer.

So war bei 5 Volt und 9—10 Amp. der Verlauf der Abscheidung folgender:

In 1 Minute	. . . .	0,5116 g
„ 2 Minuten	. . . .	0,5304 „
„ 3 „	. . . .	0,5306 „
„ 4 „	. . . .	0,5306 „

Man wird vergeblich nach einer gravimetrischen Fällungsmethode des Silbers suchen, welche Ergebnisse gleich den obigen aufweisen könnte. Der Faktor der Zeit ist nahezu völlig ausgeschaltet. Die Arbeitsweise ist in allen Einzelheiten zufriedenstellend.

Gooch und Medway haben ebenfalls sehr gute Bestimmungen von Silber erhalten, indem sie dasselbe auf einer rotierenden Kathode abschieden (S. 46 Fig. 14; vgl. ferner S. 278).

Die Schnellfällung von Silber mittels einer rotierenden Anode und einer Quecksilberkathode.

Bei der Schnellbestimmung des Silbers als Amalgam verwendet man es in Form des Nitrates. Ein Beispiel soll die besten Versuchsbedingungen erläutern: Zu 5 ccm Silbernitratlösung (= 0,2240 g Silber) fügt man 5 Tropfen Salpetersäure (30 Tropfen = 1 ccm). Man läßt die Anode 1200 Touren in der Minute beschreiben. Nach Verlauf von 5 Minuten erhält man eine vollständige Abscheidung. Im übrigen wird wie bei den früheren auf diesem Wege ausgeführten Bestimmungen verfahren.[1]

In der ersten oder zweiten Minute tritt ein anodischer Niederschlag auf, der jedoch nach 4 oder 5 Minuten wieder völlig verschwindet. Die Anode muß obige hohe Tourenzahl haben, um das Quecksilber in guter Bewegung zu erhalten, da hierdurch die Absorption des Silbers sicherer vor sich geht. Es ist nicht vorteilhaft, eine größere Konzentration als 0,35 g Silber in 5 ccm zu wählen. Der Verlauf der Abscheidung in obigem Elektrolyten betrug:

[1] Apparate S. 57 und 61.

In 1 Minute	. . . .	0,1874 g Silber
„ 2 Minuten	. . . .	0,2178 „ „
„ 3 „	. . . .	0,2207 „ „
„ 4 „	. . . .	0,2240 „ „

Zink.[1]

Über die elektrolytische Bestimmung von Zink ist viel geschrieben worden. Auf Grund persönlicher Erfahrungen neigt Verfasser zu der von Parodi und Mascazzini vorgeschlagenen Methode. Diese empfehlen, je 0,1—0,25 g Metall in Sulfatlösung anzuwenden. Man fügt dazu 4 ccm einer Lösung von Ammoniumacetat, 20 ccm Zitronensäure und verdünnt mit Wasser auf 200 ccm. Darauf führt man die Elektroden so in die Flüssigkeit ein, daß sie voneinander nicht mehr als einige Millimeter entfernt sind. Die Fällung kann in einem Becherglas ausgeführt werden, indem man eine gewogene Konuselektrode aus Platin (Fig. 28 S. 107)

[1] Literatur: Wrightson, Z. f. a. Ch. **15**, 303; Parodi und Mascazzini, Ber. **10**, 1098: Z. f. a. Ch. **18**, 587; Richè, Z. f. a. Ch. **17**, 216; Beilstein und Jawein, Ber. **12**, 446; Z. f. a. Ch. **18**, 588; Richè, Z. f. s. Ch. **21**, 119; Reinhardt und Ihle, Jr. f. pkt. Ch. (N. F.) **24**, 193; Classen und v. Reiss, Ber. **14**, 1622; Gibbs, Z. f. a. Ch. **22**, 558; Luckow, Z. f. a. Ch. **25**, 113; Brand, Z. f. a. Ch. **28**, 581; Warwick, Z. f. anorg. Ch. **1**, 258; Vortmann, Ber. **24**, 2753; Rüdorff, Z. f. ang. Ch. **1892**, 197; Vortmann, M. f. Ch. **14**, 536; v. Malapert, Z. f. a. Ch. **26**, 56; Herrick, Jr. An. Ch. **2**, 167; Jordis, Z. f. Elektrochem. **2**, 138, 563, 655; Millot, B. s. Ch. Paris **37**, 339; v. Foregger, Dissertation, Bern 1896; Riderer, J. Am. Ch. S. **21**, 789; Nicholson and Avery, J. Am. Ch. S. **18**, 659; Paweck, Berg-Hütt. Z. **46**, 570—573; Paweck, Ch. Z. **24** (1900), Nr. 80; Hollard, B. s. Ch. Paris (Series 3) **29**, 262; Ch. N. **87** (1903), 259; Amberg, Ber. **36** (1903), 2489; Spitzer, Z. f. Elektrochem. **11**, 391; Currie, Ch. N. **91**, 247; Danneel und Nissenson, Internationaler Kongreß f. ang. Ch. **4** (1903), 679; Price und Judge, Ch. N. **94**, 18; Ingham, J. Am. Ch. S. **26**, 1269; Jene, Ch. Z. **29**, 801; Exner, J. Am. Ch. S. **25**, 899; Langness, J. Am. Ch. S. **24**, 463; Kollock und Smith, Am. Phil. Soc. Pr. **44** (1905), 137; Fischer und Boddaert, Z. f. Elektrochem. **10**, 946; Förster, Z. f. ang. Ch. **19** (1906), 1889; Kollock und Smith, Am. Phil. Soc. Pr. **45**, 256. Eine schöne Zusammenstellung der elektrolytischen Zinkmethoden findet man in dem kürzlich erschienenen Buche von Nissenson, Die Untersuchungsmethoden des Zinks. Stuttgart 1907, Ferd. Enke.

als Kathode benutzt. Erforderlich ist ein Strom von 0,5 Amp. und 5,9—6,3 Volt. Auch bei 50—60° Temperatur, einem Strom von 0,5 Amp. und einem Druck von 4,8—5,2 Volt fällt der Metallniederschlag sehr zufriedenstellend aus. Ist die Metallabscheidung beendet, was man erkennt, wenn man eine kleine Menge der Flüssigkeit mit einer Kapillarröhre herausnimmt und mit einem Tropfen Ferrocyankalilösung in Berührung bringt, so hebert man die Hauptmenge der Flüssigkeit heraus und wäscht den Niederschlag mit Wasser und Alkohol. Während des Trocknens besteht keine Gefahr einer etwaigen Oxydation. Oft macht man beim Ablösen des gefällten Zinks die Entdeckung, daß das Platin mit einer schwarzen, pulvrigen Schicht überzogen ist, die unlöslich in heißer Salz- oder Salpetersäure ist: dies ist sogenanntes „Platinschwarz" (Vortmann, Rüdorff), das außerordentlich schwierig zu entfernen ist. Um sein Auftreten zu verhindern, überzieht man am besten die Platinschale mit einer dünnen Kupfer- oder Silberschicht, bevor man das Zink fällt (S. 115 und 118).

Beilstein und Jawein fügen zu den Lösungen von Zinknitrat oder -sulfat Ätznatron, bis ein Niederschlag gebildet wird, lösen diesen in Cyankalium auf und verdünnen mit Wasser auf 150 ccm. Die Zersetzung wird in einem ziemlich großen Becherglas ausgeführt. Als Kathode dient entweder die schon beschriebene Konuselektrode (S. 107) oder ein ziemlich großer Platintiegel, der an einem Kork befestigt ist, durch den ein Kupferdraht geht, welcher die innere Oberfläche des Tiegels berührt (s. S. 66). Geht die Zersetzung bei gewöhnlicher Temperatur von statten, dann wendet man einen Strom von $N.D_{100} = 0{,}5$ Amp. und 5,8 Volt an. Die Fällung ist in 2—2½ Stunden vollständig. Diese Dauer kann jedoch auf 1½ bis 1¾ Stunden abgekürzt werden, wenn man den Elektrolyten auf 60° erwärmt und einen Strom von der soeben angegebenen Dichte jedoch bei 5 Volt Spannung anwendet. Der Niederschlag wird nach obigen Angaben gewaschen.

Reinhardt und Ihle haben gegen nahezu alle Methoden, die man zur elektrolytischen Bestimmung von Zink vorgeschlagen hat, Einwände erhoben. Sie sagen z. B. über die Beilstein-

Jaweinsche Methode, daß die Ergebnisse zwar ganz gut wären, daß jedoch ein starker Strom notwendig wäre, da sonst die Fällung des Zinks langsam und unvollständig vor sich ginge, ferner, daß der positive Pol ziemlich beträchtlich an Gewicht verlöre, und schließlich, daß das Arbeiten mit Cyankalium nicht sehr angenehm wäre. Nach des Verfassers Erfahrung genügt schon ein bedeutend geringerer Strom als der zuerst von Beilstein und Jawein empfohlene, um das gesamte Zink im Laufe einer Nacht auszufällen, auch wird die Anode hierbei nur unerheblich angegriffen. Die von Reinhardt und Ihle vorgeschlagene Methode ist indessen ausgezeichnet und verdient, von allen, die sich für die elektrolytische Bestimmung des Zinks interessieren, versucht zu werden. Ihre wesentlichen Grundzüge ergeben sich aus der Publikation (S. 111): Man mischt die möglichst neutrale Zinksulfat- oder -chloridlösung mit einem Überschuß von neutralem Kaliumoxalat, bis der zuerst gebildete Niederschlag sich wieder auflöst, oder man fügt unter Beobachtung der Vorschrift von Classen 4 g Kalium- oder Ammoniumoxalat zu der Lösung, säuert die letztere mit Weinsäure (ca. 6 %ige) an, verdünnt mit Wasser auf 150 ccm, erwärmt auf 60° und elektrolysiert in verkupferten Platinschalen bei $N. D_{100} = 0,5 - 1,5$ Amp. und 3,5—3,8 Volt. Zwei Stunden genügen zur vollständigen Abscheidung.

Das Zinkoxalat geht durch unmittelbare Zersetzung in Zink und Kohlendioxyd (2 Moleküle) über, das Kaliumoxalat in Kohlendioxyd (2 Moleküle) und Kalium, worauf dann das letztere mit dem Wasser reagiert, so daß eine reichliche Entwicklung von Wasserstoff an der Kathode eintritt. Das hierbei freiwerdende Alkali wird durch das an der Anode vorhandene Kohlendioxyd in Kaliumbicarbonat verwandelt:

$$ZnC_2O_4 + K_2C_2O_4 = \underbrace{(Zn + 2KOH + H_2)}_{\text{Kathode}} + \underbrace{4CO_2}_{\text{Anode}}$$

$$2KOH + 2CO_2 = 2CO<{OH \atop OK}.$$

Daher wird, solange das Zinkoxalat zersetzt wird, eine beträchtliche Gasentwicklung an der positiven Elektrode bemerkbar.

Sobald diese abnimmt und nur noch gelegentlich Blasen entweichen, so ist die Zersetzung der Säure und die Abscheidung des Metalles als beendet zu betrachten. Die Anwesenheit freier Oxalsäure oder irgend einer andren Säure ist unschädlich, vorausgesetzt, daß eine hinreichende Menge Kaliumoxalat vorhanden ist. Salpetersäure indessen, frei oder gebunden, ist möglichst zu vermeiden; sie führt zur Bildung von Ammoniumsalzen, die das Ausfallen des Zinks in dichter Form verhindern. Das Kaliumbicarbonat ferner, das während der Zersetzung entsteht, leistet dem Strom einen großen Widerstand. Es ist daher ratsam, Kaliumsulfat zu der Lösung hinzuzusetzen, um deren Leitfähigkeit zu erhöhen. Reinhardt und Ihle empfehlen folgende Lösungen für Zersetzungen von der Art der eben beschriebenen: 166 g Kaliumoxalat in 1 Liter Wasser, 250 g Kaliumsulfat auf 1 Liter Wasser und eine bei 15° gesättigte Lösung von Oxalsäure.

Versuche: 1. 40 ccm einer Lösung von Zinksulfat (= 0,1812 g metallisches Zink) wurden mit 50 ccm Kaliumoxalat und 100 ccm Kaliumsulfat versetzt. Dann elektrolysierte man mit einem Strom von $N.D_{100}$ = 0,3 Amp. und 3,9—4,2 Volt bei gewöhnlicher Temperatur. Nach 3—4 Stunden wurde der Strom unterbrochen. Das gefällte Zink wog 0,1814 g.

2. 2,1867 g Messing (enthaltend Zinn, Kupfer, Blei und Zink) wurden in Salpetersäure aufgelöst und das Zinn in der üblichen gravimetrischen Weise bestimmt. Die Menge dieses Metalles wurde zu 0,04 % ermittelt. Im freie Salpetersäure enthaltenden Filtrat wurden Blei und Kupfer gleichzeitig durch Elektrolyse abgeschieden (wobei das Kupfer an der Kathode und das Blei als Dioxyd an der Anode gefällt wurden). Gefunden: a) 0,85 % Blei und 64,60 % Kupfer, b) 0,85 % Blei und 64,62 % Kupfer. Die saure Lösung wurde von dem Niederschlag abgehebert, mit Schwefelsäure zur Trockne verdampft, mit Ätzkali neutralisiert und dann hierzu (ca. 100 ccm Volumen) 50 ccm Kaliumoxalatlösung und 100 ccm Kaliumsulfatlösung hinzugefügt. Das gefundene Zink betrug 34,50 %.

Bei dieser Methode wende man einen starken, an einem Ende zu einer Spirale gedrehten Platindraht als Anode, und einen Platinkonus als Kathode (Fig. 28 S. 107) an. Um die eigenartigen Flecke, welche elektrolytisches Zink auf einer Platinoberfläche erzeugt, zu vermeiden, überzieht man am besten die negative Elektrode mit Kupfer (5 g). Zum Auflösen des gefällten Zinks benutze man verdünnte Salpetersäure, die Kupferschicht wird hiervon nur wenig angegriffen und kann nach dem Waschen und Trocknen zu weiteren Abscheidungen dienen. Man wäscht den Zinkniederschlag mit Wasser, Alkohol und Äther und trocknet in einem Exsikkator. Wenn ein Luftbad zum Trocknen benutzt wird, dann tritt leicht Oxydation ein.

Jordis zieht Milchsäure anstatt der Oxalsäure bei der Elektrolyse von Zinksalzen vor. Zu der 0,2 g metallisches Zink enthaltenden Lösung fügte er 5 g Ammoniumlactat, 2 g Milchsäure und 5 g Ammoniumsulfat hinzu. Die Flüssigkeit wurde dann auf 230 ccm verdünnt und mit einem Strom von $N. D_{100}$ = 0,10—0,23 Amp. und 3,4—3,9 Volt bei 60° behandelt. Der Elektrolyt wurde gewöhnlich gerührt (S. 96). Die Anode und Kathode waren 1,5 cm voneinander entfernt. Die Zeit für die vollständige Abscheidung betrug $4^1/_2$ Stunden. Als Kathode diente eine verkupferte Platinschale.

Nicholson und Avery fügten nach dem Vorschlag von Warwick 3 ccm Ameisensäure zu der Zinksalzlösung, neutralisierten dann nahezu mit Natriumcarbonat, verdünnten auf 150 ccm und elektrolysierten bei gewöhnlicher Temperatur mit einem von $N. D_{100}$ = 0,5—1 Amp. variierenden Strom.

Millot, Kiliani und von Foregger benutzten Natriumzinkat als Elektrolyt und geben folgendes Beispiel: Zu der Lösung von 1 g Zinksulfat gibt man 2—4 g Natriumhydroxyd, verdünnt mit Wasser auf 125 ccm, erhitzt auf 50° und elektrolysiert bei $N. D_{100}$ = 0,7—1,5 Amp. und 3,9—4,5 Volt. Das gesamte Metall wird in zwei Stunden gefällt. Das Aussehen des Niederschlages wird mit wachsender Ätznatronmenge besser. Unter Anwendung dieser Methode für die Bestimmung von Zink in dessen Erzen schlägt Jene folgenden Weg ein: Man löst 0,5 g des Erzes in Königswasser, verdampft zur Trockne, fügt 1—2 ccm verdünnte Schwefelsäure (1 : 1) hinzu, deren Überschuß man durch Erhitzen wieder vertreibt. Nach dem Erkalten gibt man Wasser zu der Masse, kocht auf, filtriert und wäscht den Rückstand mit heißem Wasser. Das Filtrat darf 80—100 ccm an Volumen nicht überschreiten. Es ist nun zur Elektrolyse verwendbar. Man gibt 4—7 g festes Natriumhydroxyd hinzu und läßt das letztere sich vollständig auflösen; dann erwärmt man auf 50° und elektrolysiert ohne Rücksicht auf die in der Lösung suspendierten Hydroxyde. Man benutzt eine verkupferte Platinschale bei $N.D_{100}$ = 1 Amp. und einem Druck von 3,8 - 4,2 Volt. Die Abscheidung wird in $1^1/_2$—2 Stunden vollständig. Das Ende der Zersetzung wird festgestellt, indem man einen vollkommen reinen Kupferstreifen über den Rand der Schale in die Lösung taucht und beobachtet, ob er nach fünfzehn Minuten noch mit Zink bedeckt wird.

Riche wendet eine Lösung des Acetates mit einem Überschuß von Ammoniumacetat an, wie man sie durch Übersättigen mit Ammoniak und nachheriges Ansäuern mit Essigsäure erhält. Diese Methode führt zu guten Resultaten, wie man aus folgender Bestimmung ersehen kann: 0,4736 g Zinksulfat wurde in 200 ccm Wasser aufgelöst und hierzu 3 g Natriumacetat und 10 Tropfen gewöhnliche Essigsäure hinzugefügt. Bei Anwesenheit einer ungenügenden Menge Essigsäure wird der Zinkniederschlag schwammig. Auch Ammoniumacetat kann an Stelle des Natriumsalzes genommen werden. Nach zwei Stunden wurde 0,1063 g metallisches Zink erhalten; die berechnete Menge betrug 0,1072 g. Die Temperatur soll 60° und der Strom $N.D_{100}$ = 0,5 Amp. bei einer Spannung von 4,8—5,2 Volt betragen.

Moore scheint außerordentlich befriedigende Ergebnisse erhalten zu haben, indem er eine Lösung von Zinksulfat zunächst mit Natriumphosphat fällte, dann einen Überschuß von Ammoniumcarbonat hinzusetzte und den Niederschlag in Cyankalium auflöste. Diese Lösung wurde bei 80° elektrolysiert. (Siehe auch die Methode von Beilstein und Jawein.) Das Metall wurde auf einer versilberten Elektrode abgeschieden.

Eine ausgezeichnete Arbeitsweise, die von Luckow herrührt und schon in dem historischen Abschnitt (S. 28) erwähnt wurde, besteht darin, zunächst 0,5 g metallisches Quecksilber in die Schale, in welcher man die Lösung des Zinksalzes zu analysieren wünscht, zu bringen. Man wägt dann die Platinschale zusammen mit dem Quecksilbertropfen. Es bildet sich bei der Elektrolyse Zinkamalgam, welches sich in schöner, festhaftender Schicht über die Oberfläche der Schale verteilt.

Paweck hält die von Vortmann (S. 55) vorgeschlagene Amalgammethode für unbequem, da man das Quecksilberchlorid auswägen und darauf auf das Metall umrechnen müsse. Ferner gibt er an, daß durch häufigen Gebrauch die Oberfläche der Platinkathode sich in schwammiges Platin verwandelt, wodurch beträchtliche Verluste eintreten könnten. Um diese Übelstände zu vermeiden, rät er die Verwendung einer amalgamierten Zink- oder Messingelektrode in Drahtnetzform an. Bei Anwendung dieser ist die Zugabe eines Quecksilbersalzes überflüssig, da die Drahtnetzform die Abscheidung begünstigt und die Ansammlung von Wasserstoffblasen an der Unterseite der Kathode, die hauptsächlichste Ursache für die Bildung schwammigen Zinkes, verhindert. Die Drahtnetzelektroden werden hergestellt, indem man zwei Halbzylinder von 6 cm Durchmesser an einem Messingstab in einer Entfernung von 12 mm befestigt werden (etwa wie in Fig. 22, S. 70). Nachdem sie gereinigt worden sind, werden sie amalgamiert oder durch Elektrolysieren in einer Lösung von 0,6 g Quecksilberchlorid mit Queckilber überzogen. Das Amalgam wird mit Alkohol und Äther gewaschen, getrocknet und gewogen. Der Elektrolyt enthält neben dem Zinksalz Seignettesalz und Alkali. Man kann mit einem Strom von 0,1—0,5 Amp. und 2,6—3,6 Volt elektrolysieren. Der Niederschlag ist bei 30—40° zu trocknen (S. 65).

Vortmann hat ferner gefunden, daß Zink schnell aus seiner Lösung in Gegenwart eines Überschusses von Natriumhydroxyd und Natriumtartrat gefällt werden kann. Der Niederschlag ist von grauer Farbe und haftet gut an der Schale. Die Stromdichte kann von $N. D_{100} = 0,3—0,6$ Amp. variieren. Zur Prüfung der

Vollständigkeit der Fällung erwärmt man einige Tropfen der Lösung mit Ammoniumsulfid.

Die Schnellfällung von Zink mittels der rotierenden Anode.[1]

1. In einem alkalischen Elektrolyten (NaOH) verfährt man folgendermaßen: Zu 25 ccm Lösung (= 0,2490 g Zink) gibt man 8 g festes Natriumhydroxyd, verdünnt mit Wasser auf 125 ccm, erhitzt nahezu zum Sieden, entfernt den Brenner und elektrolysiert dann bei $N.D_{100} = 5$ Amp. und 6 Volt. Die Tourenzahl der Anode soll etwa 600 pro Minute betragen. Die Fällung wird in 20 Minuten vollständig. Der Niederschlag ist festhaftend, gleichmäßig und von grauer Farbe. Die Menge des Natriumhydroxyds kann innerhalb ziemlich weiter Grenzen schwanken.

Bei allen Zinkfällungen in Platingefäßen überziehe man die letzteren vorher mit Silber. Ein solcher Silberüberzug hält eine Anzahl von Fällungen aus. Um das Zink wieder zu entfernen, füllt man nach dem Wägen des Niederschlages die Schale bis zum Rande mit Schwefelsäure, die man vorher mit der fünfzigfachen Menge Wasser verdünnt hat, und stellt sie beiseite, bis die Reaktion nachläßt. Dann gibt man die Lösung in ein Becherglas, spült die Schale mit Wasser aus und erhitzt sie zu schwacher Rotglut über einer freien Flamme, wobei man sie mittels einer Nickelzange hält. Man kühlt darauf unter der Wasserleitung ab, füllt noch einmal mit verdünnter Säure, spült nach einigen Minuten aus und erhitzt wie vorher; dann behandelt man die Schale noch ein drittes Mal mit derselben Säure. Schließlich spült man sie mit reinem Wasser nach, wischt sie außen trocken, erhitzt, läßt in einem Exsikkator erkalten und wägt. Das Reinigen der Schale kann alles in allem in sechs Minuten bewirkt werden. Eine Silberschicht genügt für mehr als hundert Zinkbestimmungen.

Der Verlauf der Abscheidung des Zinks aus dem oben genannten Elektrolyten war bei einem Strom von 5 Amp. und 8 Volt:

[1] Apparate wie bei Kupfer (S. 72). Vgl. hierüber auch: Price, Transact. Farad. Soc. 3 (1907), 88; sowie S. 279.

In	1 Minute	0,1028 g
„	2 Minuten	0,1847 „
„	3 „	0,2921 „
„	4 „	0,3498 „
„	5 „	0,4217 „
„	7 „	0,4691 „
„	10 „	0,4740 „
„	12 „	0,4780 „
„	15 „	0,4780 „

2. Auch in einem Alkaliacetatelektrolyten verläuft die Abscheidung sehr schnell, wie aus folgendem Beispiel hervorgeht: Eine Lösung von Zinksulfat (= 0,5004 g Metall), die 3 g Natriumacetat und 0,2 ccm 30 % ige Essigsäure enthielt, wurde mit Wasser auf 125 ccm verdünnt und bei einem Strom von $N. D_{100}$ = 4 Amp. und 10 Volt elektrolysiert. In 15 Minuten wurde 0,5002 g Zink auf der versilberten Platinschale abgeschieden. Der Niederschlag war von hellblauer Farbe und kristallinisch. Die Anode beschrieb während des Versuches 600 Touren in der Minute.

Ingham bestimmte den Verlauf der Abscheidung des Zinks aus diesem Elektrolyten:

Gefunden	in	1 Minute	0,0933 g Zink
„	„	2 Minuten	0,1500 „ „
„	„	3 „	0,2326 „ „
„	„	4 „	0,2957 „ „
„	„	5 „	0,3773 „ „
„	„	7 „	0,4645 „ „
„	„	10 „	0,4736 „ „
„	„	15 „	0,4766 „ „
„	„	20 „	0,4779 „ „

Die berechnete Menge war 0,4780 g Zink.

3. Der ameisensaure Elektrolyt wurde folgendermaßen bereitet: Zu der Salzlösung (0,2490 g Zink) wurden 5 g Natriumcarbonat und 4,6 ccm Ameisensäure (spez. Gew. 1,22) gesetzt. Die Lösung wurde dann mit Wasser auf 125 ccm verdünnt, zum Sieden erhitzt und mit einem Strom von $N. D_{100}$ = 5 Amp. und 8 Volt

behandelt. In 20 Minuten wurde die gesamte Metallmenge gefällt. Der Niederschlag war feinkörnig und sehr festhaftend. Als Verlauf der Abscheidung wurde folgender ermittelt:

In 1 Minute	. . . . . .	0,0839 g	Metall
„ 2 Minuten	. . . . . .	0,1418 „	„
„ 3 „	. . . .	0,1723 „	„
„ 5 „	. . . .	0,2095 „	„
„ 7 „	. . . .	0,2244 „	„
„ 10 „	. . . .	0,2464 „	„
„ 12 „	. . . .	0,2483 „	„
„ 15 „	. . . .	0,2490 „	„
„ 20 „	. . . .	0,2490 „	„

4. Auch in ammoniakalischen Elektrolyten kann man das Metall sehr zufriedenstellend bei Anwendung einer rotierenden Anode fällen. Hier soll besonders darauf hingewiesen werden, daß dieser Elektrolyt bei festliegenden Elektroden sich nicht bewährt hat. Man arbeitet folgendermaßen: Zu der Zinksalzlösung werden 5 ccm Salzsäure (spez. Gew. 1,21), 25 ccm Ammoniumhydroxyd (spez. Gew. 0,95) und 1 g Ammoniumchlorid hinzugefügt. Nach Verdünnung auf 125 ccm elektrolysiert man mit $N.D_{100} = 5$ Amp. und 5 Volt. In 20 Minuten wird $^1/_4$ g Metall völlig ausgefällt. Die Abscheidung verläuft ganz nach Wunsch, ohne daß die Gefahr besteht, daß die Anode durch das Chlor angegriffen wird. Dieser Elektrolyt kann für die Bestimmung des Zinkgehaltes in Zinkblende verwendet werden.[1] Man wägt 0,5 g des gepulverten Erzes in eine Porzellanschale von ca. 10 cm Durchmesser, befeuchtet es mit Wasser und gibt Salpetersäure (spez. Gew. 1,41) hinzu, bis dasselbe bedeckt ist, und digeriert dann auf einer warmen Eisenplatte etwa zwanzig Minuten. Nachdem die Reaktion nachgelassen hat, nimmt man das Uhrglas ab, läßt die Dämpfe entweichen und verdampft dann möglichst schnell die Flüssigkeit zur Trockne. Man gießt darauf etwas reine Salzsäure (spez. Gew. 1,21) auf den Rückstand und verdampft wieder zur Trockne.

[1] Vgl. auch S. 49.

Die Behandlung mit Salzsäure wird wiederholt, wobei man ein Überhitzen und etwaiges Verflüchtigen von Chlorid vermeidet. Schließlich befeuchtet man die trocknen Salze mit starker Salzsäure und nimmt mit heißem Wasser auf. Diese Operation kann in höchstens siebzig Minuten ausgeführt werden. Nach dem Abfiltrieren der Gangart fällt man das Eisen mit Ammoniumhydroxyd und nimmt das Filtat in der, wie üblich, versilberten und gewogenen Platinschale auf, wobei man den Niederschlag nicht mit Wasser zu waschen braucht. Vielmehr vertauscht man jetzt die Platinschale mit einer Porzellanschale, löst das Ferrihydrat von dem feuchten Filter in warmer, verdünnter Säure und fällt wieder mit Ammoniumhydroxyd. Zwei Fällungen sind erforderlich, um das Eisen völlig vom Zink zu befreien. Zu der in der Platinschale befindlichen Lösung gibt man 0,5 g Ammoniumchlorid, am besten in fester Form, und elektrolysiert die Lösung bei 125 ccm Volumen mit einem Strom von 5 Amp. und 6 Volt. Zwanzig Minuten genügen für die Fällung. Der Niederschlag ist kristallinisch, festhaftend und keineswegs schwammig.

Nach dieser Methode kann der Zinkgehalt einer Blende in wenig mehr als zwei Stunden, gerechnet von der Zeit des Abwägens des gepulverten Erzes bis zum Wägen des Zinkes, bestimmt werden.

Auch wenn das Eisen in dem Erz nach Entfernung der Gangart als basisches Acetat oder Formiat gefällt wird, kann das Filtrat davon für die elektrolytische Bestimmung des Zinks unter Benutzung der rotierenden Elektrode verwendet werden. Die Ergebnisse fallen auch hier sehr zufriedenstellend aus.

Die Schnellfällung von Zink mittels der rotierenden Anode und der Quecksilberkathode.[1]

Zink läßt sich sehr schnell mit der Quecksilberzelle bestimmen. Vielleicht geht dies am besten aus der folgenden Tabelle hervor, in der verschiedene Bedingungen im einzelnen wiedergegeben werden:

[1] Apparate wie bei Kupfer (S. 76).

Tabelle zur Schnellfällung des Zinks an einer Quecksilberkathode.

Versuch Nr.	Angewandtes Zn in g	Anwesende Schwefelsäure in ccm	Volumen ccm	Stromstärke in Amp.	Volt	Umdrehungen der Anode pro Minute	Dauer in Minuten	Gefunden Zn in g	Fehler in g
1	0,2025	—	15	1	7	750	30	0,2027	+0,0002
2	0,2025	—	15	1	7	750	25	0,2030	+0,0005
3	0,2025	—	15	1	7	750	25	0,2015	−0,0010
4	0,2025	—	15	1	7	750	25	0,2020	−0,0005
5	0,2025	—	15	1	7	750	25	0,2025	—
6	0,2025	0,25	10	2	7	750	25	0,2024	−0,0001
7	0,2025	0,25	10	2	7	750	30	0,2027	+0,0002
8	0,4040	0,25	20	1,5	6	750	45	0,2054	+0,0004
9	0,2025	0,25	10	1	5	750	25	0,2025	—
10	0,2025	0,25	10	1	5	750	25	0,2029	+0,0004
11	0,2025	0,25	15	1	5	750	25	0,2025	—
12	0,2025	0,25	15	1	5	750	20	0,2027	+0,0002
13	0,2025	0,25	15	2	6	750	15	0,2030	+0,0005
14	0,2025	0,25	15	2	6	750	15	0,2020	−0,0005
15	0,2025	0,25	15	2	6	750	15	0,2021	−0,0004
16	0,4050	0,25	15	5	8	1400	6	0,4057	+0,0007
17	0,4050	0,25	15	5	8	480	6	0,4045	−0,0005
18	0,4050	0,25	15	5—6	7—5	480	8	0,4042	−0,0008
19	0,4050	0,25	10	5	7	640	5	0,4050	—

Der Verlauf der Abscheidung ist von Interesse. So wurden bei einem Strom von 1 Amp. und 5 Volt in 15 ccm einer Zinksulfatlösung (mit 0,2025 g Metall) gefällt:

In 5 Minuten . . . . 0,1196 g Metall
„ 10 „ . . . . 0,1774 „ „
„ 15 „ . . . . 0,1897 „ „
„ 20 „ . . . . 0,2002 „ „
„ 25 „ . . . . 0,2027 „ „

Bei einem gleichen Lösungsvolumen, jedoch nach Hinzufügung von 0,4 ccm Schwefelsäure, schied ein Strom von 2 Amp. und 7 Volt folgende Mengen ab:

In 5 Minuten	. . . . . .	0,1860 g Zink
„ 10 „	. . . . . .	0,1998 „ „
„ 15 „	. . . . . .	0,2020 „ „

Nach Auflösen der doppelten Zinkmenge in 15 ccm und Hinzufügen von 0,25 ccm konzentrierter Schwefelsäure fällte ein Strom von 1,5 Amp. und 10 Volt bei einer Tourenzahl der Anode von 800 Umdrehungen pro Minute:

In 10 Minuten	. . . . . .	0,3701 g
„ 15 „	. . . . . .	0,3997 „
„ 20 „	. . . . . .	0,4011 „
„ 30 „	. . . . . .	0,4058 „

Dieselbe Zinkmenge in 20 ccm wurde bei einem Strom von 2 Amp. und 6 Volt elektrolysiert, wobei die übrigen Bedingungen wie oben waren:

In 10 Minuten	. . . . . .	0,3352 g
„ 15 „	. . . . . .	0,4010 „
„ 20 „	. . . . . .	0,4030 „
„ 30 „	. . . . . .	0,4050 „

Es machte keinen sichtbaren Unterschied in der Geschwindigkeit des Ausfallens, ob die Anode 440 oder 1000 Touren pro Minute ausführte. Man soll keine zu große Zinkmenge sich im Quecksilber anhäufen lassen, da sonst die Fällungen langsamer verlaufen. Ein konzentrierter Elektrolyt ist ferner für schnelle und befriedigende Abscheidungen des Zinks ganz besonders günstig.

Nickel und Kobalt.[1]

Die Metalle werden aus Lösungen ihrer Doppelcyanide, Doppeloxalate, sowie ihrer mit Alkaliacetat, -tartrat und -citrat

[1] Literatur: Gibbs, Z. f. a. Ch. **3**, 336; Z. f. a. Ch. **11**, 10; **22**, 558; Merrick, Am. Ch. **2**, 136; Wrightson, Z. f. a. Ch. **15**, 300, 303, 333; Schweder, Z. f. a. Ch. **16**, 344; Cheney und Richards, Am. Jr. of Science (3) **14**, 178; Ohl, Z. f. a. Ch. **18**, 523; Luckow, Z. f. a. Ch. **19**, 16; Bergmann und Fresenius, Z. f. a. Ch. **19**, 314; Riché, Z. f. a. Ch. **21**, 116, 119; Classen und v. Reiss, Ber. **14**, 1622, 2771; Schucht, Z. f. a. Ch. **22**, 493; Kohn und Woodgate, Jour. Soc. Chem. Industry **8**, 256;

vermischten Sulfate oder aus ammoniakalischen Lösungen gefällt. Die letzteren scheinen besonders für Nickelabscheidungen geeignet zu sein, wobei die Anwesenheit von Ammoniumsulfat oder Natriumphosphat die Fällung begünstigt.

Fresenius und Bergmann haben eine Reihe von Versuchen mit Nickel und Kobalt ausgeführt und geben folgende Versuchsbedingungen als zufriedenstellend wieder: 50 ccm Nickellösung (= 0,1233 g Nickel), 100 ccm Ammoniak (spez. Gew. 0,96), 10 ccm Ammoniumsulfat (305 g des Salzes in 1 Liter Wasser), 100 ccm Wasser, Elektrodenabstand $^1/_2$ bis $^1/_3$ cm, Dauer: 4 Stunden. Der Strom betrug $N.D_{100}$ = 0,5—0,7 Amp. und 2,8 bis 3,3 Volt bei gewöhnlicher Temperatur. Das gefundene Nickel wog 0,1233 g. Ein für die soeben beschriebene Zersetzung geeigneter Apparat ist in Fig. 29 wiedergegeben. Das Metall wird in dem Becherglas *C* auf dem gewogenen Platinkonus abgeschieden; das Gefäß wird mit einem Uhrglas bedeckt, das geeignete Bohrungen für die posi-

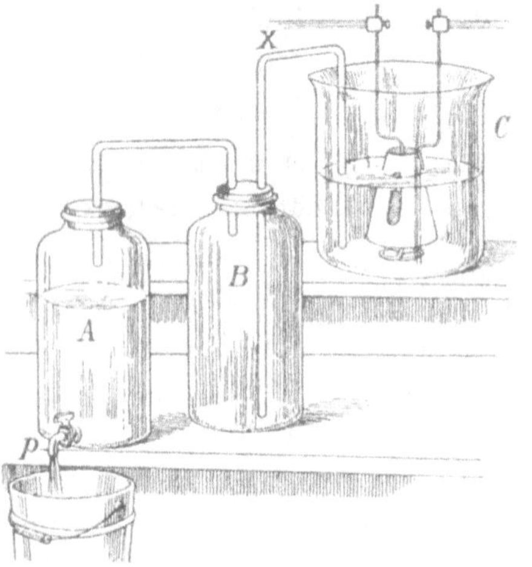

Fig. 29. Elektrolysierapparat nach Fresenius und Bergmann (s. a. Fig. 28, S. 107).

Rüdorff, Z. f. ang. Ch. **1892**, 6; Brand, Z. f. a. Ch. **28**, 588; Le Roy, C. r. **112**, 722; Vortmann, M. f. Ch. **14**, 536; v. Foregger, Dissertation, Bern 1896; Campbell und Andrews, J. Am. Ch. S. **17**, 125; Oettel, Z. f. Elektrochem. **1**, 192; Fresenius und Bergmann, Z. f. a. Ch. **19**, 320; Foerster, Z. f. Elektrochem. **4** (1897), 160; Winkler, Z. f. anorg. Ch. **8**, 291; Hollard, B. s. Ch. Paris (Series 3) **29**, 22; Danneel und Nissenson, Internationaler Kongreß f. ang. Ch. **4** (1903), 679; Perkin und Preble, Ch. N. **90**, 307; Exner, J. Am. Ch. S. **25**, 899; Smith, J. Am. Ch. S. **26**, 1595; Kollock und Smith, Am. Phil. Soc. Pr. **44** (1905), 137; Fischer und Boddaert, Z. f. Elektrochem. **10**, 946; Foerster, Z. f. ang. Ch. **19** (1906) 1889; Kollock und Smith, Am. Phil. Soc. Pr. **45**, 262; Fischer, Z. f. Elektrochem. **13**, 361; Thiel und Windelschmidt, Z. f. ang. Ch. **20** (1907), 1137.

tive und negative Elektrode besitzt. Sobald die blau gefärbte Flüssigkeit farblos wird, ein Zeichen, daß das Metall vollständig gefällt ist, nimmt man einige Tropfen heraus und prüft sie mit einer Lösung von Kaliumsulfocarbonat. Bewirkt das letztere nur noch eine ganz geringe Rosafärbung, so kann die Abscheidung des Metalles als vollständig betrachtet werden. Wird die Elektrolyse unnötig lange hinausgezogen, dann wird leicht Nickelsulfid gebildet. (Miller und Kiliani, Lehrbuch der analytischen Chemie.) Es ist nicht ratsam, den Strom eher zu unterbrechen oder die Konuselektrode aus der elektrolysierten Flüssigkeit zu entfernen, bevor nicht die letztere durch Wasser ersetzt ist. Dies bewirkt man durch die auf der linken Hälfte der Zeichnung befindlichen Gefäße: *A* ist ein mit Wasser gefülltes Sauggefäß, *B* ist eine luftdichte, leere Flasche, *x* ist ein doppelt gebogenes Glasrohr, das bis auf den Boden von *C* reicht. Beim Öffnen des Hahnes *p* wird die Flüssigkeit in *C* allmählich nach *B* übergeführt. In demselben Maße gießt man reines Wasser in *C*. Ammoniumchlorid darf in der zu elektrolysierenden Lösung nicht anwesend sein.

Vortmann gibt zunächst Wein- oder Zitronensäure und dann überschüssige Soda zu der Lösung des Nickelsalzes und elektrolysiert mit einer Stromdichte von $N.D_{100} = 0{,}3-0{,}4$ Amp. Der Niederschlag enthält mitunter Spuren von Kohlenstoff.

Das für Nickel Gesagte gilt auch für Kobalt. Ein der Arbeit von Fresenius und Bergmann entnommenes Experiment soll hier als Beispiel für die Bestimmung von Kobalt wiedergegeben werden: 50 ccm Kobaltsulfat (= 0,1280 g Kobalt), 100 ccm Ammoniak, 10 ccm Ammoniumsulfat, 100 ccm Wasser; Stromdichte: $N.D_{100} = 0{,}5-0{,}7$ Amp.; Spannung: 2,8—3,3 Volt; gewöhnliche Temperatur; Entfernung der Elektroden: $^1/_2-^1/_3$ cm; Zeit: 5 Stunden. Das abgeschiedene Kobalt wog 0,1286 g. Zur Prüfung, ob das Metall völlig reduziert ist, wendet man Kaliumsulfocarbonat an; dieses gibt selbst in der verdünntesten Kobaltlösung eine weingelbe Farbe.

Bei Anwesenheit von zu wenig Ammoniak im Elektrolyten

sind die Ergebnisse schlecht, während zu viel von diesem Reagenz die Abscheidung des Kobalts verlangsamt.

Von Foregger gibt 15—20 g Ammoniumcarbonat zu der Lösung von 1 g Nickelsulfat, verdünnt mit Wasser auf 150 ccm, erwärmt auf 60° und elektrolysiert bei $N.D_{100}$ = 1—1,5 Amp. und 3,5—4 Volt. Zwei Stunden sind in der Regel für die Abscheidung erforderlich.

Oettel beobachtete, daß Nickel entgegen allgemeinen Behauptungen sowohl aus einer Lösung von Ammoniumchlorid als auch von Ammoniumsulfat gefällt werden könnte. Bei einem Strom von $N.D_{100}$ = 0,45 Amp. in Gegenwart von 40 ccm freiem Ammoniak (spez. Gew. 0,95), 10 g Ammoniumchlorid und einer 1,0456 g Nickelmetall äquivalenten Menge Nickelchlorid konnte er bei einer Gesamtverdünnung von 200 ccm in 6 $^1/_4$ Stunden 1,0462 g Metall fällen und wägen. Salpetersäure soll möglichst abwesend sein. Größere Schwierigkeiten wurden beim Kobalt beobachtet. Die günstigsten Resultate wurden hier bei einem Strom von $N.D_{100}$ = 0,4—0,5 Amp. erhalten. Die Menge des Ammoniumchlorids soll mindestens viermal so groß als die des Kobalts sein und die Lösung $^1/_5$ ihres Volumens an freiem Ammoniak (spez. Gew. 0,92) enthalten. Für die Fällung der Metalle aus den Lösungen ihrer Doppeloxalate sind folgende Bedingungen günstig: 4—5 g Ammoniumoxalat, 120 ccm Gesamtverdünnung; Temperatur 60—70°; $N.D_{100}$ = 1 Amp. und 4 Volt.

Verfasser hat Kobaltverbindungen bei einem Überschuß von Alkaliacetat (siehe Zink) mit vollkommen befriedigenden Ergebnissen elektrolysiert und möchte solche Lösungen für dieses besondere Metall empfehlen.

Im Laboratorium des Verfassers haben sich ferner folgende Versuchsbedingungen für die Fällung des Nickels aus Cyanidlösung als geeignet erwiesen: Man gibt einen kleinen Überschuß an Cyankali (0,1 g mehr als zur Fällung und Wiederauflösung notwendig ist) hinzu, fügt dann 2 g Ammoniumcarbonat zu der Lösung, verdünnt auf 150 ccm, erwärmt auf 60° und elektrolysiert mit $N.D_{100}$ = 1,5 Amp. und 6—6,5 Volt. Das Nickel wird in

$3^1/_2$ Stunden vollständig gefällt. Auch Kobalt kann unter ähnlichen Bedingungen gefällt werden.

Natriumpyrophosphat fällt bekanntlich aus Nickellösungen ein grünlichweißes Pyrophosphat aus. Ein Überschuß des Reagenzes löst den Niederschlag jedoch wieder auf, wobei die Flüssigkeit sich gelbgrün färbt. Diese Farbe geht durch Ammoniumcarbonat in grün und durch Ammoniumhydroxyd in blau über. Zum Elektrolysieren einer solchen Nickellösung verwendet man 20 ccm Natriumpyrophosphatlösung, 25 ccm Ammoniak (spez. Gew. 0,91) und 150 ccm Wasser. Ein Strom von 0,5—0,8 Amp. reicht hin, das Nickel in neun Stunden auszufällen. Diese Methode kann auch zur Bestimmung des Kobalts dienen.

Campbell und Andrews lösen zur Bestimmung des Nickels Nickelhydrat in 30 ccm einer 10 $^0/_0$ igen Lösung von Natriumphosphat auf, geben 30 ccm Ammoniak dazu, verdünnen auf 125 ccm und elektrolysieren bei $N.D_{100} = 0{,}14$ Amp., wobei sie die Elektroden 5 mm voneinander entfernt halten. Die Fällung ist in zwölf Stunden vollständig.

Die Schnellfällung von Nickel mittels rotierender Anode.[1]

Die von Exner (S. 41) bei der Fällung von Metallen mittels rotierender Anode erhaltenen Ergebnisse haben zu einer äußerst sorgfältigen Untersuchung der besten Versuchsbedingungen für jedes einzelne Metall geführt. Im Bereiche dieses Studiums ist West[2] zu interessanten Daten betreffs des Nickels gekommen. Die Einzelheiten derselben werden bei den verschiedenen Elektrolyten wiedergegeben. Bei Befolgung der dort beschriebenen Bedingungen wird man zu sehr befriedigenden Ergebnissen gelangen. Die Verdünnung der verschiedenen Elektrolyten betrug 100—125 ccm, entsprechend einer Kathodenoberfläche von 100 qcm. Die Anode machte 500—600 Touren

[1] Apparate wie bei Kupfer (S. 72).
[2] J. Am. Ch. S. **26**, 1596.

pro Minute. Aus Lösungen, die einen Überschuß von Ammoniak enthielten, waren die Nickelniederschläge kristallinisch und von grauer Farbe, während in sauren Lösungen das Metall von glänzendem, metallischem Aussehen war, fast an Platin erinnernd. Mitunter trat Superoxyd an der Anode auf. Dieses wurde in ammoniakalischen Lösungen durch Zusatz von mehr Ammoniumhydroxyd zu dem Elektrolyten zum Verschwinden gebracht. In sauren Lösungen dagegen wurde zu diesem Zwecke der Strom gegen Ende der Zersetzung erniedrigt und dann nach einigen Minuten wieder erhöht, oder man führte auch in die saure Lösung einige Tropfen einer Mischung von 5 ccm Glyzerin, 45 ccm Alkohol und 50 ccm Wasser ein.

In ammoniakalischen Acetatelektrolyten sind folgende Bedingungen einzuhalten: Auf 0,4444 g Nickel nimmt man 25 ccm Ammoniumhydroxyd (spez. Gew. 0,94), 10 ccm Essigsäure bei 125 ccm Verdünnung und elektrolysiert bei $N.D_{100} = 5$ Amp. und 4,6 Volt. Die Abscheidung des Metalles wird in zwanzig Minuten vollständig. In Gegenwart von Natriumacetat und freier Essigsäure geht die Fällung langsamer vor sich. Für die Fällung der oben erwähnten Metallmenge waren 30 Minuten erforderlich.

In einem Elektrolyten, der Ammoniumhydrat und Ammoniumsulfat enthält, bekanntlich von jeher für die Abscheidung von Nickel bevorzugt (S. 124), erwiesen sich etwa folgende Bedingungen als geeignet: Man elektrolysierte die Salzlösung, die 1,0100 g Metall enthielt, mit 1,2 g Ammoniumsulfat und 30 ccm Ammoniumhydroxyd (spez. Gew. 0,94) bei einem Strom von 5,2 Amp. und 6,5 Volt. Die Fällung ging in 25 Minuten vonstatten.

Der Verlauf der Abscheidung war bei Anwendung einer 0,5050 g Nickel enthaltenden Lösung bei einem Strom von $N.D_{100} = 4$ Amp. und 5,5 Volt folgender:

In	1	Minute	0,0571 g
„	2	Minuten	0,1164 „
„	3	„	0,1549 „
„	4	„	0,2000 „

In 5 Minuten	. . . . . .	0,2510 g
„ $7^1/_2$ „	. . . . . .	0,3580 „
„ 10 „	. . . . . .	0,4450 „
„ 15 „	. . . . . .	0,5007 „
„ 20 „	. . . . . .	0,5050 „

Auch ein Formiatelektrolyt eignet sich äußerst gut für die Fällung von Nickel: Zu einer (0,4444 g) Nickel enthaltenden Lösung gibt man 20 ccm Ammoniumhydroxyd (0,94 spez. Gew.) und 10 ccm Ameisensäure und elektrolysiert bei einem Strom von $N.D_{100} = 5$ Amp. und 4 Volt. Das gesamte Metall wird in 15 Minuten gefällt. Oder man könnte auch das Metall erst vollständig durch Natriumcarbonat ausfällen und den Niederschlag in einem Überschuß von Ameisensäure wieder auflösen: Man gibt z. B. zu einer Lösung von Nickelsulfat (0,4444 g Nickel) 5 g Natriumcarbonat und 22 ccm Ameisensäure (25 $^0/_0$) hinzu und elektrolysiert bei einem Strom von $N.D_{100} = 5$ Amp. und 4 Volt. In 30 Minuten wird das Metall vollständig gefällt.

Bei einem Strom von 5 Amp. und 4 Volt war der Verlauf der Abscheidung in diesem Elektrolyten folgendermaßen:

In 5 Minuten	. . . . . .	0,2474 g
„ $7^1/_2$ „	. . . . . .	0,3260 „
„ 10 „	. . . . . .	0,3688 „
„ 15 „	. . . . . .	0,4323 „
„ 20 „	. . . . . .	0,4394 „
„ 30 „	. . . . . .	0,4448 „

Nickel ist auch ziemlich leicht in einem Elektrolyten von Ammoniumlaktat zu bestimmen. Verdünnung und Tourenzahl wählt man wie bei den vorhergehenden Elektrolyten: Man leitet einen Strom von 5 Amp. und 7,5 Volt durch die Lösung (enthaltend 0,4444 g Nickel), in welcher 25 ccm Ammoniumhydroxyd (spez. Gew. 0,94) und 2,5 ccm Milchsäure enthalten sind. Die Fällung wird in 20 Minuten vollständig:

In 5 Minuten	. . . . . .	0,3151 g
„ $7^1/_2$ „	. . . . . .	0,4056 „

In 10 Minuten . . . . . . 0,4344 g
„ 15 „ . . . . . . 0,4443 „
„ 20 „ . . . . . . 0,4443 „

Die Schnellfällung von Nickel mittels rotierender Anode und einer Quecksilberkathode.[1]

Bei den in folgender Tabelle wiedergegebenen Experimenten wurde eine Nickelsulfatlösung gebraucht, die in 10 ccm 0,4802 g Nickel enthielt.

Die Schnellfällung des Nickels.

Versuch Nr.	Angewandtes Ni in g	Schwefelsäure in ccm	Volumen in ccm	Stromstärke in Amp.	Volt	Umdrehungen der Anode pro Minute	Dauer in Minuten	Gefundenes Ni in g	Fehler in g
1	0,4802	0,25	18	2	7	600	18	0,4802	—
2	0,4802	0,25	12	3,5	7	600	16	0,4799	−0,0003
3	0,4802	0,25	12	2—4	6,5	600	10	0,4806	+0,0004
4	0,4802	0,25	12	6	5	500	7	0,4804	+0,0002
5	0,4802	0,25	12	5	6,5	600	10	0,4796	−0,0006
6	0,9604	0,25	10—30	4	6	1100	10	0,9597	−0,0007
7	0,4802	0,25	12	3	7—5	1100	10	0,4806	+0,0004
8	0,4802	0,25	12	3	7	1100	10	0,4796	−0,0006
9	0,9604	0,25	12	3,5	7	1100	16	0,9604	—
10	0,4802	0,25	12	5	7	640	12	0,4809	+0,0007
11	0,4802	0,25	12	5	6	880	8	0,4806	+0,0004
12	0,4802	0,25	7	6	5	1200	9	0,4801	−0,0001
13	0,4802	0,25	7	6	6	1200	7	0,4801	−0,0001

Der Verlauf der Abscheidung wurde bei Anwendung eines Stromes von 2 Amp. und 7 Volt folgendermaßen gefunden:

In $2^1/_2$ Minuten . . . . . 0,2017 g
„ $7^1/_2$ „ . . . . . 0,1005 „
„ 10 „ . . . . . . 0,4651 „
„ 12 „ . . . . . . 0,4774 „
„ 15 „ . . . . . . 0,4802 „

---

[1] Apparate wie bei Kupfer (S. 76).

Eine Nickellösung wurde in vier Minuten farblos, wenn sie einem Strom von 6 Amp. und 5 Volt ausgesetzt wurde. Nicht die geringste Menge Metall wurde in der nach sieben Minuten abgeheberten Lösung gefunden (Versuch 4).

Das Nickelamalgam ist von prachtvollem Glanz. 1 g Nickel, verbunden mit der üblichen Quecksilbermenge (40 g), gibt ein Amalgam von der Konsistenz eines weichen Teiges.

Die Schnellfällung von Kobalt mittels rotierender Anode.[1]

Um die von Exner bei Kobalt angewandten Bedingungen bestimmter zu gestalten, sind von Kollock[2] mannigfache Elektrolyte studiert worden. Die erhaltenen Ergebnisse beweisen entscheidend, daß infolge der Einführung der rotierenden Anode die elektrolytische Bestimmungsmethode jetzt weitaus die beste Arbeitsweise für Kobalt ist. Die Einzelheiten sind den beim Nickel beschriebenen analog.

Um Kobalt aus einem Natriumformiatelektrolyten zu fällen, gibt man zu einer Kobaltsulfatlösung (= 0,3535 g Metall) 2,5 g reines Natriumcarbonat und 4 ccm 94 $^0/_0$ ige Ameisensäure. Man erhitzt dann die Lösung zum Sieden, entfernt den Brenner und elektrolysiert bei einem Strom von $N.D_{100} = 5$ Amp. und 6 Volt. Die Fällung geht in 30 Minuten vonstatten. Der Kobaltniederschlag ist so glänzend, daß man ihn kaum von dem Platin unterscheiden kann, auf dem er abgeschieden ist. Mitunter tritt in obigem Elektrolyten eine geringfügige anodische Abscheidung ein. Um diese zum Verschwinden zu bringen oder deren Bildung zu verhindern, könnte man das beim Nickel erwähnte Glyzeringemisch verwenden, vorzuziehen ist indessen, den Strom einige Minuten lang auf 1 Amp. zu erniedrigen, wenn die Lösung fast farblos geworden ist. Sobald dann das Superoxyd von der Anode verschwunden ist, bringt man sofort den Strom wieder auf seine ursprüngliche Stärke. Viel Ameisensäure

[1] Apparate wie bei Kupfer (S. 72).
[2] J. Am. Ch. S. **26**, 1606.

verzögert die Fällung. Wenn die Flüssigkeit alkalisch wird, so geht die Abscheidung zu schnell vor sich und das Metall wird schwammig. Daher gibt man die Säure tropfenweise von Zeit zu Zeit hinzu. Der Verlauf der Abscheidung in einer 0,3152 g Kobalt enthaltenden Lösung war folgender:

In	5 Minuten	0,1470 g	Metall
„	7 1/2 „	0,2096 „	„
„	10 „	0,2570 „	„
„	15 „	0,3066 „	„
„	20 „	0,3092 „	„
„	25 „	0,3142 „	„
„	30 „	0,3152 „	„

Bei Anwendung eines Stromes von 6,5 Amp. und 7 Volt auf eine 0,3152 g Kobalt enthaltende Lösung wird in Gegenwart von 20 ccm Ammoniumhydroxyd und 3,5 ccm Ameisensäure (94 %) das gesamte Metall in 20 Minuten gefällt. Ist die Lösung alkalisch, so wird der Metallniederschlag sehr kompakt und von mattem Aussehen, während in saurer Flüssigkeit das Kobalt sich in schön glänzender Form abscheidet, wenn auch bedeutend langsamer als aus einer ammoniakalischen Lösung. In obigem Formiatelektrolyten ist die Tendenz zu anodischen Abscheidungen nur gering.

Sehr zufriedenstellend arbeitet auch ein Elektrolyt mit einem Gehalt an Ammoniumacetat: Man leitet einen Strom von 5 Amp. und 6 Volt durch eine Lösung von Kobaltsulfat (0,3310 g Metall), die 25 ccm Ammoniumhydroxyd und 10 ccm 20 %ige Essigsäure enthält; das Metall wird schön glänzend innerhalb 25 Minuten vollständig abgeschieden, ohne daß sich Anzeichen anodischer Fällung zeigen. Eine Lösung, in welcher 0,2980 g Metall angewandt worden war, gab folgenden Fällungsverlauf:

In	5 Minuten	0,2235 g	Kobalt
„	10 „	0,2778 „	„
„	15 „	0,2950 „	„
„	20 „	0,2980 „	„
„	25 „	0,2980 „	„

Auch ein Elektrolyt von Milchsäure oder eine Laktatlösung können ausgezeichnet für die Bestimmung dieses Metalles verwendet werden, wobei gleichfalls keinerlei Peroxydabscheidung eintritt. Die Kobaltniederschläge sind äußerst festhaftend und haben schönen Metallglanz. Ein größerer Überschuß von Milchsäure verzögert die Fällung:

Man gibt zu der Lösung des Kobaltsulfates (0,3152 g Metall) 2,2 g Natriumcarbonat und 5 ccm konzentrierter Milchsäure. Bei einem Strom von $N.D_{100} = 5$ Amp. und 8 Volt wird nach 25 Minuten vollständige Fällung erhalten.

Bei Ammoniumlaktatlösung sind vielleicht die Ergebnisse noch besser als in den soeben beschriebenen Elektrolyten. In der Regel wird hier die Lösung nach 25 Minuten farblos:

Zu einer Lösung des Sulfates (= 0,3310 g Metall) gibt man 30 ccm Ammoniumhydroxyd, 7 ccm Milchsäure und elektrolysiert bei $N.D_{100} = 6$ Amp. und 5 Volt. Zur vollständigen Fällung genügen 25 Minuten.

Der Verlauf der Abscheidung war folgendermaßen:

In 5 Minuten	0,2215 g Metall
„ 10 „	0,3060 „ „
„ 15 „	0,3230 „ „
„ 20 „	0,3290 „ „
„ 25 „	0,3310 „ „
„ 30 „	0,3310 „ „

Auch Ammoniumsuccinat kann als Elektrolyt verwendet werden. Hierbei wird jedoch leicht etwas Kohlenstoff mit dem Kobalt ausgefällt. Natriumsuccinat ist unbrauchbar.

Die Schnellfällung von Kobalt mittels der rotierenden Anode und der Quecksilberkathode.[1]

Kobalt scheint sich nicht mit derselben Schnelligkeit wie Nickel bei sonst analogen Bedingungen an der Quecksilberkathode abzuscheiden. Die beifolgende Tabelle gibt eine Liste von Versuchen

[1] Apparate wie bei Kupfer (S. 76).

wieder, mit deren Hilfe man, strikte Befolgung der angegebenen Bedingungen vorausgesetzt, zufriedenstellende Resultate erhalten wird. Angewandt wurde Kobaltsulfat.

Tabelle der Schnellfällung des Kobaltes an einer Quecksilberkathode.

Versuch Nr.	Angewandtes Co in g	Anwesende Schwefelsäure in ccm	Volumen ccm	Ampere	Volt	Umdrehungen der Anode pro Minute	Dauer in Minuten	Gefunden Co in g	Fehler in g
1	0,3525	0,35	15	5	7	1250	15	0,3522	−0,0003
2	0,3525	0,25	15	3	5	980	18	0,3524	−0,0001
3	0,3525	0,25	15	4	6	600	14	0,3523	−0,0002
4	0,3525	0,25	10	4	6	860	16	0,3530	+0,0005
5	0,3525	0,5	10	4	6	1000	15	0,3530	+0,0005
6	0,3525	0,00	10	4	6	1240	16	0,3528	+0,0003
7	0,3525	0,25	10	3	6	1200	10	0,3521	−0,0004
8	0,3525	0,5	10	6	6	1200	10	0,3530	+0,0005
9	0,3525	0,25	10	5	8	800	10	0,3522	−0,0003
10	0,3525	0,25	10	3	8	1400	12	0,3523	−0,0002
11	0,3525	0,5	10	6	5	800	11	0,3530	+0,0005
12	0,7050	0,5	15	6	7	1200	30	0,7052	+0,0002
13	0,7050	0,35	10	4	8	560	7	0,1762	—

Auch eine Lösung von Kobaltchlorid kann verwendet werden (S. 80). So bringt man in das Quecksilberbecherchen 5 ccm einer Kobaltchloridlösung (= 0,1250 g), gießt darüber 10 ccm reines Toluol und elektrolysiert bei einem Strom von 2—4 Amp. und 5 Volt; in 5 Minuten wird die Flüssigkeit farblos, die vollständige Abscheidung tritt nach 7 Minuten ein.

Mangan.[1]

Der elektrische Strom scheidet das Mangan aus der Lösung seines Chlorides, Nitrates oder Sulfates als Dioxyd an der Anode

[1] Literatur: Z. f. a. Ch. **11**, 14; Riche, Ann. de Chim. et de Phys. (5. ser.) 13, 508; Luckow, Z. f. a. Ch. **19**, 17; Schucht, Z. f. a. Ch. **22**, 493; Classen und v. Reiss, Ber. **14**, 1622; Moore, Ch. N. **53**, 209; Smith und Frankel, Jr. An. Ch. **3**, 385; Ch. N. **60**, 262; Brand, Z. f. a. Ch. **28**, 581; Rüdorff, Z. f. ang. Ch. **15**, 6; Classen, Ber. **27**, 2060;

ab (vgl. Blei). In einer salpetersauren Lösung reduziert nun naszierender Wasserstoff bekanntlich die Säure zu niederen Stickoxyden und schließlich zu Ammoniak. Unter solchen Umständen können beim Mangan Komplikationen eintreten, besonders wenn andere Metalle noch in der Lösung vorhanden sind. Aus diesem Grunde ist eine Lösung des Sulfates, mit 2—6 Tropfen Schwefelsäure angesäuert, für elektrolytische Zwecke vorzuziehen.

Neumann hält allgemein mineralsaure Lösungen bei Abscheidungen des Mangan für vorteilhaft und beschreibt folgende erläuternde Beispiele:

a) Zu einer Lösung von 0,3 g Manganonitrat gibt man 2 ccm konzentrierter Salpetersäure, verdünnt mit Wasser auf 150 ccm und elektrolysiert bei $N. D_{100}$ = 0,3 Amp. und 3—3,5 Volt zwei Stunden lang. Man gibt zweckmäßig die Säure erst allmählich während des Ganges der Elektrolyse hinzu. Beträgt die Säuremenge 3 %, dann tritt die Übermangansäurereaktion auf (S. 24).

b) Man gibt 0,5 ccm konzentrierte Schwefelsäure zu der Lösung von 0,3 g Manganosulfat, verdünnt auf 150 ccm, erhitzt auf 60—70° und läßt auf die Lösung vier Stunden lang einen Strom von 0,4—0,6 Amp. und 4 Volt einwirken.

Sobald sich das Mangan völlig als Dioxyd abgeschieden hat, wird der Strom unterbrochen und der Niederschlag mit Wasser gewaschen. Etwa losgelöstes Dioxyd wird in einem kleinen Filter gesammelt, getrocknet und geglüht. Das an der Schale festhaftende Dioxyd wird durch Glühen in das Oxydoxydul Mn_3O_4 übergeführt und zusammen mit dem losgelösten Oxyd gewogen. Groeger hat nämlich durch jodometrische Proben festgestellt, daß die Zusammensetzung des Niederschlages nur annähernd der Formel $MnO_2 . H_2O$ entspricht, die man ihm gewöhnlich zuschreibt; ferner, daß es zwecklos ist, durch Trocknen eine bestimmte Verbindung erhalten zu wollen. Das Produkt ist vielmehr

Engels, Z. f. Elektrochem. **2**, 413; **3**, 286; Groeger, Z. f. ang. Ch. **1895** 253; Kaeppel, Z. f. anorg. Ch. **16**, 268; Currie, Ch. N. **91**, 247; Köster, Z. f. Elektrochem. **10**, 553; Scholl, J. Am. Ch. S. **25**, 1045; Köster, Z. f. Elektrochem. **10** (1904), 553.

dermaßen hygroskopisch, daß man bestimmte und einheitliche Ergebnisse nur erhält, wenn man das Dioxyd durch Glühen in das Oxydoxydul Mn_3O_4 verwandelt.

In Gegenwart großer Mengen Eisen ist obige Fällung nicht befriedigend. Daher muß man zuerst das Eisen mittels Bariumcarbonat entfernen. Wein-, Oxal- und Milchsäure verlangsamen die Bildung von Mangandioxyd. Dasselbe ist bei Anwesenheit von Phosphorsäure der Fall. Auch Kaliumsulfocyanid verhindert seine Bildung und bewirkt, wenn es zu Lösungen, in welchen das Dioxyd schon gefällt ist, hinzugesetzt wird, das Wiederauflösen des letzteren (vgl. auch unter Blei).

Classen behauptet, daß starke Mineralsäuren, wie z. B. Salpeter- oder Schwefelsäure die vollständige Abscheidung des Mangans verlangsamen. Er hält vielmehr Essigsäure für die geeignetste organische Säure bei dieser Fällung und gibt folgende Bedingungen an: 25 ccm Essigsäure von spez. Gew. 1,069, 75 ccm Wasser; Temperatur 50—68°; $N. D_{100}$ = 0,3—0,35 Amp. Spannung: 4,3—4,9 Volt. Dauer: 3 Stunden; mattierte Schale.

Engels löst das Mangansalz in 50 ccm Wasser, fügt 10 g Ammoniumacetat und $1^1/_2$—2 g Chromalaun hinzu, verdünnt dann mit Wasser auf 150 ccm, erhitzt auf 80° und wendet einen Strom von $N. D_{100}$ = 0,6—0,9 Amp. und 3—4 Volt an. Der Niederschlag wird mit Wasser und Alkohol gewaschen, getrocknet und geglüht. Die Abscheidung wird in mattierter Platinschale ausgeführt. Auch Alkohol (5—10 ccm) könnte an Stelle des Chromalauns genommen werden. In diesem Falle ist jedoch mehr Zeit für die Ausfällung erforderlich.

Kaeppel hat sich eingehend mit der Fällung des Mangans beschäftigt. Er bestätigte die Erfahrungen von Engels und fügte hinzu, daß die Zugabe von Aceton sehr wünschenswert wäre. Nach dem Vorschlag von Kaeppel wird der Elektrolyt auf 55° erwärmt, 1,5—10 g Aceton hinzufügt und dann 2—5 Stunden lang bei einem Strom von $N. D_{100}$ = 0,7—1,2 Amp. und 4—4,25 Volt elektrolysiert. Das Aceton wird hierbei in Essigsäure übergeführt, und zwar ist nach des Verfassers Ansicht die allmähliche Bildung der letzteren auf die Dioxydabscheidung von günstigerem Einfluß, als wenn sie direkt zu dem Elektrolyten hinzugesetzt würde.

In unserem Laboratorium ist auch ein Formiatelektrolyt mit guten Ergebnissen verwendet worden. So wurden zu einer Manganosulfatlösung (= 0,1100 g Metall) 5 ccm Ameisensäure (spez. Gew. 1,06) und 10 ccm Natriumformiatlösung (1 g des Salzes) hinzugefügt. Das Ganze wurde mit Wasser auf 130 ccm verdünnt und bei einem Strom von $N.D_{100}$ = 1,4 Amp. und einem Druck von 12 Volt im Anfang und von 8,6 Volt gegen Ende der Reaktion elektrolysiert. Die Fällung war nach Verlauf von $1\,{}^1/_2$ Stunden beendet. Der Dioxydniederschlag war sehr festhaftend.

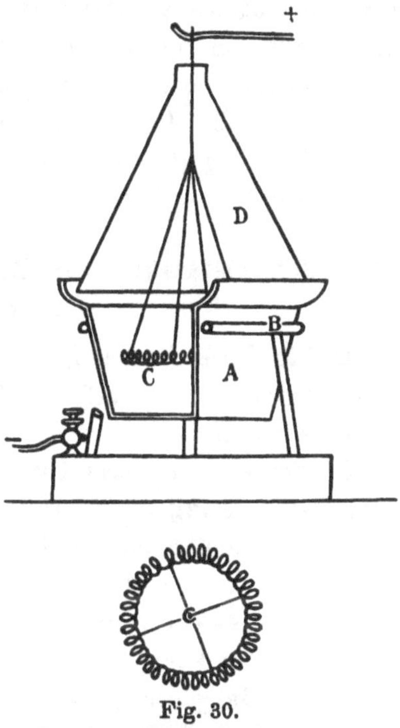

Fig. 30.
Herpins Elektrolysierapparat.

Später beobachtete man, daß die Abscheidung zufriedenstellend auch schon in bloßer Gegenwart von freier Ameisensäure ausgeführt werden konnte. Die Spannung war anfangs hoch wegen der niedrigen Leitfähigkeit der Ameisensäure, fiel jedoch im Verlaufe einer Stunde. Ein Beispiel aus vielen Versuchen soll die Bedingungen wiedergeben: Zu einer Lösung von 0,2068 g Mangan wurden 5 ccm Ameisensäure (spez. Gew. 1,09) hinzugesetzt und dann bei Zimmertemperatur mit $N.\ D_{100}$ = 0,8—1 Amp. und 6,8 Volt elektrolysiert. Die erforderliche Zeit betrug 5 Stunden. Gefunden wurde 0,2069 g Metall. Der Niederschlag aus ameisensaurem Elektrolyten ist sehr festhaftend. Ameisensäure ist demnach Essigsäure hier als Elektrolyt überlegen. Für die Trennung des Mangans von Eisen und Zink siehe S. 256, 263.

Der von Herpin vorgeschlagene Apparat (Fig. 30) kann auch für die Zersetzung von Mangansalzen gut verwendet werden. Er besteht aus einer Platinschale *A*, die auf einem Dreifuß *B* steht, welch letzterer mit der Kathode einer Batterie in Verbindung steht. Der obere Teil der Schale ist so geformt, daß darauf ein umgestülpter Glastrichter *D* gestellt werden kann, wodurch jeder Verlust durch Zerplatzen von Gasblasen verhindert wird. Die Anode besteht aus einer Platinspirale. Zur Bestimmung des Mangans muß man natürlich die Schale mit der Anode der Batterie verbinden.

Die Schnellfällung von Mangan mittels rotierender Elektrode.[1]

Die in dieser Richtung in unserem Laboratorium angestellten Versuche waren nicht erfolgreich. Köster hat folgenden Vorschlag gemacht:

Zu der etwa 130 ccm betragenden Lösung des Mangansalzes (nicht das Chlorid!) gibt man 5—10 g Ammoniumacetat, 2—3 g Chromalaun und einige Kubikzentimeter Alkohol. Dann erhitzt man die Lösung auf 75°, entfernt den Brenner und elektrolysiert bei $N.D_{100}$ = 4—4,5 Amp. und einem Druck von 7 Volt.

Ein andrer Vorschlag desselben Chemikers geht dahin, zu der Lösung des Mangansalzes 10 g Ammoniumacetat und etwa 10 ccm 96 $^0/_0$ igen Alkohol hinzuzusetzen. Die anzuwendende Stromdichte und der Druck sind von der anwesenden Manganmenge abhängig. Z. B. benutzt man bei Anwesenheit von 0,2 g oder weniger Mangan einen Strom von $N.D_{100}$ = 4—4,5 Amp. und 7—8 Volt. Ist eine größere Menge Mangan vorhanden, so nimmt man nur 2 Amp. und 4—5 Volt.

Köster erklärt, daß bei Gegenwart von mehr als 0,3 g Mangan obiger Weg nicht mehr verläßlich ist, da sich Oxyd

---

[1] Apparate wie bei Kupfer (S. 72).

selbst bei einer mattierten Elektrode dann mechanisch ablösen würde. Die zur Fällung erforderliche Zeit beträgt 20 bis 25 Minuten.

Eisen.[1]

Der Vorschlag von Parodi und Mascazzini, das Eisen aus Oxalatlösung zu fällen (S. 27), ist später von Classen ausgearbeitet und von diesem auf viele andere Metalle übertragen worden. Nach seiner Vorschrift werden 6—7 g Ammoniumoxalat in möglichst wenig Wasser aufgelöst und die Eisensalzlösung allmählich unter beständigem Umrühren hinzugefügt. Die Flüssigkeit wird dann mit Wasser auf 150—175 ccm verdünnt und bei gewöhnlicher Temperatur mit einem Strom von $N.D_{100} = 1{,}5$ Amp. und 2—4,5 Volt oder bei 40—65° Temperatur mit 0,5—1 Amp. und 2—3,5 Volt elektrolysiert. Sollte sich während der elektrolytischen Zersetzung Ferrihydroxyd abscheiden, so kann dieses leicht durch tropfenweisen Zusatz von Oxalsäure wieder aufgelöst werden. Man prüft die klare, mit Salzsäure angesäuerte Lösung mit Kaliumsulfocyanid. Der Eisenniederschlag ist von stahlgrauer Farbe und wird mit Wasser, Alkohol und Äther ausgewaschen. Man vermeide die Anwesenheit von Chloriden und Nitraten. Wenn man die von Classen empfohlenen Bedingungen sorgfältig beobachtet, erhält man sicher gute Ergebnisse. Zum Beweise, daß selbst Leute von geringer Erfahrung die beschriebene Methode erfolgreich durchführen können, sollen im folgenden zwei von einem Studenten ausgeführte Bestimmungen wiedergegeben werden:

---

[1] Literatur: Wrightson, Z. f. a. Ch. **15**, 305; Parodi und Mascazzini, G. ch. ital. **8**, 178; Z. f. a. Ch. **18**, 588; Luckow, Z. f. a. Ch. **19**, 18; Classen und v. Reiss, Ber. **14**, 1622; Classen, Z. f. Elektrochem. **1**, 288; Moore, Ch. N. **53**, 209; Smith, Am. Ch. Jr. **10**, 330; Brand, Z. f. a. Ch. **28**, 581; Drown und Mc Kenna, Jr. An. Ch. **5**, 627; Smith und Muhr, Jr. An. Ch. **5**, 488; Rüdorff, Z. f. ang. Ch. **15**, 198; Vortmann, M. f. Ch. **14**, 536; Heidenreich, Ber. **29**, 1585; Avery und Dales, Ber. **32**, 64, 2233; Verwer und Groll, Ber. **32**, 37, 806; Goecke, Dissertation, Bonn 1900; Kollock, J. Am. Ch. S. **21**, 928; Exner, J. Am. Ch. S. **25**, 903; Kollock und Smith, Am. Phil. Soc. Pr. **44**, 149; ebenda **45**, 261.

Eine bekannte Menge Ferriammoniumsulfat (= 0,0814 g Eisen) wurde in 200 ccm Wasser aufgelöst und hierzu 8 g Ammoniumoxalat hinzugefügt; die Lösung wurde auf 80° erhitzt. In zwei Stunden erhielt man bei einem Strom von 1,5 Amp. 0,0814 g Eisen. Bei einem zweiten Versuch wurde die Eisenmenge verdoppelt (= 0,1628 g Eisen), während das Ammoniumoxalat 11 g betrug. Bei 66° und einem Strom von 1 Amp. wurde 0,1619 g Eisen abgeschieden.

Nach dem Verfasser ist auch folgende Arbeitsweise für Eisenbestimmungen beachtenswert: 10 ccm Eisenlösung (= 0,1277 g Metall), 10 ccm Natriumcitratlösung (1,8 g) wurden mit 3 ccm Zitronensäure (0,059 g) versetzt, dann auf 150 ccm verdünnt und mit einem von $N.D_{100} = 0{,}8$ Amp. und 7—8 Volt bei 50° 4 ½ Stunden lang elektrolysiert. Der Eisenniederschlag wog 0,1280 g; er enthielt jedoch 0,94 % Kohlenstoff. Er wurde, wie früher angegeben, gewaschen. Bei mehreren Bestimmungen waren dem Eisen absichtlich Aluminium und Titan beigemengt worden, es wurde jedoch frei von beiden gefällt. Aus diesem Grunde hält Verfasser die Methode dennoch für nützlich.

E. F. Kern studierte im Laboratorium des Verfassers die Umstände, unter denen das elektrolytische Eisen Kohlenstoff mitreißt und kam nach langem und mühseligem Experimentieren zu folgenden Versuchsbedingungen, bei denen die Eisenniederschläge frei von Kohlenstoff erhalten werden:

Man gibt 1 g Natriumcitrat und 0,1 g Zitronensäure zu der Lösung von Eisensulfat (= 0,1 g Metall), verdünnt auf 150 ccm, erwärmt auf 60° und elektrolysiert bei $N.D_{100} = 0{,}8$—1,3 Amp. und 9 Volt. Sobald das Eisen ausgefällt ist, hebert man sogleich die Flüssigkeit ab und wäscht ohne Stromunterbrechung. Durch unnötig lange Einwirkung des Stromes nach der Fällung soll nämlich angeblich der Kohlenstoffgehalt des Eisens leicht erhöht werden.

Auch aus ammoniakalischen Tartratlösungen läßt sich Eisen fällen, reißt jedoch Kohlenstoff mit sich. Man wird daher nur bei solchen Trennungen, die man in keinen andren Lösungen ausführen kann, diesen Elektrolyten verwenden.

Eine dritte, von Moore herrührende Methode schreibt vor, glasige Phosphorsäure (15 % Säure) zu der deutlich sauren Lösung von Ferrichlorid oder -sulfat hinzuzusetzen, bis die gelbe Farbe völlig verschwindet. Dann wird ein größerer Überschuß von Ammoniumcarbonat hinzugesetzt und leicht erwärmt, bis die Flüssigkeit klar wird. Beim Elektrolysieren der auf 70° erwärmten Lösung mit einem Strom von 2 Amp. wird das Eisen schnell und vollständig mit einer Geschwindigkeit von 0,75 g pro Stunde ausgefällt. Avery und Dales behaupten anderseits, daß sie bei einem Strom von $N. D_{100}$ = 2 Amp. und 5 Volt nicht imstande gewesen wären, mehr als 0,2 g Eisen in 5 Stunden zu fällen. Das Ende der Zersetzung wird erkannt, indem man eine Probe der Lösung mit Schwefelammonium prüft. Man wäscht den Niederschlag wie oben angegeben.

Später entspann sich eine kleine Diskussion über die Abscheidung von Eisen und über dessen Einschlüsse. Avery und Dales bezweifeln nämlich, ob das Metall aus irgendeinem der in vorigen Abschnitten beschriebenen Elektrolyten vollständig ausgefällt wird; ferner behaupten sie, daß das Eisen selbst aus Oxalatlösung Kohlenstoff mit sich reißt, da Oxalsäure mindestens zum Teil in Glykolsäure übergeführt wird und Eisensalze in Gegenwart der letzteren Säure bei der Elektrolyse ein stark mit Kohlenwasserstoffen verunreinigtes Metall ergeben. Betreffs der Mooreschen Methode geben sie an, daß stets Phosphor in dem abgeschiedenen Eisen vorhanden wäre. Goecke stimmt mit diesen Chemikern in ihrer Ansicht über die Kathodenverunreinigungen überein. Verwer und Groll sind dagegen der Meinung, daß Eisen aus Oxalatlösung absolut frei von Kohlenstoff ausfalle, während Classen die kleinen beobachteten Kohlenstoffmengen nur einem Mangel an Sorgfalt und Erfahrung bei der Ausführung der vorgeschriebenen Anweisungen zuschreibt.[1]

Drown folgte einem von Wolcott-Gibbs im Jahre 1883 gemachten Vorschlage betreffend die Fällung von Metallen in Form

[1] Siehe auch Blum und Smith, Am. Phil. Soc. Pr. **46**, 59 über die kathodische Abscheidung von Kohlenstoff.

von Amalgamen (S. 54) und wandte ihn bei der Bestimmung des Eisens an. Die Probeversuche wurden mit einer Lösung von Ferroammoniumsulfat angestellt, die schwach mit Schwefelsäure angesäuert und dann mit einem großen Überschuß von Quecksilber (mindestens 50 mal das Gewicht des zu fällenden Eisens) versetzt wurde. Es wurde eine große Platinanode verwendet, während die Quecksilberkathode in den Stromkreis mittels eines Platindrahtes geschlossen wurde, welcher in eine Glasröhre gesteckt und in das eine Ende derselben eingeschmolzen war. Die Glasröhre führte durch die Flüssigkeit zur Kathode. Der für die Fällung angewandte Strom erreichte etwa 2 Amp. Drown bemerkt, daß bei Beobachtung dieser Bedingungen bis 10 g Eisen in 10—15 Stunden gefällt werden könnten. Die Zersetzung wurde in Bechergläsern ausgeführt. Das Trocknen muß vorsichtig bewirkt werden, damit sich kein Quecksilber verflüchtigt.

Die Schnellfällung von Eisen mittels einer rotierenden Anode.[1]

Der einzige Elektrolyt, aus welchem Eisen unter Anwendung hohen Stromes und hohen Druckes mittels der Schnellmethode abgeschieden wurde, war bisher Ammoniumeisenoxalat. Die Anode führte 800 Touren in der Minute aus. Die sonstigen Bedingungen können den beiden folgenden Versuchen entnommen werden:

1. Zu einer Lösung von Ferriammoniumsulfat (Eisenammoniakalaun = 0,2461 g Eisen) wurden 7,5 g Ammoniumoxalat und 1 ccm gesättigte Oxalsäurelösung hinzugesetzt. Dann wurde zum Sieden erhitzt und mit einem Strom von $N.D_{100}$ = 7 Amp. und 7,5 Volt elektrolysiert. In 25 Minuten wurde 0,2461 g Eisen gefällt. Das abgeschiedene Metall war sehr dicht und so hell, daß es von der polierten Platinschale, auf der es gefällt worden war, kaum zu unterscheiden war.

2. Bei diesem Versuch waren alle Bedingungen analog denen in Versuch (1), die Eisenmenge betrug jedoch 0,4922 g. Nach

[1] Apparate wie bei Kupfer (S. 72).

35 Minuten fand man genau diesen Betrag Metall abgeschieden. Der Verlauf der Eisenfällung aus diesem Elektrolyten ist bisher nicht bestimmt worden.

Die Schnellfällung von Eisen mittels der rotierenden Anode und der Quecksilberkathode.[1]

Zur Erläuterung dieser Fällung soll ein Beispiel dienen:

5 ccm der Lösung (0,2075 g Eisen) wurden mit 3 Tropfen konzentrierter Schwefelsäure (40 Tropfen davon kamen auf 1 ccm) versetzt und dann mit einem Strom von 3—4 Amp. und 7 Volt elektrolysiert. Die Tourenzahl der Anode betrug 500—900 in der Minute. Das Eisen wurde in sieben Minuten vollständig abgeschieden. Die Flüssigkeit wurde nun abgehebert und das Amalgam wie in den früheren Fällen mit Alkohol und Wasser gewaschen. Der Verlauf der Abscheidung war bei den soeben beschriebenen Bedingungen wie folgt:

In 2 Minuten	. . . . . .	0,1760 g Eisen
„ 4 „	. . . . . .	0,2000 „ „
„ 6 „	. . . . . .	0,2050 „ „
„ 8 „	. . . . . .	0,2075 „ „

Die folgende Tabelle enthält die zuverlässigen Versuchsbedingungen.

Versuch Nr.	Fe angewandt	Tropfen H_2SO_4	Volumen in ccm	Strom in Ampere	Volt	Touren der Anode pro Minute	Zeit in Minuten	Gefunden Eisen	Fehler
1	0,2075	7	5	4 —5	8 —7	520	14	0,2072	−0,0003
2	0,2075	4	5—15	5 —4	6,5—5	680	14	0,2078	+0,0003
3	0,2075	5	5—10	3,2—4	6,5	680	15	0,2077	−0,0003
4	0,2075	3	5	2 —2,5	7—6	680	15	0,2073	−0,0002
5	0,2075	3	5	4	6—5	680	10	0,2080	+0,0005
6	0,2075	3	5	3 —4,5	7—6	920	7	0,2078	+0,0003
7	0,2075	3	5	2 —3	6	740	9	0,2076	+0,0001
8	0,2075	3	5	2 —4	6,5—5,5	700	9	0,2076	+0,0001

[1] Apparate wie bei Kupfer (S. 76).

Ist das Metall als Chlorid vorhanden, so kann dasselbe mit Leichtigkeit elektrolysiert werden, wenn man die Vorsichtsmaßregel ergreift, über den Elektrolyten eine Schicht Toluol zu gießen (S. 88). Z. B. wurden zu 5 ccm einer reinen Ferrichloridlösung (= 0,1030 g Eisen) 10 ccm Toluol hinzugefügt und die Flüssigkeit bei einem Strom von 2—4 Amp. und 9 Volt elektrolysiert. Nach zwölf Minuten war die gesamte Metallmenge in das Quecksilber gewandert (Apparate S. 57 und 61).

Chrom.[1]

Dieses Metall konnte bis vor kurzem noch nicht elektrolytisch bestimmt werden. Neuerdings fand man jedoch (l. c.) bei der Elektrolyse einer Lösung von Chromsulfat, daß das Chrom an die Quecksilberkathode wanderte und dort gebunden blieb. Auf Grund dieser Beobachtung elektrolysierte man eine Lösung dieses Salzes in dem Quecksilberbecherchen (S. 57), ohne zunächst dabei den Elektrolyten zu rotieren. 10 ccm der Salzlösung enthielten 0,1080 g Chrom. Die Arbeitsbedingungen werden in folgender Tabelle wiedergegeben:

Tabelle der Chromfällung.

Versuch Nr.	Angewandtes Chrom	Gefundenes Chrom	Nr. der verwendeten Zelle	Tropfen H_2SO_4	Zeit in Stunden	Strombedingungen			
						Amp.	Volt	Amp.	Volt
1	0,1080	0,1079	2	2	3	0,3	7	0,55	5,5
2	0,1080	0,1070	1	3	14	0,3	7	0,55	5,5
3	0,2160	0,2157	1	4	14	0,4	7,5	0,7	6
4	0,2160	0,2160	1	4	14	0,4	7,5	0,7	6
5	0,3240	0,3235	1	8	30	0,7	7	2	6,5
6	0,3240	0,3222[2]	1	6	30	0,65	7	2,5	8

Die Anfangsspannung und -stromstärke werden auf der linken Hälfte der Rubrik: „Strombedingungen“ wiedergegeben. Während der Elektrolyse tritt dann ein allmähliches Sinken des Potentials

[1] Literatur: Myers, J. Am. Ch. S. **26**, 1128; Kollock und Smith, Am. Phil. Soc. Pr. **44**, 146.

[2] Bei diesem Versuch ging etwas Chrom mit dem Waschwasser verloren.

und Steigen des Stromes zu der Endspannung bzw. Stromstärke ein, wie sie auf der rechten Hälfte derselben Rubrik wiedergegeben werden. Chromamalgam ist nicht sehr beständig, da es schnell durch Wasser zersetzt wird, wobei sich metallisches Chrom als feines schwarzes Pulver auf der Oberfläche des Quecksilbers abscheidet. Das Amalgam muß daher so schnell wie möglich gewaschen werden. Die abgewogene Quecksilbermenge darf ferner nur für eine Zersetzung verwendet werden. Ein etwaiges Auftreten von Chromoxyd im Elektrolyten weist auf einen Säuremangel hin.

Die Schnellfällung von Chrom mittels der rotierenden Anode und der Quecksilberkathode.[1]

Zu 10 ccm Chromsulfatlösung (= 0,1180 g Metall) fügt man 3 Tropfen konzentrierter Schwefelsäure (40 Tropfen = 1 ccm) und

Tabelle zur Schnellfällung des Chroms an einer Quecksilberkathode.

Versuch Nr.	Angewandtes Cr	Tropfen H_2SO_4	Volumen in ccm	Ampere	Volt	Touren der Anode	Dauer in Minuten	Gefundenes Cr	Fehler in g
1	0,1180	5	10—15	3—4	7	280	15	0,1186	+ 0,0006
2	0,1180	3	10—15	2—4	11—9	280	15	0,1187	+ 0,0007
3	0,1180	3	10—15	1—3	9	640	20	0,1185	+ 0,0005
4	0,1180	3	8—15	1,5—3	10—8	220	15	0,1186	+ 0,0006
5	0,1180	3	10—15	1—3	11—9	520	20	0,1186	+ 0,0006
6	0,1180	3	5—15	1—2	11—9	640	17	0,1175	— 0,0005
7	0,1180	3	5—15	2—4	9—8	480	15	0,1180	—
8	0,2360	3	5—15	2,5	10	520	50	0,2355	— 0,0005
9	0,1180	5	5—15	3	7,5	400	15	0,1179	— 0,0001
10	0,1180	3	7—15	4—5	8	640	6	0,1175	— 0,0005
11	0,1180	3	7—15	3—4	10—9	640	10	0,1180	—
12	0,1180	7	7—15	3—4	10—8	200	13	0,1187	+ 0,0007
13	0,1180	3	5—15	3,5	8	640	11	0,1177	— 0,0003
14	0,2360	4	5—15	3	12	640	35	0,2359	— 0,0001
15	0,1180	3	5—15	3—4	10—8	320	11	0,1179	— 0,0001
16	0,1180	3	5—15	3—4	10	540	11	0,1182	+ 0,0002

[1] Apparate wie bei Kupfer (S. 76).

elektrolysiert bei einem Strom von 4—5 Amp. und 6 Volt, wobei man die Anode 400 Touren in der Minute beschreiben läßt. Sechs Minuten genügen reichlich zur vollständigen Fällung des Metalles. Man hebert die saure Flüssigkeit ab und wäscht das Amalgam so schnell wie möglich mit wasserfreiem Alkohol und Äther.

Vorstehende Tabelle (S. 145) gibt die Bedingungen wieder, nach denen man in jeder Beziehung zuverlässige Ergebnisse erhält.

Aus diesen Versuchen ergab sich ferner folgender Verlauf für die Abscheidung:

In 2 Minuten	. . . . . .	0,0480 g Metall
„ 4 „	. . . . . .	0,0850 „ „
„ 6 „	. . . . . .	0,1000 „ „
„ 8 „	. . . . . .	0,1105 „ „
„ 9 „	. . . . . .	0,1185 „ „
„ 10 „	. . . . . .	0,1195 „ „

Uran.[1]

Zu elektrolytischen Uranbestimmungen benutzt man am besten das Acetat, Sulfat oder Nitrat. Man verbindet die Schale, in welcher die Abscheidung ausgeführt wird, mit der negativen Elektrode der Batterie. Das Uran scheidet sich anfangs als gelbes Uranihydroxyd auf der Kathode ab; dieses wird jedoch bei fortgesetzter Einwirkung des Stromes in schwarzes Oxydoxydulhydrat verwandelt. Sobald die Lösung farblos wird, unterbricht man den Strom, wäscht die Schale mit wenig Essigsäure und siedendem Wasser und wägt den Niederschlag nach dem Trocknen und Glühen als Oxydoxydul. Sollte sich etwas Hydrat mechanisch loslösen, dann sammelt man dieses auf einem kleinen Filter und verascht und glüht es zusammen mit dem Inhalt der Schale. Folgende Beispiele geben günstige Versuchsbedingungen wieder:

[1] Literatur: Luckow, Z. f. a. Ch. **19**, 18; Smith, Am. Ch. Jr. **1**, 329; Smith und Wallace, J. Am. Ch. S. **20**, 279; Kollock und Smith, J. Am. Ch. S. **23**, 607; Kern, J. Am. Ch. S. **23**, 685; Wherry und Smith, J. Am. Ch. S. **29**, 806.

Tabelle I. Elektrolyse von Uranylacetat.

Angewandtes U_3O_8 in g	ccm 29%ige Essigsäure	ccm Verdünnung	$N. D_{107}$	Volt	Temperatur	Dauer in Stunden	U_3O_8 gefunden	Fehler in mg
0,0986	0,2	125	0,29 A	16,25	70°	5	0,0988	+ 0,2
0,0986	0,2	125	0,3 A	12,2	70	5	0,0989	+ 0,3
0,1972	0,2	125	0,3 A	10,75	70	6	0,1970	− 0,2
0,2298	0,1	125	0,09 A	4,25	70	6	0,2297	− 0,1
0,2298	0,2	125	0,07 A	4,25	70	5½	0,2299	+ 0,1

Tabelle II. Elektrolyse von Uranylnitratlösungen.

Angewandtes U_3O_8	Verdünnung in ccm	Temperatur	Stromdichte $N. D_{107}$	Volt	Dauer in Stunden	U_3O_8 gefunden	Fehler in mg
0,1222	125	75°	0,035 A	4,6	5½	0,1225	+ 0,3
0,1222	125	65°	0,04 A	2,25	7¾	0,1218	− 0,4

Auch bei der Elektrolyse des Sulfats wurden quantitative Ergebnisse erhalten. Die neutrale Salzlösung wurde auf 125 ccm verdünnt und auf 75° erhitzt, worauf man einen Strom von 0,02 bis 0,04 Amp. auf 107 qcm Kathodenoberfläche und bei 2,25 Volt durch die Flüssigkeit gehen ließ.

Elektrolyse von Uransulfat.

U_3O_8 angewandt in g	Verdünnung in ccm	Temperatur	Stromdichte	Volt	Dauer in Stunden	U_3O_8 gefunden in g	Fehler in g
0,1320	125	75°	$N. D_{107}$ = 0,02 A	2	6¼	0,1320	—
0,1320	125	75	$N. D_{107}$ = 0,02 A	2	5½	0,1322	+ 0,0002
0,1393	125	75	$N. D_{107}$ = 0,04 A	2,25	5	0,1395	+ 0,0002
0,1393	125	70	$N. D_{107}$ = 0,038 A	2,25	7	0,1392	− 0,0001

Diese Methode ermöglicht eine ausgezeichnete Trennung des Urans von den Alkali- und Erdalkalimetallen (S. 265 Tabelle).

Die Schnellfällung von Uran mittels rotierender Anode[1] (bei 600 Touren in der Minute) kann aus untenstehenden Ergebnissen ersehen werden, die man bei Anwendung einer Uransulfatlösung erhielt. Die beiden dort erwähnten Elektrolyten haben sich als völlig zufriedenstellend erwiesen. Diese Arbeitsweise wird zweifellos das Interesse der Mineralanalytiker erregen.

Schnellfällung von Uran.

Versuch Nr.	U_3O_8 angewandt in g	ccm Essigsäure	Natrium acetat in g	Ampere	Volt	Zeit in Minuten	Temperatur	U_3O_8 gefunden in g
1	0,1527	0,2	2 1/2	3	14	18	gewöhnl.	0,1513
2	0,1527	0,2	4 1/4	3	12	15	"	0,1525
3	0,2613	0,25	5 1/2	7	15	8	60°	0,2611
4	0,2613	0,25	4 1/2	4	12	3	50	0,0344
5	0,2613	0,25	4 1/2	4	12	15	50	0,0530
6	0,2613	0,25	4 1/2	4	12	10	50	0,1074
7	0,2613	0,25	4 1/2	4	12	18	50	0,1935
8	0,2613	0,25	4 1/2	4	12	25	50	0,2467
9	0,2613	0,25	4 1/2	4	12	30	50	0,2611
			Ammoncarbonat in g					
10	0,2613		1	5	15	25		0,2600
11	0,2613		2	5	13	30		0,2613

Thallium.[2]

Thallium scheidet sich aus sauren Lösungen an der Anode als Sesquioxyd ab, während es aus ammoniakalischen Flüssigkeiten teils als Metall und teils als Oxyd ausfällt. Aus Oxalatlösungen und aus den Lösungen seiner Doppelcyanide fällt es nur als Metall aus, wenn der Strom schwach ist. Das Trocknen des Niederschlages ist jedoch mit Schwierigkeiten verknüpft, da

[1] Apparate wie bei Kupfer (S. 72).

[2] Schucht, Z. f. a. Ch. **22**, 241, 490; Neumann, Ber. **21**, 356; Heiberg, Z. f. anorg. Ch. **35**, 346.

dieser sich leicht oxydiert. In dieser Beziehung ist Thallium noch empfindlicher als Blei (s. S. 99 und 103). Neumann benutzt daher den Strom zwar zur Abscheidung des Metalles, löst dann jedoch das letztere in Säure auf und mißt den freiwerdenden Wasserstoff, aus dessen Volumen er die Menge des ursprünglich vorhandenen Thalliums berechnet. Passende Apparate, diese Methode auszuführen, findet man in der oben zitierten Literatur.

Nach einem Vorschlag von Heiberg soll man zu einer Lösung von Thalliumsulfat (0,2—1,0000 g Salz) 100 ccm Wasser, 2—6 ccm Normal-Schwefelsäure und 5—10 ccm Aceton hinzusetzen. Man verwendet eine mattierte Schale, die man zur Anode macht. Nach dem Erwärmen auf 55° elektrolysiert man mit einem Strom von 0,02 und 0,05 Amp. und einem Poldruck von 1,7—2,3 Volt. Die Abscheidung ist beendet, sobald $^1/_2$ ccm des Elektrolyten in 3—5 ccm einer 5 $^0/_0$ igen Jodkaliumlösung keine Trübung mehr verursacht. Man gießt dann die Flüssigkeit schnell aus der Schale und wäscht den Oxydbelag mehrere Male mit Wasser, Alkohol und Äther. Dann trocknet man 20 Minuten lang bei 160—165° im Luftbad und läßt im Exsikkator erkalten. Etwa sieben Stunden sind für die Abscheidung erforderlich. Das Oxyd hat die Zusammensetzung Tl_2O_3.

Neuerdings fand G. W. Morden im Laboratorium des Verfassers, daß die beste Bestimmung des Thalliums erreicht wird, wenn man das Metall mittels der rotierenden Anode und der Quecksilberkathode bei Gegenwart einer Spur Zink fällt. Würde das Metall nämlich direkt in das Quecksilber gefällt werden, dann würde das resultierende Amalgam beim Waschen einen Teil seines Thalliumgehaltes an das Wasser abgeben. Dies kann indes völlig verhindert werden, indem man zu gleicher Zeit eine kleine Zinkmenge in das Quecksilber fällt. In der Tat bewahrt schon die winzige Menge von 0,7 mg Zink einen Betrag von 0,1305 g Thallium vor jedweder Oxydation. Zu der in dem Quecksilberbecherchen enthaltenen Lösung des Sulfats gibt man einen Tropfen Schwefelsäure (spez. Gew. 1,8) und elektrolysiert bei einem Strom von 5 Amp. und 11 Volt. In 10 Minuten konnten 0,2250 g

Thallium gefällt werden, worauf man das Amalgam in der üblichen Weise trocknete und wog.

Indium.[1]

Thiel sagt aus, daß Indium auf elektrolytischem Wege mit großer Genauigkeit bestimmt werden kann; er empfiehlt, es auf einer silberplattierten Platinschale abzuscheiden.

Dennis und Geer fanden, daß dieses Metall schnell aus Lösungen seines Chlorides oder Nitrates in Gegenwart von Pyridin, Hydroxylamin oder Ameisensäure gefällt werden kann. Die Abscheidung aus Oxalsäure oder Oxalatlösungen war nicht sehr zufriedenstellend. Auch aus einem Acetatelektrolyten schied sich das Metall in dunkler schwammiger Form ab, während es aus pyridinhaltigen Lösungen von glänzend weißer Farbe und sehr kompakt ausfiel.

Zur Ausführung einer Bestimmung löst man das gelbe Oxyd in $^1/_6$ Normal-Schwefelsäure, wobei man jeden Überschuß an Säure vermeidet. Man gibt dann zu dieser Lösung 25 ccm Ameisensäure (spez. Gew. 1,20) und 5 ccm Ammoniak (spez. Gew. 0,908), verdünnt auf 200 ccm und elektrolysiert bei einem Strom von $N.D_{100} = 9—12$ Amp. Die angewandte Metallmenge schwankte von 0,2—1,5 g. Die Abscheidung fand auf einer rotierenden Kathode (einer mattierten Schale) statt. Die Kathode wird nicht angegriffen, solange der Elektrolyt Ameisensäure enthält.

Platin.[2]

Lösungen von Platinsalzen geben nach schwachem Ansäuern mit Schwefelsäure bei geringer Stromstärke das Platin in Form

---

[1] Literatur: Thiel, Z. f. anorg. Ch. **39**, 119; Dennis und Geer, Ber. **37**, 175; J. Am. Ch. S. **26** (1904), 438.

[2] Literatur: Luckow, Z. f. a. Ch. **19**, 13; Classen, Ber. **17**, 2467; Smith, Am. Ch. Jr. **13**, 206; Rüdorff, Z. f. ang. Ch. 1892, 696; Langness, J. Am. Ch. S. **29**, 466.

eines glänzenden dichten Niederschlages auf der Platinschale ab, der oft so hell ist, daß man ihn kaum von der Schalenfläche selbst unterscheiden kann. Wendet man hierzu Platingefäße an, dann empfiehlt es sich, sie zuerst mit einer ziemlich dicken Kupferschicht zu überziehen und dann darauf das Metall abzuscheiden. Man wäscht den Niederschlag mit Wasser und Alkohol.

Im gewöhnlichen Gange der Gewichtsanalyse wird das Kalium häufig als Kaliumplatinchlorid K_2PtCl_6 bestimmt. Diese Arbeitsweise erfordert Zeit und Sorgfalt. Besser ist es, das Doppelsalz in Wasser zu lösen und dann die Lösung schwach mit Schwefelsäure anzusäuern (2—3 Volumprozent). Bei einem Strom von $N. D_{100} = 0{,}1 - 0{,}2$ Amp. fällt der Niederschlag in der Kälte noch schwammig aus. Erwärmt man dagegen auf 60—65° und elektrolysiert bei $N. D_{100} = 0{,}05$ Amp. und 1,2 Volt, so wird das gesamte Platin in etwa 4—5 Stunden vollkommen festhaftend niedergeschlagen. Es ist oft von so dichter Beschaffenheit, daß es nur schwer von gehämmertem Platin zu unterscheiden ist.

Im Münchener Laboratorium wird die Platinsalzlösung mit 2 Volumprozent verdünnter Schwefelsäure (1 zu 5) versetzt, auf 70° erwärmt und dann bei $N. D_{100} = 0{,}01$—$0{,}03$ Amp. elektrolysiert; die Fällung wird in fünf Stunden vollständig.

Der folgende, in unserem Laboratorium ausgeführte Versuch zeigt, daß auch die Fällung von Platin aus Lösungen, welche Natriumphosphat und freie Phosphorsäure enthalten, vollständig verläuft. Das Flüssigkeitsvolumen betrug 150 ccm, die Lösung enthielt 0,1144 g Platinmetall, 30 ccm Dinatriumphosphatlösung (spez. Gew. 1,0358) und 5 ccm Phosphorsäure (spez. Gew. 1,347), der Strom betrug 0,8 Amp. Gefunden wurde 0,1140 g Platin. Die Abscheidung fand auf einer verkupferten Platinschale statt; der Niederschlag wurde mit Wasser und Alkohol gewaschen; die Elektrolyse erforderte 10 Stunden.

Die Schnellfällung von Platin mittels der rotierenden Anode.

Bei den Versuchen zur Schnellfällung des Platins wurde eine Kaliumplatinchloridlösung benutzt. 25 ccm dieser Lösung enthielten 0,0953 g Platin. Das Metall wurde auf einer versilberten Schale abgeschieden, und zwar benutzte man hierbei die rotierende Schalenanode (S. 73).

Tabelle der Schnellfällung des Platins.

Nr. des Versuches	H_2SO_4 (1 : 10) in ccm	Volt	Ampere	Dauer in Minuten	Gewicht des Platins in g
1	5	5	10	7	0,0953
2	2,5	10	16	3	0,0952

Bei Verdoppelung des Volumens der Lösung wurden folgende Resultate erhalten:

Nr. des Versuches	H_2SO_4 (1 : 10) in ccm	Volt	Ampere	Dauer in Minuten	Gewicht des Platins in g
1	2,5	10	17	1	0,1158
2	2,5	10	18	2	0,1734
3	2,5	10	16	3	0,1855
4	2,5	10	18	4	0,1903
5	2,5	10	17	5	0,1904

Aus obigen Zahlen geht auch der Verlauf der Abscheidung hervor.

Palladium. [1]

Palladium kann aus Lösungen derselben Art und auf dieselbe Weise wie beim Platin abgeschieden werden. Jedoch erhält man einen glänzenden Metallbelag nur mittels eines Stromes von $N.D_{100} = 0{,}05$ Amp. und 1,2 Volt; andernfalls ist er schwammig.

[1] Literatur: Wöhler, Ann. **143**, 375; Schucht, Z. f. a. Ch. **22**, 242; Smith und Keller, Am. Ch. Jr. **12**, 252; Smith, Am. Ch. Jr. **13**, 206; **14**, 435; Joly und Leidié, C. r. **116**, 146; Z. f. anorg. Ch. **3**, 476; Amberg, Z. f. Elektrochem. **10** (1904), 386; Annalen **341**, 271; Langness, J. Am. Ch. S. **29**, 467.

Man hat ferner in unserem Laboratorium gefunden, daß dieses Metall schnell und vollständig aus ammoniakalischen Lösungen von Palladoammoniumchlorid $Pd(NH_3Cl)_2$ gefällt wird, welche man erhalten kann, indem man Salzsäure zu einer Ammoniumhydroxydlösung von Palladochlorid setzt. Zum Beweise der Genauigkeit dieser Methode sollen hier einige wirkliche Bestimmungen angeführt werden:

1. Eine bestimmte Menge des Doppelsalzes (= 0,2228 g Palladium) wurde in Ammoniumhydroxyd gelöst und noch 20 bis 30 ccm desselben Reagenzes (spez. Gew. 0,935) und 100 ccm Wasser hinzugefügt; dann ließ man einen Strom von 0,07—0,1 Amp. auf dieses Gemisch die Nacht hindurch einwirken. Gefunden wurde 0,2225 g Palladium.

2. Bei einem andren Versuch waren die Bedingungen analog den soeben erwähnten, mit Ausnahme des Umstandes, daß die Menge des Palladoammoniumchlorides verdoppelt und der Strom auf 0,7 Amp. gehalten wurde. Man fand hier 0,4462 g anstatt 0,4456 g; es schied sich kein Oxyd auf der Anode ab. Nach dem Trocknen hatte der Niederschlag dasselbe Aussehen wie käufliches Palladiumblech. Nach dem Waschen mit heißem Wasser (70°) trocknete man ihn in einem Luftbad bei 100 bis 115°. Am besten überzieht man die Platinschale vor der Abscheidung des Palladiums mit Silber.

Die Schnellfällung von Palladium mittels rotierender Anode.[1]

Amberg erwähnt, daß er Palladosaminchlorid in schwefelsaurer Lösung bei einem Strom von 0,3 Amp. und 1,5 Volt elektrolysiert habe, wobei er 1 g Palladium auf einer mattierten Schale in 3 Stunden erfolgreich abgeschieden habe. Die Anode führte 600—650 Touren in der Minute aus. Der Elektrolyt wurde auf 65° erwärmt; der Metallniederschlag war vollständig festhaftend

[1] Apparate unter Kupfer (S. 72).

und glich im Aussehen fast dem Platin. Derselbe Chemiker hielt das Versilbern oder Vergolden der Platinkathode für überflüssig und empfahl vielmehr, den Palladiumniederschlag direkt auf Platin zu erzeugen, von welchem er das Palladium später mittels einer gesättigten, mit einigen Kristallen Chromsäure versetzten Kaliumchloridlösung (70—80 %) auflöste. Diese frisch dargestellte Lösung wurde auf das Palladium gegossen und die Schale einige Zeit geschüttelt. Hierbei wurde das Platin nur oberflächlich, wenn überhaupt angegriffen.

In unserem Laboratorium wurden völlig analoge Ergebnisse bei der Elektrolyse einer ammoniakalischen Lösung von Palladiumammoniumchlorid erhalten. Als Anode diente die schon in vielen andren Fällen vorteilhaft verwendete Schalenanode (S. 73). Bestimmte Teile obiger Lösung (10 ccm enthielten 0,2680 g Metall) wurden mit 20 ccm siedendem, wäßrigem Ammoniak versetzt, mit Wasser auf 60 ccm verdünnt und elektrolysiert.

Ergebnisse:

Nr. des Versuches	Volt	Ampere	Dauer in Minuten	Gewicht des Pd in g
1	5—6	2+	18	0,2682
2	11	5	10	0,2680
3	17	7	5	0,2682
4	17	10	3	0,2678
5	17	10	2	0,2678
6	17	10	2	0,2683
7	17	10	2	0,2680
8	17	10	2	0,2681

Die Niederschläge waren von grauer Farbe und vollständig festhaftend. Bei den letzten drei Versuchen wurde das Palladium direkt auf der Platinschale abgeschieden und nachher durch das oben erwähnte Gemisch aus der Schale entfernt.

Bei einer zweiten Versuchsreihe betrug die anwesende Metallmenge in jedem Falle 0,5360 g. Ergebnisse:

Nr.	NH_4OH in ccm	Verdünnung in ccm	Volt	Ampere	Dauer in Minuten	Gewicht des Pd in g
1	20	60	15	14	3	0,5358
2	20	60	17	14—20	2	0,5357
3	20	60	17	14—20	1	0,4966

Die Niederschläge hatten nahezu das Aussehen von Platin. Die letztere Arbeitsweise ist besonders bei Palladium zufriedenstellend; der Zeitfaktor ist nahezu eliminiert.

Rhodium.[1]

Man hat bisher nur wenige Versuche angestellt, Rhodium elektrolytisch zu bestimmen. Seine Abscheidung aus einer sauren Phosphatlösung geht sehr schnell und vollständig vor sich. Hierzu eignet sich sehr gut ein Strom von 0,18 Amp. Im Maße des Fortschreitens der Zersetzung verschwindet allmählich die prachtvolle purpurne Farbe der Flüssigkeit und die Lösung wird, sobald die Fällung beendet ist, farblos. Die Abscheidung des Rhodiums ist möglichst auf verkupferten Schalen auszuführen. Das Metall ist gewöhnlich von schwarzer Farbe, sehr kompakt und vollständig festhaftend. Zum Waschen verwendet man heißes Wasser.

Joly fällt das Metall aus schwach schwefelsauren Lösungen.

Die Schnellfällung des Rhodiums mittels rotierender Anode.[2]

Der Elektrolyt bestand aus einer wäßrigen Lösung von Rhodiumnatriumchlorid (0,0576 g Metall), wozu 2,5 ccm verdünnter Schwefelsäure (1 : 10) gesetzt wurden. Man verdünnte dieses Gemisch mit kochendem Wasser auf 100 ccm und elektrolysierte unter Anwendung einer Spiralanode (S. 72, Fig. 25). Bei den letzten drei

[1] Literatur: Smith, Jr. An. Ch. 5, 201; Joly und Leidié, C. r. 112, 793; Langness, J. Am. Ch. S. 29, 469.

[2] Apparate wie bei Kupfer (S. 72).

Bestimmungen benutzte man auch die schon mehrfach erwähnte Schalenanode (S. 73). Die Abscheidung des Rhodiums fand auf einer silberüberzogenen Platinschale statt.

Nr.	Volt	Ampere	Dauer in Minuten	Gewicht des Rh in g
1	7	8	15	0,0577
2	7,5	8	10	0,0580
3	8	9	10	0,0575
4	8	9	7	0,0576
5	8	15	4	0,0573
6	6	11	4	0,0563
7	7	14	4	0,0567

Die Niederschläge waren festhaftend und von schwarzer Farbe. Der Verlauf der Abscheidung wurde aus einer Lösung, die 0,1153 g Metall enthielt, bestimmt. Der Strom betrug hier 15 Amp., der Druck 7 Volt. Die Ergebnisse waren folgendermaßen:

In 1 Minute . . . . . . 0,0896 g Metall
„ 2 Minuten . . . . . 0,1006 „ „
„ 2 „ . . . . 0,1104 „ „
„ 4 „ . . . . 0,1128 „ „
„ 5 „ . . . . 0,1141 „ „
„ 8 „ . . . . 0,1152 „ „
„ 10 „ . . . . 0,1153 „ „

Molybdän.[1]

Läßt man den elektrischen Strom auf ammoniakalische oder schwach saure Lösungen von Ammoniummolybdat einwirken, so tritt eine prachtvolle Farbenbildung auf, die bei fortgesetzter Ein-

[1] Literatur: Gahn, Gilberts Ann. **14**, 235; Férée, C. r. **122**, 733; Smith, Am. Ch. Jr. **1**, 329; Hoskinson und Smith, ebenda **7**, 90; Kollock und Smith, J. Am. Ch. S. **23**, 669; Exner, J. Am. Chem. S. **25**, 904; Myers, J. Am. Chem. S. **26**, 1129; Chilesotti, Gazz. Chim. ital. **33**, 349, 362; Z. f. Elektrochem. **12**, 146; Chilesotti und Rozzi, Gazz. Chim. ital. **35** (1905), 228; Wherry und Smith, J. Am. Ch. S. **29**, 806; Chilesotti, Z. f. Elektrochem. **12**, 146.

wirkung des Stromes allmählich in Schwarz übergeht. Hierbei wird der Niederschlag immer dichter und besteht schließlich aus abgeschiedenem Sesquioxydhydrat. Diese Beobachtungen wurden gemacht, als man Versuche anstellte, das Molybdän als Metall zu fällen. Die Ergebnisse waren zwar quantitativ, sie waren jedoch so zeitraubend, daß die Methode allgemeiner Anwendung nicht fähig war.

Neuerdings hat man nun diesem Gegenstand im Laboratorium des Verfassers von neuem Beachtung geschenkt. Natriummolybdat ($Na_2MoO_4 \cdot 2H_2O$) wurde aufgelöst, so daß in 125 ccm der Lösung 0,1302 g Molybdäntrioxyd vorhanden war, und dann mehrere Stunden lang mit einem Strom von 0,1 Amp. und 4 Volt behandelt. Die Temperatur des Elektrolyten betrug 75°. An den Elektroden trat zunächst keinerlei Abscheidung ein. Als man jedoch zwei Tropfen konzentrierter Schwefelsäure zu der Flüssigkeit hinzusetzte, nahm diese sofort eine tiefblaue Färbung an. Bei weiterer Einwirkung des Stromes verschwand diese Farbe wieder und die Kathode wurde mit einem schwarzen Beschlag von Sesquioxydhydrat bedeckt. Die farblose Flüssigkeit wurde nach dem Abgießen mittels Ammoniumsulfocyanat, Zink und Salzsäure geprüft, wobei man kein Molybdän mehr darin vorfand. Der Niederschlag war von glänzend schwarzer Farbe und so festhaftend, daß er ohne Gefahr ausgewaschen werden konnte. Gewöhnlich wurde hierzu die farblose Flüssigkeit durch Abhebern entfernt und zugleich kaltes Wasser ohne Stromunterbrechung hinzugetan. Der Niederschlag wurde nicht getrocknet, sondern noch feucht in der Schale in verdünnter Salpetersäure aufgelöst, diese Lösung sorgfältig zur Trockne verdampft und der Rückstand auf einer Eisenplatte erhitzt, um die letzten Spuren Säure zu vertreiben. Hierbei blieb weiße Molybdänsäure zurück. Waren in der Masse blaue Flecken vorhanden, so wurden diese durch Befeuchten des Rückstandes mit Salpetersäure und durch ein zweites Abdampfen zur Trockne entfernt. Diese Arbeitsweise wurde bei allen unseren Versuchen gehandhabt. Man konnte nämlich durch bloßes Trocknen des Sesquihydrates bei einer bestimmten Temperatur keine übereinstimmenden Ergebnisse erhalten. Ebensowenig konnte man das Sesquioxyd durch Glühen quantitativ in das Trioxyd verwandeln. Hierbei traten durch Sublimation und Verflüchtigung Verluste ein.

Tabelle zur Bestimmung des Molybdäns.

Versuch Nr.	Angewandt MoO_3 in g	ccm H_2SO_4	Verdünnung in ccm	Temperatur	Stromstärke	Volt	Dauer in Stunden	Gefunden MoO_3 in g	Fehler in g
1	0,1302	0,1	125	70°	$N.D_{107} = 0{,}022$ A	2,0	$4^3/_4$	0,1299	− 0,0003
2	0,1302	0,1	125	80°	$N.D_{107} = 0{,}045$ A	2,25	$2^1/_2$	0,1302	—
3	0,1302	0,1	125	70°	$N.D_{107} = 0{,}04$ A	2,2	$4^1/_2$	0,1302	—
4	0,2604	0,2	125	75°	$N.D_{107} = 0{,}04$ A	2,0	7	0,2603	− 0,0001
5	0,1541	0,2	125	85°	$N.D_{107} = 0{,}04$ A	1,9	$2^2/_3$	0,1541	—
6	0,1541	0,2	125	80°	$N.D_{107} = 0{,}035$ A	2,1	4	0,1540	− 0,0001

Die Methode ist genau und leicht ausführbar und erfordert verhältnismäßig wenig Zeit.

Chilesotti und Rozzi haben diese Methode bei der Bestimmung von Molybdän verwendet und ausgezeichnete Erfolge damit erzielt. Anfangs beobachteten sie, daß bei Anwesenheit von Alkalimetallen diese mit in das Molybdänsesquioxyd niedergerissen wurden, später machten sie jedoch die Entdeckung, daß durch Zugabe von Schwefelsäure das mit dem Molybdän gefällte Alkali so gut wie vollständig entfernt wurde. Bei Gegenwart von 0,75 % Kaliumsulfat genügten 0,4—0,5 % Schwefelsäure, um jedwede Alkalifällung auszuschalten.

Diese Methode kann anscheinend auch für die Bestimmung des Molybdängehaltes im Molybdänglanz von Nutzen sein. Dieser wird zunächst durch Schmelzen mit reinem Alkalicarbonat und -nitrat in Natriummolybdat bzw. -sulfat verwandt. Will man nun nach Auflösen der Schmelze mit Wasser und nachherigem Abfiltrieren der unlöslichen Oxyde den Schwefel nicht weiter bestimmen, so braucht man nur die alkalische Flüssigkeit mit verdünnter Schwefelsäure anzusäuern und kann mit der Elektrolyse beginnen. In Fällen jedoch, wo auch eine Bestimmung des Schwefels erwünscht ist, erscheint Essigsäure zum Ansäuern geeigneter. Um die Wirkung dieser zu prüfen, wurden die unten wiedergegebenen Experimente angestellt. Die mit Essigsäure angesäuerte Molybdatlösung nimmt beim Durchleiten eines Stromes keine blaue Farbe an. Der Niederschlag des Oxydhydrates ist sehr festhaftend und kann leicht ausgewaschen werden. Längere Zeit ist indes für die vollständige Ausfällung erforderlich. Es ist auch nicht ratsam, das ganze Volumen Essigsäure schon im Anfang zuzusetzen, sondern diese vielmehr allmählich von Zeit zu Zeit aus einer Bürette zufließen zu lassen.

Ergebnisse:

Versuch Nr.	Angewandt MoO_3 in g	ccm 29%ige Essigsäure	Gesamtvolum in ccm	Temperatur	Stromdichte	Volt	Dauer in Stunden	Gefunden MoO_3 in g	Fehler in g
1	0,1541	1	125	85°	$N.D_{107}$ = 0,075 A	4,4	7½	0,1541	—
2	0,1541	1	125	85°	$N.D_{107}$ = 0,075 A	4,4	3	0,1540	– 0,0001
3	0,1541	1	125	80°	$N.D_{107}$ = 0,05 A	2,5	6	0,1543	+ 0,0002

Beim letzten Versuch wurden 5 g Natriumacetat hinzugesetzt, um die Leitfähigkeit der Lösung zu erhöhen und um zu erkennen, was für einen Einfluß ein Überschuß dieses Salzes ausüben würde. Es war nämlich anzunehmen, daß, wenn Essigsäure zum Ansäuern der bei der Zersetzung des Molybdänglanzes erhaltenen alkalischen Lösung verwendet würde, Natriumacetat in beträchtlicher Menge vorhanden sein müßte. Nach diesen günstigen Vorversuchen gingen wir an die komplette Analyse des Molybdänglanzes. Abgewogene Mengen des gepulverten Minerales wurden mit Natriumcarbonat und -nitrat aufgeschlossen, dann die Schmelze mit Wasser aufgenommen, die unlöslichen Oxyde abfiltriert, mit Essigsäure angesäuert und die Flüssigkeit nach dem Fortkochen der Kohlensäure elektrolysiert. Die von dem Sesquihydroxydniederschlag abgegossene Flüssigkeit wurde zum Sieden erhitzt und daraus mit heißer Bariumchloridlösung die Schwefelsäure gefällt.

Tabelle für die elektrolytische Bestimmung des Molybdänglanzes.

Versuch Nr.	Angewandter Molybdänglanz in g	Mo gefunden %	S gefunden %
1	0,2869	57,37	38,28
2	0,1005	57,15	38,33
3	0,1388	56,83	37,87

Die Schnellfällung von Molybdänsesquioxyd mittels einer rotierenden Anode.[1]

Die Ausführung war dieselbe wie bei den andren Metallen. Die Lösung wurde mit Schwefelsäure angesäuert und dann nach folgender Tabelle behandelt:

Versuch Nr.	Angewandt MoO_3 in g	Verd. H_2SO_4 in ccm (1 : 10)	K_2SO_4 in g	Strom in Amp.	Volt	Zeit in Min.	MoO_3 gefunden in g
1	0,1200	2	1	5	16	30	0,1197
2	0,1200	2	1	5	16	5	0,0335
3	0,1200	2	1	5	16	9	0,0603
4	0,1200	2	1	5	16	15	0,1026
5	0,1200	2	1	5	16	20	0,1190
6	0,1200	2	1	5	16	25	0,1198

Die Gesamtverdünnung überschritt niemals 100 ccm. Die Schnelligkeit, mit der das Oxyd sich abscheidet, und die Leichtigkeit, mit der die Bestimmung ausgeführt werden kann, machen diese elektrolytische Arbeitsweise allen sonstigen Bestimmungsmethoden des Molybdäns weit überlegen.

Die Fällung von Molybdän an einer Quecksilberkathode.[2]

Beim Elektrolysieren einer wäßrigen Lösung von mit Schwefelsäure angesäuertem Molybdäntrioxyd geht bei Anwendung einer Quecksilberkathode das Molybdän vollständig als

[1] Apparate wie bei Kupfer (S. 72).

[2] Apparate S. 76.

Metall in die Kathode und bildet dort ein glänzendes, weißes Amalgam. Daher kann das Molybdän direkt auf diese Weise als Metall gewogen werden. Man kann natürlich auch eine wäßrige Lösung von Natriummolybdat, angesäuert mit Schwefelsäure, für diesen Zweck verwenden. So wurden z. B. verschiedene Mengen Natriummolybdatlösung (10 ccm enthielten 0,0950 g Metall) unter folgenden Bedingungen bei ruhender Anode elektrolysiert:

Bestimmung des Molybdäns.

Versuch Nr.	Angewandt Mo in g	Gefunden Mo in g	Nr. der verwandten Zelle	H_2SO_4 (1·832) Tropfen	Dauer in Stunden	Bedingungen			
						Amp.	Volt	Amp.	Volt
1	0,0950	0,0950	3	13	14	1,2	6	1,6	6,5 (2 Stdn.)
2	0,0950	0,0950	3	13	22	1,2	6	1,6	6 (2 Stdn.)
3	0,1900	0,1906	2	30	18	1,6	5,5	1,4	7 (4 Stdn.)
4	0,1900	0,1903	2	25	20	1,6	5,5	1,4	7 (4 Stdn.)

In der Behandlungsweise des Amalgams wurden dieselben Maßregeln wie bei den früher beschriebenen Metallen innegehalten.

Die obige Bestimmungsmethode des Molybdäns stellt auch einen ausgezeichneten Weg dar, dieses von andren Metallen zu trennen (siehe S. 266).

Gold.[1]

Gold kann vollständig aus Lösungen, in denen es in Form eines Doppelcyanides, Sulfaurates und Sulfocyanides vorliegt, oder auch in Gegenwart freier Phosphorsäure abgeschieden werden.

[1] Literatur: Luckow, Z. f. a Ch. **19**, 14; Brugnatelli, Phil. Mag. **21**, 187; Smith, Am. Ch. Jr. **13**, 206; Smith und Muhr, Am. Ch. Jr. **13**, 417; Smith, Jr. An. Ch. **5**, 204; Smith und Wallace, Ber. **25**, 779; Frankel, Jr. Fr. Ins. 1891; Persoz, Ann. Chim. Pharm. **65**, 164; Rüdorff, Z. f. ang. Ch. 1892, 695; Exner, J. Am. Ch. S. **25**, 905; Medway, Am. Jr. of Science [4. series] **18**, 58; Perkin und Preble, Elektrochemische Zeitschrift **11**, 69; Miller, J. Am. Ch. S. **25**, 896; Withrow, J. Am. Ch. S. **28**, 1350; J. Am. Ch. S. **27**, 1545.

In unserm Laboratorium sind meist Cyanid- und Sulfauratlösungen verwendet worden. Ein Beispiel soll uns die Bedingungen für das Doppelcyanid erläutern: Eine Lösung von 0,1162 g metallischem Gold wurde mit 1,5 g Kaliumcyanid und 150 ccm Wasser versetzt. Dann erhitzte man auf 55° und elektrolysierte mit einem Strom von $N. D_{100} = 0{,}38$ Amp. und 2,7 bis 3,8 Volt. Die Fällung war in 1 ½ Stunden vollständig. Das abgeschiedene Gold wog 0,1163 g. Es wurde mit kaltem und heißem Wasser gewaschen. Das Metall kann entweder auf versilberten oder auf verkupferten Platingefäßen abgeschieden werden, oder auch direkt auf einer Platinschale. In letzterem Falle löst man nach dem Wägen das Gold wieder ab, indem man sehr verdünnte Kaliumcyanidlösung in die Schale eingießt und dann die letztere mit der Anode einer Batterie verbindet, die einen sehr schwachen Strom liefert.

Perkin und Preble lösen das Gold vom Platin, indem sie in die Schale 100 ccm Wasser gießen, das 2—3 g Kaliumcyanid enthält, und dazu 5 ccm Wasserstoffsuperoxyd hinzufügen. In der Kälte sind 2—3 Minuten zum Lösen des Goldes erforderlich. Eine Minute genügt schon, wenn man die Lösung leicht erwärmt.

Die Abscheidung von Gold aus einer Natriumsulfidlösung (spez. Gew. 1,18) ist ebenso zufriedenstellend wie die soeben beschriebene. Der Strom soll etwa 0,1—0,2 Amp. bei einer Gesamtverdünnung von ca. 125 ccm betragen. Das abgeschiedene Metall ist sehr festhaftend und von glänzender, gelber Farbe.

Die Schnellfällung von Gold mit Hilfe einer rotierenden Anode.

Man benutzt einen Doppelcyanidelektrolyten und folgt den Bedingungen der folgenden Tabelle:

Angewandt Gold in g	KCN in g	Stromdichte $N. D_{100}$ = A.	Volt	Dauer in Minuten	Gefunden Gold in g
0,0290	1,0	5	11	10	0,0289
0,0725	2,0	5	11	11	0,0725
0,1450	1,5	5	11	7	0,1447

Die Anode läßt man 500 Touren in der Minute ausführen. Bei obigen Beispielen waren die Niederschläge ausgezeichnet. Withrow fand bei der Ausarbeitung dieser Methodik folgende Ergebnisse:

Versuch Nr.	Angewandt Gold in g	KCN in g	Verdünnung in ccm	Stromstärke Ampere	Volt	Umdrehungen pro Minute	Dauer in Minuten	Gefunden Gold in g
1	0,5222	5	60	10	10 —8	800	10	0,5216
2	0,5222	5	60	10 —10,2	10 —7,3	800	12	0,5226
3	0,5222	2,5	55	10 —10,8	14,5—9,6	800	10	0,5222
4	0,5222	2,5	55	10 —10,3	14 —9,4	810	12	0,5234
5	0,5465	3,5	60	10 —10,5	8,3—7	790	12	0,5461
6	0,5465	5	60	10 —10,2	9,3—8,3	790	1	0,1891
7	0,5465	5	60	10,2—10,5	8,3—7	800	3	0,4341
8	0,5465	5	60	10 —10,3	9,6—7,1	825	5	0,5286
9	0,5465	5	60	10	8,6—6,7	780	7	0,5437
10	0,5465	5	60	10,3—10	8,3—6,3	790	11	0,5468
11	0,5465	5	60	16	7,8—6,8	790	12	0,5467

Der Verlauf der Abscheidung geht leicht aus diesen Daten hervor.

In einem Alkalisulfidelektrolyten können ebenso zufriedenstellende Ergebnisse erhalten werden. Man bringt das Alkalisulfid in die Kathodenschale, läßt die Anode rotieren und gibt dann aus einer Pipette die Goldchloridlösung hinzu. (S. Tab. S. 164.)

Die Schnellfällung von Gold mittels einer rotierenden Anode und einer Quecksilberkathode.[1]

Man bringt die Goldchloridlösung in die schon öfters erwähnte Amalgamzelle und gießt 10 ccm Toluol darauf. Dann elektrolysiert man mit einem Strom von 2—3 Amp. und 10 Volt. Das Gold wird sehr schnell abgeschieden. Die übrigen Einzelheiten der Ausführung sind wie bei den früheren Metallen. Fünf Minuten sind mehr als hinreichend, um 0,15—0,2 g Metall zu fällen.

[1] Apparate wie bei Kupfer (S. 76).

Versuch Nr.	Angewandt Gold in g	Na_2S in ccm	Verdünnung in ccm	Stromstärke in Ampere	Volt	Tourenzahl der Anode pro Minute	Dauer in Minuten	Gefunden Gold in g
1	0,2878	15	60	10 — 8,8	7,6— 7,2	810	7	0,2891
2	0,2878	30	60	10,1—10,3	6,9— 6	840	7	0,2879
3	0,2878	30	60	9,8—10,1	7,8	830	7	0,2897
4	0,2878	15	60	10 — 9,8	11,6—11,1	840	7	0,2898
5	0,2878	20	60	10	11,6— 9	800	7	0,2905
6	0,2878	30	60	10,2—10,5	8,8— 7,4	830	7	0,2883
7	0,2878	20	60	10,1—10	9,1— 8,2	850	7	0,2885
8	0,2878	15	60	10	11,5—10	840	7	0,2887
9	0,2878	30	60	10,1—10	9,4— 8,5	850	1	0,1165
10	0,2878	30	60	10	8 — 7	850	6	0,2870
11	0,2878	30	60	10 —10,2	9 — 7,9	850	3	0,2365

Zinn.[1]

Zinn kann elektrolytisch aus einer Lösung von Ammoniumzinnoxalat abgeschieden werden. Es ist ratsam, bei dieser Elektrolyse nicht Kaliumoxalat anzuwenden, weil sich in diesem Falle sehr leicht ein basisches Salz an der Anode abscheidet.

Classen fügt 120 ccm einer gesättigten Ammoniumoxalatlösung zu der Flüssigkeit, die 0,9—1,0 g Stanniammoniumchlorid enthält, hinzu und elektrolysiert bei 30—35° mit einem Strom von 0,3—0,6 Amp. und 2,8—3,8 Volt. Von Zeit zu Zeit muß saures Ammoniumoxalat hinzugefügt werden, falls größere Metall-

[1] Literatur: Luckow, Z. f. a. Ch. **19**, 13; Classen und v. Reiss, Ber. **14**, 1622; Gibbs, Ch. N. **42**, 291; Classen, Ber. **17**, 2467; **18**, 1104; Bongartz und Classen, Ber. **21**, 2900; Rüdorff, Z. f. ang. Ch. **1892**, 199; Classen, Ber. **27**, 2060; Engels, Z. f. Elektrochem. **2**, 418; Freudenberg, Z. f. phys. Ch. **12**, 121; Heidenreich, Ber. **28**, 1586; Campbell und Champion, J. Am. Ch. S. **20**, 687; Klapproth, Dissertation, Hannover, 1901; Classen, Z. f. Elektrochem. **1**, 289; Henz, Z. f. anorg. Ch. **37**, 40; Fischer und Boddaert, Z. f. Elektrochem. **10**, 951; Medway, Am. Jr. of Science [4. series] **18**, 57; Danneel und Nissenson, Internationaler Kongreß für angew. Chemie (1903), Bd. **4**, 678; Exner, J. Am. Ch. S. **25**, 905; Kollock und Smith, J. Am. Ch. S. **27**, 1532 und 1546; Witmer, J. Am. Ch. S. **29**, 473.

mengen zu fällen sind. Das Zinn scheidet sich in glänzender, weißer, festhaftender Form ab. Es wird in der üblichen Weise gewaschen und gewogen. Die für die Fällung benötigte Zeit beträgt gewöhnlich neun Stunden. Dieser Faktor kann indes, wie aus dem folgenden Beispiel hervorgeht, reduziert werden: Man säuert die Lösung, die 0,4 g Zinn und 4 g Ammoniumoxalat enthält, mit 9—10 g Oxalsäure an, erhitzt auf 60—65° und elektrolysiert mit einem Strom von $N.D_{100} = 1—1{,}5$ Amp. Auch Essigsäure könnte man an Stelle der Oxalsäure nehmen. Durch Schmelzen mit Kaliumbisulfat kann das Zinn von der Schale wieder entfernt werden.

Henz löst den Zinniederschlag in mit einem Überschuß von Oxalsäure versetzter Salpetersäure auf, oder füllt die Schale mit verdünnter Salzsäure und gibt dann metallisches Zink hinein.

Campbell und Champion benutzen die Oxalatmethode zur Bestimmung des Zinns in seinen Erzen. Man schmilzt 1 g des Erzes mit 5—6 g einer Mischung gleicher Teile Soda und Schwefel $1\,^1/_2$ Stunden lang bei voller Rotglut. Dies führt man in einem Porzellantiegel aus, der in einem zweiten Tiegel aus demselben Material steht. Das Sulfostannat wird dann in 40 bis 50 ccm heißen Wassers aufgelöst, filtriert und der Rückstand, wie soeben, wieder geschmolzen. Man fügt dann Salzsäure bis zu schwachsaurer Reaktion zu den vereinigten Lösungen der Sulfosalze, wobei Stannisulfid gefällt wird, kocht dann den Schwefelwasserstoff weg und gibt noch 10 ccm Salzsäure (vom spez. Gew. 1,20) und schließlich allmählich 2—3 g Natriumsuperoxyd hinzu, bis eine klare Flüssigkeit erhalten wird. Dann kocht man drei Minuten, filtriert den ausgeschiedenen Schwefel ab, setzt wäßriges Ammoniak bis zum bleibenden Niederschlag und darauf noch 50 ccm einer 10 %igen Lösung von saurem Ammoniumoxalat. Man elektrolysiert mit einem Strom von $N.D_{100} = 0{,}1$ Amp. und 4 Volt. Den Strom läßt man über Nacht gehen. Der Niederschlag ist von heller Farbe und sehr festhaftend.

Classen hat entdeckt, daß eine einen Überschuß von

Ammoniumsulfid enthaltende Zinnlösung in starker wäßriger Verdünnung eine quantitative Abscheidung des Metalls gestattet, wenn man sie der Einwirkung eines Stromes von zwei Bunsenzellen aussetzt. In verdünnter Natrium- oder Kaliumsulfidlösung ist die Fällung unvollständig. Daher müssen, falls solche Bedingungen vorliegen sollten, das Natrium- oder Kaliumsalz erst in Ammoniumsulfid verwandelt werden. Zu diesem Zweck wird die Lösung mit etwa 25 g Ammoniumsulfat (eisenfrei) versetzt und dann die Lösung sorgfältig in einem bedeckten Gefäß erwärmt, bis die Entwickelung von Schwefelwasserstoff nachläßt. Darauf erhitzt man die Flüssigkeit fünfzehn Minuten lang bis zum beginnenden Sieden. Man läßt dann abkühlen, löst etwa abgeschiedenes Natriumsulfat durch Zusatz von Wasser auf und elektrolysiert. Das Zinn scheidet sich in einer grauen, dichten Schicht ab. Man wäscht mit Wasser und Alkohol. Mitunter setzt sich etwas Schwefel auf der Zinnschicht ab. Dieser ist schwierig zu entfernen. Man kann ihn jedoch, nachdem man den Niederschlag mit Alkohol gewaschen hat, vorsichtig mittels eines leinenen Taschentuches mechanisch abwischen. Bei Anwesenheit von Kaliumsulfostannat hält Classen es für ratsam, das Zinn in das Oxalat überzuführen und dann zu elektrolysieren. Er wendet zwei Methoden an, von denen eine hier wiedergegeben werden soll:

Man zersetzt den größten Teil des Sulfosalzes mit verdünnter Schwefelsäure (die Flüssigkeit muß noch alkalisch bleiben), um den größten Teil des Schwefels als Schwefelwasserstoff zu entfernen, dann oxydiert man mit Wasserstoffsuperoxyd, bis die gebildete Metazinnsäure eine rein weiße Farbe annimmt. Man säuert nun mit Schwefelsäure an, neutralisiert mit wäßrigem Ammoniak und fügt wieder Wasserstoffsuperoxyd hinzu. Nach dem Absitzen wird die Zinnsäure abfiltriert, in Oxalsäure und Ammoniumoxalat aufgelöst und mit den im vorigen Absatz gegebenen Bedingungen elektrolysiert.

Nach Carl Engels fügt man 0,3—0,5 g Hydroxylaminchlorhydrat oder -sulfat, 2 g Ammoniumacetat und 2 g Weinsäure zu der Lösung des Zinnsalzes, verdünnt mit Wasser auf 150 ccm, erhitzt auf 60—70° und elektrolysiert bei $N. D_{100} = 1$ Amp.

Die Schnellfällung von Zinn mittels rotierender Anode.[1]

Die Schnellfällung des Zinnes ließ sich in unserm Loboratorium unter Benutzung einer Lösung von Stannoammoniumchlorid, die mit einem Überschuß einer heißen gesättigten Lösung von Ammoniumoxalat versetzt war, ohne Schwierigkeiten bewirken. Die Anode beschrieb 300 Touren in der Minute. Die richtigen Bedingungen werden in folgenden Beispielen wiedergegeben:

Angewandtes Zinn in g	Heißgesättigte Ammonium-oxalatlösung in ccm	$N. D_{100}$ Amp.	Volt	Dauer in Minuten	Gefundenes Zinn in g
0,5396	100	5	5	13	0,5392
0,2193	100	5	5,5	15	0,2193
0,4355	100	5—8	5,5—6,5	18	0,4353
1,0800	100	5	4,5	20	1,0801

Bei Benutzung eines Ammoniumsulfidelektrolyten wurde ein bestimmtes Volumen des Alkalisulfides in die Kathodenschale gebracht und die Lösung des Stannochlorides hineinpipettiert. Dann wurde heißes Wasser bis auf ein Volumen von 100 ccm hinzugesetzt. Die Anode wurde mit 500 Touren pro Minute angestellt, darauf die Schale bedeckt und der Strom geschlossen. Die Bedingungen gehen aus folgenden Versuchen hervor:

Ammonium-sulfidlösung in ccm (Sp. Gew. = 0,985)	$N. D_{100}$ Amp.	Volt	Dauer in Minuten	Angewandt Zinn in g	Gefunden Zinn in g
Im Überschuß	5,4	7	10	0,1357	0,1052
Im Überschuß	4	7,5	20	0,1357	0,1350
Im Überschuß	4	7,5	20	0,1357	0,1354
7	4,5	8	25	0,1357	0,1358
14	5,4	7,5	25	0,2714	0,2717

[1] Apparate wie bei Kupfer (S. 72).

Die Niederschläge sahen wie poliertes Silber aus. Als Stannichlorid angewendet wurde, fiel die Metallabscheidung ein wenig kristallinisch aus, war jedoch vollkommen festhaftend. Die Tourenzahl der Anode hat nur wenig oder keine Wirkung auf den Charakter der Abscheidung. Als beste Bedingungen für 0,2 g Metall ermittelte man 15—20 ccm Ammoniumsulfidlösung (spez. Gew. 0,985) bei einem Strom von $N.D_{100}$ = 5,5 Amp. und 9 Volt.

Der Verlauf der Abscheidung wurde bei einer Lösung bestimmt, die 0,5070 g Metall enthielt:

In 1 Minute	. . . . . .	0,0704 g Metall
„ 2 Minuten	. . . . . .	0,1276 „ „
„ 3 „	. . . . . .	0,1922 „ „
„ 4 „	. . . . . .	0,2475 „ „
„ 5 „	. . . . . .	0,2927 „ „
„ 10 „	. . . . . .	0,4796 „ „
„ 15 „	. . . . . .	0,4917 „ „
„ 20 „	. . . . . .	0,5070 „ „

Bei diesen Versuchen war $N.D_{100}$ = 5 Amp. und 7,5—10 Volt.

Die Schnellfällung von Zinn mittels rotierender Anode und Quecksilberkathode.

Die Quecksilberkathode wird wie bei den früheren Metallen vorbereitet.[1] Dann bringt man das Zinnsalz hinein, am besten das Sulfat (5 ccm = 0,4106 g), fügt ein wenig konzentrierte Schwefelsäure hinzu und elektrolysiert mit einem Strom von 2—4 Amp. und 5—4 Volt. Die Bedingungen wählt man etwa den in den Beispielen Tabelle S. 169 gefundenen analog.

Der Verlauf der Abscheidung ist:

In 2 Minuten	. . . . . .	0,2997 g Zinn
„ 4 „	. . . . . .	0,3974 „ „
„ 5 „	. . . . . .	0,4060 „ „
„ 6 „	. . . . . .	0,4106 „ „

[1] Siehe bei Kupfer (S. 76).

Versuch Nr.	Sn angewandt	Vol. ccm	H_2SO_4 ccm	Amp.	Volt	Dauer in Min.	Sn gefunden	Fehler in g
1	0,4106	5	0,2	2—4	5	10	0,4109	+ 0,0003
2	0,4106	5	0,2	4	5	9	0,4114	+ 0,0008
3	0,4106	5	0,2	4	5—4,5	9	0,4109	+ 0,0003
4	0,4106	6	0,5	4	5	6	0,4106	—
5	0,4106	5	0,25	4	5	6	0,4106	—
6	0,8212	10	0,5	6	5,5	9	0,8210	− 0,0002
7	0,4106	10	0,75	5	5	8	0,4107	+ 0,0001
8	0,4106	7	0,05	5	5	7	0,4106	—
9	0,4106	7	0,25	5	5	10	0,4107	+ 0,0001

Bei Benutzung eines Stromes von 5 Amp. und 5—4 Volt wurde 0,8212 g Zinn in acht Minuten abgeschieden.

Stannochlorid kann ebenfalls als Elektrolyt verwendet werden, falls eine Toluolschicht darüber ausgebreitet wird (S. 88). Zur Erläuterung mögen die folgenden Beispiele dienen: 1. 5 ccm Stannochloridlösung (= 0,0800 g Zinn) und 10 ccm Toluol wurden bei einem Strom von 2—3 Amp. und 7—6 Volt elektrolysiert. In 10 Minuten wurden a) 0,0798 g und b) 0,0806 g Metall gefällt. 2. 10 ccm Stannochloridlösung (= 0,1600 g Zinn) und 10 ccm Toluol wurden bei einem Strom von 2—3 Amp. und 7—6 Volt elektrolysiert. In 15 Minuten wurden a) 0,1595 g und b) 0,1600 g erhalten.

Antimon.[1]

Wird Antimon aus der Lösung seines Chlorides oder aus Antimonkaliumoxalatlösung gefällt, so haftet es nicht gut an der

[1] Literatur: Wrightson, Z. f. a. Ch. **15**, 300; Parodi und Mascazzini, Z. f. a. Ch. **18**, 588; Luckow, Z. f. a. Ch. **19**, 13; Classen und v. Reiss, Ber. **14**, 1622; **17**, 2467; **18**, 1104; Lecrenier, Ch. Z. **13**, 1219; Chittenden, Pro. Conn. Acad. Sci., Vol. **8**; Vortmann, Ber. **24**, 2762; Rüdorff, Z. f. a. Ch. **1892**, 199; Classen, Ber. **27**, 2060; Henz, Z. f. anorg. Ch. **37**, 29; Ost und Klapproth, Z. f. ang. Ch. **1900**, 827; Hollard, B. Soc. Chim. [series 3] **29**, 262 und C. N. **87**, 282; Fischer, Ber. **36**, 2348; Z. f. anorg. Ch. **42**, 363; Law und Perkin, Trans. Faraday Society **1** (1905), 262; Danneel und Nissenson, Internationaler Kongreß

Kathode. Es scheidet sich ferner aus einer Lösung des Kaliumantimonyltartrates nur sehr langsam ab. Seine Fällung aus kalter Ammoniumsulfidlösung verläuft zwar zufriedenstellend, aber die Verwendung dieses Reagenzes zu diesem Zweck ist nicht sonderlich angenehm, besonders wenn mehrere Analysen zu gleicher Zeit auszuführen sind. Aus diesem Grunde hat man statt dessen Kalium- oder Natriumsulfid gewählt. Das Alkalisulfid darf kein Eisen oder Aluminium enthalten.

Die Antimonlösung wird mit 80 ccm Natriumsulfidlösung (spez. Gew. 1,13—1,15) gemischt, mit Wasser auf 125 ccm verdünnt, dann bei 60—65° mit einem Strom von $N.D_{100} = 1$ Amp. und 1,1—1,7 Volt behandelt. Das Metall wird in zwei Stunden völlig gefällt. Der Niederschlag wird dann in der üblichen Weise mit Wasser und Alkohol behandelt und bei 90° getrocknet. Um sich zu vergewissern, wenn das Metall völlig abgeschieden ist, neigt man die Schale ein wenig, wodurch man eine blanke Platinoberfläche erhält. Bleibt diese für eine halbe Stunde glänzend, dann ist die Abscheidung beendet. Bei der Trennung des Antimons von Schwermetallen (z. B. von Blei) wird mitunter Alkalisulfid, das Polysulfide enthält, verwendet oder es entstehen dabei solche. Um diese zu entfernen, schlug Classen vor, zu dem in einer gewogenen Platinschale befindlichen Antimonpolysulfidgemisch eine ammoniakalische Lösung von Wasserstoffsuperoxyd hinzuzusetzen und diese zu erwärmen, bis die Flüssigkeit farblos wird. Ist dies eingetreten, dann fügt man, selbst wenn sich ein Niederschlag gebildet haben sollte, nach dem Abkühlen die Lösung des Natriummonosulfides hinzu und elektrolysiert, wie oben angegeben.

Lecrenier schreibt folgendermaßen über die soeben angegebene Methode: Die Abscheidung verläuft ganz nach Wunsch,

---

für angew. Chemie **4** (1903), 678; Exner, J. Am. Ch. S. **25**, 905; Fischer und Boddaert, Z. f. Elektrochem. **10**, 950; Langness und Smith, J. Am. Ch. S. **27**, 1524; Dormaar, Z. f. anorg. Ch. **53**, 349; Foerster und Wolf, Z. f. Elektrochem. **13**, 205; Sand, Z. f. Elektrochem. **13**, 326.

vorausgesetzt, daß die Lösung des Sulfosalzes völlig frei von Polysulfiden ist, andernfalls ist sie jedoch unvollständig. Das beim gewöhnlichen Verlauf der Analyse erhaltene Antimonsulfid enthält nun stets Schwefel. Dieser muß daher entfernt werden. Um die verschiedenen Unbequemlichkeiten, die mit dieser Methode verbunden sind, zu beseitigen, gibt man nach Zugabe des Überschusses von Natriumsulfid 50—70 ccm einer 25 $^0/_0$ igen Natriumsulfitlösung zu der Lösung und erhitzt dann die Flüssigkeit bis zur völligen Entfärbung. Man läßt dann abkühlen und schließt den Strom. Dieser kann bis zu 0,5 Amp. steigen, ohne das Ergebnis schädlich zu beeinflussen. Dies stellt jedoch nicht das Optimum der Stromstärke dar, da dann das abgeschiedene Metall sehr kohärent ist. Es ist besser, einen Strom von 0,25 Amp. zu wählen. Überschreitet die Antimonmenge nicht 0,2 g, so wird der Niederschlag festhaftend und frei von Schwefel. Man wäscht mit Wasser, Alkohol und Äther. Trotz der Anwesenheit des Natriumsulfites wird sich Schwefel auf der Anode abscheiden. Dieser beeinflußt indes nicht das Ergebnis.

Die Methode von Classen hat mehrere Nachteile:

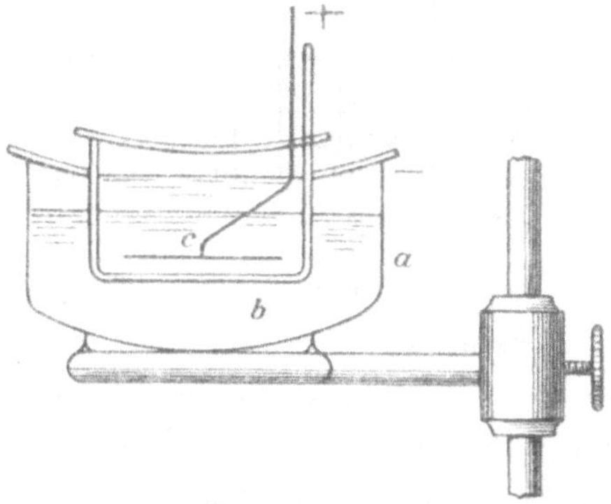

Fig. 31. Apparat zur Bestimmung des Antimons.

1. fällt die Badspannung in dem Maße, wie die Elektrolyse fortschreitet, und zwar wegen der Anhäufung von Natriumpolysulfid darin.

2. wird, falls die Elektrolyse nicht in dem geeigneten Augenblick unterbrochen wird, bereits niedergeschlagenes Antimon wieder durch das nach der Kathode diffundierte Polysulfid aufgelöst.[1] Ost und Klapproth haben versucht, durch Anwendung eines

[1] Z. f. ang. Ch. 1897, 325.

Diaphragmas diese hindernden Umstände zu umgehen. Zu diesem Zweck benutzten sie (Fig. 31) eine mattierte Schale (*a*), in welcher ein schalenförmiges Diaphragma aufgehängt wurde (*b*) (ein poröser Pukallzylinder).[1] Ein Platinstreifen (*c*) innerhalb des Diaphragmas diente als Anode, während die Platinschale selbst die Kathode bildete. Über beide Schalen wurden Glasdeckel gelegt. Die zu untersuchenden Flüssigkeiten bestanden aus einer Lösung Schlippeschen Salzes (= 0,0985 g Antimon in 10 ccm) und einer solchen von reinem Natriumsulfid (195 g Na_2S = 200 g NaOH in 1 Liter). Bei den ersten Versuchen wurde das Antimon gleichmäßig in dem ganzen Elektrolyten verteilt. Der Kathodenraum faßte 85 ccm und der Anodenraum 40 ccm der Lösung, welche 0,0985 g Antimon in 125 ccm bei wechselnden Beträgen von Natriumsulfid enthielt. Die Flüssigkeit bedeckte etwa 100 qcm der Schalenoberfläche.

Versuch Nr.	Na_2S-Lösung in ccm	Temperatur	Bad-Druck bei 1 Amp.		Stromstärke in Amp.		Gefälltes Antimon
			am Anfang	am Ende	am Anfang	am Ende	
1	5	70°	3,8 V.	3,9 V.	0,7	0,3	0,0675
2	50	gewöhnl.	1,9 „	3,8 „	0,5	0,4	0,0725
3	80	70°	2,5 „	1,7 „	1,0	1,0	0,0685
4	80	70°	1,7 „	1,3 „	1,0	1,0	0,0720

Nach Beendigung der Elektrolyse konnte bei keinem der vier Versuche Antimon in der Kathodenflüssigkeit ermittelt werden, während es in dem Anodenraum noch gelöst vorhanden war. Bei Versuch 1 war es auf der Anode in Form von Antimonpentasulfid gefällt worden.

Diese Versuche zeigten demnach, daß der Strom nicht imstande ist, Antimonionen von dem Anoden- in den Kathodenraum zu tragen.

Bei der nächsten Versuchsreihe wurden die 10 ccm Antimonlösung (= 0,0985 g Metall) nur in den Kathodenraum gebracht:

[1] Ber. **26**, 1159.

Versuch Nr.	Na_2S-Lösung in ccm	Temperatur	Badspannung bei 1 Ampere am Anfang Volt	am Ende Volt	Dauer in Stunden	Gefälltes Ammon
1	50	gewöhnl.	4,2	3,7	5	0,0970
2	50	70°	2,0	3,8	3	0,0984
3	80	70°	2,5	Temp. 32° 1,7	2	0,0990
4	50	70°	1,8	1,8	1½	0,0990

Die Ergebnisse liefern den Beweis für die Möglichkeit einer quantitativen Fällung des Antimons, da es weder in der Kathoden-, noch in der Anodenflüssigkeit nachgewiesen werden konnte.

Als das Antimon nur in den Anodenraum gebracht wurde, wurde nicht die geringste Menge Metall auf der Kathode abgeschieden. Wurde dagegen das Antimon nur in den Kathodenraum gebracht und wechselnde Mengen Natriumsulfidlösung damit gemischt, so wurden merkliche Differenzen beobachtet. Bei Gegenwart von viel Natriumsulfid und bei gleichzeitiger niedriger Badspannung wurde das gesamte Antimon an der Kathode gefällt, während bei wenig Natriumsulfid und entsprechender hoher Badspannung ein großer Betrag Antimon durch das Diaphragma hindurchwanderte und an der Anode in Form von Antimonsulfid abgeschieden wurde.

Diese Experimente zeigen uns demnach, wie wir Antimon erfolgreich bestimmen können. Seine Bestimmung auf diesem Wege ist in der Tat mit keinerlei Schwierigkeiten verknüpft.

Um den Antimonniederschlag von der Schale abzulösen, empfiehlt Ost Salpetersäure mit einem Gehalt an Weinsäure.

Vortmann hat, in der Erkenntnis der Tatsache, daß es schwierig ist, einen haftenden Niederschlag von Antimon zu erhalten, sobald die Quantität des Metalles in der Lösung 0,16 g überschritt, die Methode von Smith, der zuerst gezeigt hat, daß Quecksilber sehr zufriedenstellend aus seiner Lösung in Natriumsulfid abgeschieden werden kann, mit seiner eignen Erfahrung, daß Antimon aus einer ähnlichen Lösung als Amalgam gefällt werden kann, kombiniert und die Bestimmung des Antimons in Form des Amalgames empfohlen. Diese Arbeitsweise ist ohne Schwierigkeiten ausführbar. Man nimmt am besten auf je ein Teil Antimon zwei Teile Quecksilber. Das erstere muß in der Lösung als höheres Oxyd vorhanden sein. Zu dem Zweck digeriert man erst die antimonige Lösung mit Bromwasser und fügt dann das Natriumsulfid nebst etwas Natriumhydroxyd hinzu. Dann elektrolysiert man mit einem Strom von 0,2—0,3 Amp. Das Amalgam wird auf übliche Weise gewaschen (vgl. S. 104).

Law und Perkin empfehlen, das Antimon aus der ammoniakalischen Lösung seines Tartrates zu fällen. Zu diesem Zweck erhitzen sie den Elektrolyten auf 75° und lassen darauf einen Strom von $N.D_{100}$ = 0,2—0,5 Amp. und 2,5—3 Volt einwirken.

Fast jeder Analytiker hat anfänglich Erfahrungen, ähnlich den beschriebenen, gemacht, und viele haben wertvolle Vorschläge, sie zu umgehen, angegeben. So hat Henz, der die Vorzüge der Methoden von Lecrenier, Ost und Klapproth erkannte, um von den störenden Einflüssen der Polysulfide freizukommen, im Kaliumcyanid ein ausgezeichnetes Reduktionsmittel gefunden. Hollard hat indessen schon 1900 als erster, und demnach schon vor Henz, Fischer und Exner dieses Reagens angewandt. Kaliumcyanid reduziert nämlich äußerst schnell Polysulfide zu Monosulfiden und bildet daraus Sulfocyanide:

$$KCN + Na_2S_2 = KCNS + Na_2S.$$

Demnach wirkt 1 g Kaliumcyanid ebensogut, wie 4 g Natriumsulfit. Da das erstere auch weit löslicher ist, so genügen schon 1—2 g davon, um das Bad für die Abscheidung von 0,1 g Antimon farblos zu halten.

Wenn nun Henz auch zufriedenstellende Antimonniederschläge auf diesem Wege erhielt, so beobachtete er doch gleich andren, daß oft die Ergebnisse zu hoch ausfielen; in einigen Beispielen um 2—3 %. Er erwog auch, ob man hier nicht möglicherweise eine konstante Korrektur einführen könnte. Dormaar hat inzwischen diesem Punkt neues, sorgfältiges Studium gewidmet und gefunden, daß die sichtlich zuviel gefundene Antimonmenge, die mit der Stromstärke und der Menge des anwesenden Metalles steigt, zu einem großen Teile auf die Anwesenheit von Sauerstoff im Niederschlag und auf etwas okkludiertes Natriumsulfid zurückzuführen ist.

Wahrscheinlich war beim Arbeiten mit 0,1—0,2 g Metall diese Oxydation zu gering, um das Endergebnis zu beeinflussen, so daß sie gewöhnlich übersehen worden ist.

Die Schnellfällung von Antimon unter Anwendung einer rotierenden Anode.[1]

Exner hat als erster im Laboratorium der Pennsylvania-Universität die Schnellbestimmung des Antimons ausgeführt. Er gab zu einer Lösung von Antimonchlorid einen schwachen Überschuß von Natriumhydroxyd, Natriumhydrosulfid und Kaliumcyanid und elektrolysierte dann mit Bedingungen ähnlich den folgenden: 0,3042 g Sb (in Form von $SbCl_3$); 30 ccm 10 % ige Natronlauge, 20 ccm NaSH, 2 g KCN, $N.D_{100} = 5$ Amp. und 4,5 Volt. 20 Minuten. Gefunden: 0,3042 g Sb.

Die Anode machte 400—500 Umdrehungen in der Minute.

Später hat Langness folgenden Weg für dieselbe Methode eingeschlagen: Zu einer Lösung von Antimonchlorid (= 0,2405 g Metall) wurden 15 ccm Natriumsulfid (spez. Gew. 1,18), 3 g Kaliumcyanid und 1 ccm Natriumhydroxyd (10 %) hinzugesetzt, die Lösung mit Wasser auf 70 ccm verdünnt, nahezu zum Sieden erhitzt und dann mit $N.D_{100} = 6$ Amp. und 3,5—4 Volt elektrolysiert. Das Metall wurde völlig in 15 Minuten abgeschieden. Zahlreiche Bestimmungen wurden ausgeführt, bei denen sämtlich die Niederschläge vollkommen festhaftend waren. Das Metall war von glänzender grauer Farbe. Bei Verwendung mattierter Platinschalen konnten 0,4847 bis 1,000 g Metall in schöner und sehr kompakter Form in 20 bis 25 Minuten abgeschieden werden.

---

[1] Apparate wie bei Kupfer (S. 72).

Der Verlauf der Abscheidung, bestimmt bei einem Strom von 6,5 Amp. und 3,5 Volt, war folgender:

In	1 Minute	wurde	0,0652 g	Antimon	erhalten
„	2 Minuten	„	0,1007 „	„	„
„	3 „	„	0,1575 „	„	„
„	4 „	„	0,1969 „	„	„
„	5 „	„	0,2140 „	„	„
„	6 „	„	0,2251 „	„	„
„	7 „	„	0,2331 „	„	„
„	8 „	„	0,2369 „	„	„
„	15 „	„	0,2405 „	„	„

Das Fortlassen des Natriumhydroxydes aus dem Elektrolyten schadet nicht. Man kann auch das Volumen des Sulfides auf 10 ccm reduzieren, dann sollte jedoch eine Verminderung des Alkalicyanides auf 2 g stattfinden. Eine Verminderung des letzteren ohne gleichzeitige Verringerung der Sulfidmenge verändert leicht den Charakter des Niederschlages.

Die obige Methode wurde bei den wechselndsten Bedingungen ausprobiert und dann auf das Mineral Antimonglanz angewandt. Sehr reine Proben des letzteren wurden fein gepulvert und je 0,5 g davon mit 20 ccm oder mehr Natriumsulfid (spez. Gew. 1,18) digeriert, dann von den unlöslichen Teilen abfiltriert und nach Zugabe von 3 g Kaliumcyanid und 1 ccm Natriumhydroxyd (10 %) zum Sieden erhitzt. Dann wurde mit einem Strom von $N.D_{100}$ = 7 Amp. und 3 Volt elektrolysiert. Die Ergebnisse waren völlig zufriedenstellend. Die zur Abscheidung des Antimons erforderliche Zeit überschritt niemals 25 Minuten. Siehe auch die Trennung von Antimon und Arsen (S. 246).

Tellur.[1]

Man löst das Tellur in Salpetersäure und dampft ein. Der Rückstand wird auf einem Wasserbad nach Zugabe von 10 ccm

[1] Literatur: Pellini, Gazz. chim. ital. **34** (I), 128; Gallo, Gazz. chim. ital. **34** (II), 404—409; Gallo, Atti R. Accad. dei Lincei Roma [5] **13**, [1] 713; Gazz. chim. ital. **35**, 514 (1905); Schucht, Ch. Z. **1880**, 292, 374;

Schwefelsäure erwärmt, mit 30—40 ccm einer gesättigten Lösung sauren Ammoniumtartrates bis zur vollständigen Lösung versetzt, mit Wasser auf 250 ccm verdünnt und auf 60° erwärmt. Man läßt nun die Anode mit 800—900 Touren in der Minute rotieren und elektrolysiert mit $N.D_{100}$ = 0,12—0,09 Amp. und 1,8—1,2 Volt. Man wäscht den Niederschlag dann gründlich mit sauerstofffreiem Wasser, darauf mit Alkohol und trocknet bei etwa 90°. Ziemlich große Mengen Tellur können auf diesem Wege gefällt werden.

Gallo empfiehlt, in einer mattierten Schale destilliertes Tellur in Schwefelsäure aufzulösen und dann bis zum Erscheinen von weißen Dämpfen einzudampfen. Das Tellur löst sich hierbei als tellurige Säure. Nach dem Abkühlen gibt man einige Kubikzentimeter kochendes kohlensäurefreies Wasser zu dem weißen Rückstand und verdünnt mit einer 10 %igen Lösung von Natrium- oder Kaliumpyrophosphat auf 150 ccm. Man erwärmt nun allmählich auf 60° und elektrolysiert unter Benutzung einer Spiralanode bei einem Strom von $N.D_{100}$ = 0,025 Amp. und 1,8—2 Volt. Etwa 25 mg Tellur werden pro Stunde abgeschieden.

Arsen.[1]

Eine erfolgreiche Methode zur vollständigen elektrolytischen Abscheidung des Arsens ist noch nicht bekannt. Läßt man einen Strom auf das Chlorid einwirken, so verflüchtigt sich das Metall vollständig in Form von Arsenwasserstoff. Seine Abscheidung als

Jahresb. **1880**, 174, 1143; Schucht, Ch. N. **41**, 280; Jahresb. **1880**, 1143, 1144; Schucht, Z. f. analyt. Ch. **22** (1883), 495; Whitehead, J. Am. Ch. S. **17**, 849; Ch. N. **82**, 203.

[1] Literatur: Luckow, Z. f. a. Ch. **19**, 14; Classen und v. Reiss, Ber. **14**, 1622; Moore, Ch. N. **53**, 209; Vortmann, Ber. **24**, 2764; Schulze, Inaugural-Dissertation, Berlin (1900); Thorpe, Jr. Ch. Soc., London, **83**, 974; Sand und Hackford, Jr. Ch. Soc., London 1904, 1018; Mai und Hurt, Ch. Z. **29**, Heft 20 (1905); Z. f. Unters. Nahr. Genußm. **9**, 193—199; Frerichs und Rodenberg, Arch. d. Pharmacie **243**, 348; Thorpe, Ch. N. **88**, 7; Trotman, Jr. Ch. Soc. **23**, 177.

Metall aus Oxalatlösungen ist unvollständig, ebensowenig eignen sich Sulfosalzlösungen für die elektrolytische Fällung des Arsens.

Aus einer Lösung von 0,2662 g arseniger Säure erhielt Vortmann 0,18527 g metallisches Arsen, gleich 69,59 % (das Trioxyd enthält 75,78 % Arsen). Diese Fällung wurde nach der Amalgammethode durchgeführt (s. S. 55).

Die Daten betreffs des elektrolytischen Verhaltens von Vanadin,[1] Wolfram und Osmium sind zur Zeit noch wenig entwickelt und sollen hier daher nicht weiter angeführt werden.

II. Metalltrennungen mittels der Elektroanalyse.

Die Elektroanalyse, die den Analytiker mit Methoden zur vollständigen Abscheidung von Metallen ausstattet, erhält ihren vollen Wert erst dadurch, daß sie ihn außerdem noch instand setzt, Metalle in Mischungen voneinander zu trennen. Die in den Abschnitten über die Einzelbestimmungen gegebenen Daten könnten vielfach auch für Trennungen verwendet werden; es soll indessen, da die letzteren mitunter eine besondere Behandlungsweise erfordern, eine kurze Zusammenstellung einer Reihe von wirklich ausgeführten Metalltrennungen hier wiedergegeben werden.

Zunächst sei darauf hingewiesen, daß für Trennungen die Elektrolyten sehr variieren können. Immerhin sind jedoch die Mineralsäuren und die Doppelcyanidlösungen hierzu am besten geeignet. Daher ist auch die Mehrzahl der Trennungen in Lösungen dieser beiden Arten ausgeführt worden. Indessen sind auch, wie wir sogleich sehen werden, einige organische Säuren hierzu ganz gut brauchbar.

Die elektrolytischen Schnellbestimmungen unter Benutzung bewegter Elektrolyte ferner, die wir im Kapitel der Einzelmetalle besprochen haben, sind zum Teil auch auf Metalltrennungen anwendbar. Weitere Schnelltrennungen von Metallen werden in Kapitel III gebracht werden (S. 268).

[1] Truchot, Ann. Chim. Anal. (1902) 7, 165.

Trennungen des Kupfers.

Für die Trennungen des Kupfers eignen sich im allgemeinen saure Lösungen am besten. Betreffs Schnelltrennungen des Kupfers bei begrenzter Spannung siehe S. 280.

1. Trennung des Kupfers von Aluminium.

a) In salpetersaurer Lösung. Verdünnung: 200 ccm; 5 ccm Salpetersäure (spez. Gew. 1,30); Temperatur: 32°; $N.D_{100}$ = 1 Amp. und 3,3 Volt; Zeit: 4 Stunden.

Mit rotierender Anode: Der Apparat wird nach S. 72 angeordnet. Man verdünnt die Lösung auf 125 ccm und fügt 1 ccm Salpetersäure (spez. Gew. 1,43) hinzu. Dann elektrolysiert man mit einem Strom von $N.D_{100}$ = 3 Amp. und einer Spannung von 4—5 Volt. Die Anode soll 300—400 mal in der Minute rotieren. Die für die Abscheidung benötigte Zeit beträgt höchstens 20 Minuten. Angewandt wurden 0,2874 g Kupfer und 0,2500 g Aluminium. Gefunden wurden a) 0,2873 g, b) 0,2874 g und c) 0,2874 g Cu.[1]

b) In schwefelsaurer Lösung. Verdünnung: 150 ccm; 3 ccm konzentrierter Schwefelsäure. Temperatur: 59°; $N.D_{100}$ = 1 Amp. und 2,5 Volt. Zeit: 2 Stunden.

Mit rotierender Anode: Unter Verwendung des Apparates auf S. 72. Man bringt die Salzlösung in die Schale, verdünnt auf 125 ccm und fügt 1 ccm Schwefelsäure (spez. Gew. 1,83) hinzu und elektrolysiert dann mit einem Strom von $N.D_{100}$ = 4—5 Amp. und einem Druck von 14—8 Volt. Zeit: 10 Minuten.

Mit rotierender Anode und Quecksilberkathode: Diese Trennung wurde bei Gegenwart von 0,5 ccm Schwefelsäure (spez. Gew. 1,1) bei 1 Amp. und 4 Volt durchgeführt. In 4 Minuten war die Lösung farblos. Man ließ dann den Strom noch 6 Minuten einwirken.

---

[1] J. Am. Ch. S. **26**, 1284.

Volumen der Lösung: 10 ccm.
Angewandtes Kupfersulfat: äquivalent 0,1150 g Cu.
Angewandtes Aluminiumsulfat: äquivalent 0,1 g Al.
Schwefelsäure: 0,5 ccm (spez. Gew. 1,1).
Strom: 1—1,6 Amp. Druck: 4—4,5 Volt. Zeit: 10 Minuten.
Gefunden Cu: 0,1150, 0,1153, 0,1152 g.

c) In phosphorsaurer Lösung. Verdünnung: 225 ccm; 5 ccm Phosphorsäure (spez. Gew. 1,347); Temperatur: 77°; $N.D_{100}$ = 0,068 Amp. und 2,6 Volt. Zeit: 6 Stunden. 60 ccm Dinatriumphosphatlösung (spez. Gew. 1,0338), 0,1239 g Kupfer und 0,1000 g Aluminium waren angewandt. Das gefällte Kupfer wog 0,1240 g.[1]

Die Trennung in diesem Elektrolyten ist auch mit Hilfe der rotierenden Anode bei Beobachtung folgender Versuchsbedingungen möglich: Verdünnung: 125 ccm mit 10 ccm Phosphorsäure (spez. Gew. 1,085), 50 ccm Dinatriumphosphatlösung (10%ig), Strom: $N.D_{100}$ = 5 Amp. und 6 Volt. Zeit: 10 Minuten. Ein winziger Betrag Phosphor wurde stets in dem Kupferniederschlag gefunden; er war jedoch nicht groß genug, um das Gewicht des Kupfers merklich zu beeinflussen.

2. Kupfer von Antimon.

In weinsaurer Lösung. Man nimmt von jedem Metall je 0,1 g, wobei man darauf sieht, daß das Antimon in der höchsten Oxydationsstufe vorliegt, und fügt 8 g Weinsäure und 30 ccm Ammoniak (spez. Gew. 0,91) hinzu. Dann wird mit einem Strom von $N.D_{100}$ = 0,08—0,10 Amp. und 1,8—2 Volt bei 50° elektrolysiert. Gesamtverdünnung 150 ccm. Zeit: 5 Stunden.[2]

Smith und Wallace[3] haben diese Trennung ebenfalls mit gutem Erfolge benutzt. Auch sie betonen die Notwendigkeit, daß das Antimon in der höchsten Oxydationsstufe vorliegt. Folgende Beispiele sollen ihre Arbeitsmethode erläutern:

[1] J. Am. Ch. S. **21**, 1002.
[2] J. Am. Ch. S. **15**, 195.
[3] Jr. An. Ch. **7**, 189; Z. f. anorg. Ch. **4**, 274.

Angewandt Cu in g	Antimon in g	Verdünnung in ccm	Vol. Ammoniak in ccm (spez. Gew. 0,932)	Weinsäure in g	Volt	$N.D_{100}$ = Amp.	Gefunden Cu in g
0,0670	0,1449	175	15	3—4	1,8	0,1	0,0670
0,1341	0,1449	175	15	3—4	2,0	0,1	0,1341
0,1341	0,2898	175	15	3—4	2,0	0,08	0,1344

In dem niedergeschlagenen Kupfer war kein Antimon zu entdecken.

Siehe auch Puschin und Trechzinsky.[1]

3. Trennung des Kupfers von Arsen.

a) In ammoniakalischer Lösung. Mc Cay[2] beobachtete, daß ein durch eine deutlich ammoniakalische Kaliumarseniatlösung geleiteter Strom daraus kein Arsen abschied, während bei Gegenwart von Kupfer unter denselben Bedingungen das letztere Metall quantitativ gefällt wurde. Auf dieses Verhalten gründete er eine sehr schöne Trennung der beiden Metalle. Es darf dabei jedoch nicht zu viel Ammoniak genommen werden. Im Laboratorium des Verfassers hat die Methode von Mc Cay bei folgenden Versuchsbedingungen wiederholt ausgezeichnete Ergebnisse geliefert: Man gibt 20 ccm Ammoniumhydroxyd (spez. Gew. 0,91) und 2,5 g Ammoniumnitrat zu der 0,2121 g Kupfer und 0,1540 g Arsen enthaltenden Lösung, verdünnt mit Wasser auf 125 ccm, erwärmt auf 50—60° und elektrolysiert bei $N.D_{100}$ = 0,5 Amp. und 3,5 Volt. Das innerhalb 3 Stunden abgeschiedene Kupfer wog 0,2123 und 0,2121 g.

Drossbach[3] und Oettel[4] (s. a. Kupfer S. 68) bestätigten Mc Cays Erfahrungen.

Freudenberg nahm einen Vorschlag von Kiliani (s. S. 31) wieder auf und berücksichtigte bei dieser Trennung mehr den

[1] Ch. Z. **28**, 482; Elektroch. Z. **14**, 47.
[2] Ch. Z. **14**, 509.
[3] Ch. Z. **16**, 819.
[4] Ch. Z. **14**, (1890) 509.

Stromdruck, als die Stromstärke. Er gelangte so zu einer erfolgreichen Trennung von Kupfer und Arsen, wobei das letztere als Arseniat angewandt wurde. Er verfuhr so, daß er zu einer Lösung der beiden Metalle einen Überschuß von 30 ccm 10%igen wäßrigen Ammoniaks hinzusetzte und dann bei einem Strom von 1,9 Volt elektrolysierte, bis die Flüssigkeit farblos wurde, was gewöhnlich nach 6—8 Stunden eintrat.[1]

Mittels rotierender Anode (S. 72). Man verdünnt die Lösung auf 125 ccm, gibt 25 ccm Ammoniumhydroxyd (spez. Gew. 0,94) und 2,5 g Ammoniumnitrat hinzu und elektrolysiert mit einem Strom von $N.D_{100} = 5$ Amp. und 7 Volt. Zur Trennung von 0,2742 g Kupfer von einem gleich großen Betrage Arsen reichen meist 15 Minuten hin. Der Niederschlag ist gleichmäßig und festhaftend.[2]

Schmucker trennte Kupfer von Arsen bei Bedingungen ähnlich denen, wie sie für Kupfer und Antimon in ammoniakalischer Tratratlösung angegeben wurden (siehe oben.)

b) In Kaliumcyanidlösung. Man gibt die Kupferlösung zu derjenigen des Alkaliarsenites oder -arseniates und fügt dann eine Lösung von Cyankalium hinzu, bis der anfangs gebildete Niederschlag sich gerade wieder auflöst. Die Flüssigkeit hat dann einen leicht purpurnen Ton. Man elektrolysiert mit folgenden Bedingungen: $N.D_{100} = 0,25—0,26$ Amp. und 2,4—3,6 Volt; Verdünnung: 150 ccm; Zeit: 3 Stunden; Temperatur: 60°.

c) In saurer Lösung. Freudenberg gibt 10—20 ccm verdünnter Schwefelsäure zu der Lösung der Metalle und elektrolysiert bei 1,9 Volt Spannung. Das Arsen war teils als Trioxyd und teils als Pentoxyd vorhanden. Die Abscheidung fand über Nacht statt.[3] Angewandtes Kupfer: 0,3000 g, gefunden: 0,2997 g; angewandtes Arsen: 0,3531; das Kupfer war stets von schönem Metallglanz.

[1] Z. f. phys. Ch. **12**, 118.
[2] J. Am. Ch. S. **26**, 1285.
[3] Z. f. phys. Ch. **12**, 117.

Diese Trennung kann auch aus salpetersauren Lösungen bei derselben Spannung ausgeführt werden, ist hier jedoch nicht so gut wie aus schwefelsaurer Lösung.

Bei Benutzung der rotierenden Anode unter den für die Trennung von Kupfer und Aluminium empfohlenen Bedingungen (S. 179) kann man ebenfalls ausgezeichnete Resultate für Kupfer und Arsen erhalten.[1]

4. Trennung des Kupfers von Barium, Calcium, Magnesium, Strontium und den Alkalimetallen.

Die für die Trennung des Kupfers von Aluminium in salpetersaurer Lösung angegebenen Bedingungen können auch für dessen Trennung von den hier genannten Metallen dienen (s. S. 179).

5. Trennung von Kupfer und Blei.

Die Trennung dieser beiden Metalle ist vom technischen Standpunkt aus sehr wichtig. Es ist daher ein glücklicher Umstand, daß sie bei der Elektrolyse ihrer salpetersauren Lösung sich an entgegengesetzten Polen abscheiden. Man hat sich mit den für ihre Trennung zu beobachtenden Versuchsbedingungen ziemlich eingehend beschäftigt. Aus dem Erfahrungsmaterial, das zahlreiche Forscher in dieser Hinsicht gesammelt haben, kann man folgende Versuchsbedingungen ableiten: Die elektrolytische Flüssigkeit soll 150 ccm an Volumen betragen und 15 ccm Salpetersäure enthalten. Man erwärmt auf etwa 60° und wendet dann einen Strom von $N.D_{100} = 1—1{,}5$ Amp. und 1,4 Volt an. Als Anode wählt man eine mattierte Schale, als Kathode eine kleinere durchbrochene Schale. Im Laufe einer Stunde wird sich zwar das gesamte Blei auf der Anode abgeschieden haben, das Kupfer auf der Kathode jedoch nur teilweise; man macht vielmehr während der Zersetzung die Beobachtung, daß das Blei sich zuerst abscheidet, das Kupfer dagegen weit langsamer. Nach dem vollständigen Ausfällen des Bleies wäscht man ohne Strom-

---

[1] J. Am. Ch. S. **26**, 1285.

unterbrechung und verfährt im übrigen nach S. 100. Nachdem man dann die restierende Flüssigkeit und die Waschwässer durch Eindampfen auf 130 ccm gebracht hat, gießt man sie in eine andere gewogene Schale, macht die letztere zur Kathode und hängt die kleinere Schale hinein, auf der schon etwas Kupfer abgeschieden worden war, und macht diese zur Anode. Die Lösung gibt nunmehr beim Stromdurchgange ihr Kupfer ab, und zwar wird sich das Metall auf dem größeren Gefäß (der Kathode) abscheiden. Hinzugefügt soll noch werden, daß die von dem Bleidioxyd abfiltrierte Flüssigkeit ziemlich sauer ist und daher besser erst mit Ammoniumhydroxyd neutralisiert und dann mit 10 ccm Salpetersäure versetzt wird. Die Elektrolyse kann dann bei $N. D_{100} = 1$ Amp. und 2,2—2,5 Volt bei gewöhnlicher Temperatur durchgeführt werden.

6. Kupfer von Calcium

siehe Kupfer von Barium (S. 183).

7. Trennung des Kupfers von Chrom.

Man kann hier die für die Trennung von Kupfer und Aluminium (S. 179) angegebenen Bedingungen wählen, falls die Metalle in freier salpeter- oder schwefelsaurer Lösung vorliegen. Dies gilt auch für die Anwendung der rotierenden Anode in denselben Elektrolyten.[1]

In phosphorsaurer Lösung. Angewandt: 0,1239 g Kupfer und 0,1403 g Chrom als Sulfate. Volumen der Lösung: 225 ccm; 60 ccm Dinatriumphosphatlösung (spez. Gew. 1,033) und 8 ccm Phosphorsäure (spez. Gew. 1,347); $N. D_{100} = 0{,}062$ Amp. und 2,5 Volt; Temperatur: 65°; Dauer: 6 Stunden.[2]

Bei Benutzung der rotierenden Anode folgt man den für die Trennung von Kupfer und Aluminium in phosphorsauren Elektrolyten angegebenen Vorschriften (S. 180).[1] Das Kupfer kann hier jedoch Spuren von Phosphor einschließen.

---

[1] J. Am. Ch. S. **26**, 1285.
[2] J. Am. Ch. S. **21**, 1003.

8. Kupfer von Eisen.

a) In salpetersaurer Lösung. Hierfür können die für die Trennung von Kupfer und Aluminium angeführten Bedingungen gelten (S. 179). Bei Anwesenheit von viel Eisen treten indessen leicht Schwierigkeiten ein, da das Kupfer in diesem Fall Neigung hat, sich wieder aufzulösen.[1]

b) In schwefelsaurer Lösung. Erfahrungsgemäß geht die Trennung von Kupfer und Eisen am besten und genauesten in Gegenwart freier Schwefelsäure vor sich, wobei man die auf S. 179 für Kupfer und Aluminium vorgeschriebenen Bedingungen einhält. Nach dem vollständigen Ausfällen des Kupfers, was gewöhnlich $2^1/_2$ Stunden in Anspruch nimmt, wird die zurückbleibende Lösung abgegossen, das Kupfer gewaschen und die gesamte Flüssigkeit auf ein passendes Volumen reduziert, mit Ammoniak neutralisiert und mit 4—6 g Ammoniumoxalat versetzt. Dann wird bei 30—40° mit einem Strom von $N.D_{100} = 1—1{,}5$ Amp. und 3,4—3,8 Volt elektrolysiert. Das Eisen wird in 3—4 Stunden vollständig ausgefällt. (Classen, Neumann.)

c) In phosphorsaurer Lösung. Im Laboratorium des Verfassers hat man für die Trennung von Kupfer und Eisen auch die Phosphate bei Gegenwart freier Phosphorsäure erfolgreich angewandt und vor kurzem die geeigneten Bedingungen, soweit Stromdichte und Spannung in Betracht kommen, bestimmt. Am zufriedenstellendsten arbeitete folgende Vorschrift: Gesamtverdünnung: 225 ccm; 60 ccm Dinatriumphosphatlösung (spez. Gew. 1,0358); 10 ccm Phosphorsäure (spez. Gew. 1,347); Temperatur: 53°; $N.D_{100} = 0{,}04$ Amp. und 2,4 Volt; Dauer: 7 Stunden. Angewandt: 0,1239 g Kupfer. Gefunden: 0,1237 g.[2]

Auch bei Verwendung der rotierenden Anode wurden bei allen soeben erwähnten Elektrolyten zufriedenstellende Resultate erhalten, falls die auf S. 179 für die Trennung von Kupfer und Aluminium erwähnten Bedingungen sorgfältig innegehalten wurden.[3]

---

[1] Schweder, Berg-Hütt. Z. **36**, 5, 11, 31.

[2] Am. Ch. Jr. **12**, 329; Jr. An. Ch. **5**, 133; J. Am. Ch. S. **31**, 1002.

[3] J. Am. Ch. S. **26**, 1286.

d) In ammoniakalischer Lösung kann nach Vortmann das Kupfer von einer großen Quantität Eisen getrennt werden, wenn man die Flüssigkeit der beiden Metalle mit Ammoniumsulfat und einem Überschuß an wäßrigem Ammoniak versetzt. Vortmann behauptet, daß das hierbei ausfallende Ferrihydroxyd die Abscheidung des Kupfers nicht störe, das letztere vielmehr frei von Eisen ausfiele. Der für diese Trennung anzuwendende Strom darf $N.D_{100} = 0{,}1-0{,}6$ Amp. nicht überschreiten.[1]

Es erscheint indessen zweifelhaft, ob das Kupfer wirklich frei von Eisen ist. Die weiter unten bei der Trennung von Nickel und Eisen (S. 258) wiedergegebenen Beobachtungen lassen die obige Behauptung sehr fraglich erscheinen. In der Tat wurde im Laboratorium des Verfassers bei der Trennung des Kupfers von Eisen im Kupferkies nach obiger Methode gefunden, daß das erstere, wenn die Fällung in einer Platinschale ohne Rühren des Elektrolyten stattfand, unterschiedslos durch Eisen verunreinigt wurde, daß aber andrerseits, wenn die Lösung der Metalle in ein Becherglas gebracht und ein senkrechtes Platinblech darin zur Kathode gemacht wurde, dann das Kupfer frei von Eisen ausfiel. Das in der Platinschale suspendierte Ferrihydroxyd gelangt nämlich in unmittelbaren Kontakt mit dem Kupferniederschlag und wird dabei teilweise in metallische Form übergeführt (vgl. indessen S. 75).

e) In oxalsaurer Lösung. Die Verwendung der oxalsauren Lösung für die Trennung von Kupfer und Eisen rührt von Classen her,[2] welcher zu der Lösung der beiden Metalle (Sulfate) etwa 6—8 g Ammoniumoxalat und hinreichend Oxal-, Essig- oder Weinsäure hinzugibt, um die Flüssigkeit sauer zu machen. Die Gesamtverdünnung beträgt 150 ccm; $N.D_{100} = 1$ Amp.; Spannung: 2,9—3,4 Volt; Temperatur: 50—60°. Dauer: 3 Stunden. Es ist unbedingt notwendig, die Oxalsäure in dem Maße, wie sie zersetzt wird, nachzufüllen, da sich sonst Eisen auf dem Kupfer abscheidet. Die Methode erfordert die genaueste Beobachtung

[1] M. f. Ch. **14**, 552.
[2] Ber. **27**, 2060.

aller Einzelheiten, da man sonst unbefriedigende Resultate erhalten könnte. Dies ist wohl auch der Grund, daß die Methode in der letzten Ausgabe von Classens „Quantitative Elektrolyse" ausgelassen worden ist, da anscheinend dieser Forscher selbst das Vertrauen in sie verloren hat.

f) Zu einer Lösung von Kupfersulfat und reinem Ferrosulfat gibt man 1,5 g reines Kaliumcyanid und 10 ccm Ammoniak (spez. Gew. 0,94), verdünnt dann auf 100 ccm, läßt die Anode mit 400 Touren in der Minute rotieren und elektrolysiert dann bei einem Strom von $N. D_{100}$ = 9—11 Amp. und 10 Volt. Das Kupfer wird vollständig und frei von Eisen in 10 Minuten ausgefällt.[1]

9. Kupfer von Gold (S. 243).

10. Trennung des Kupfers von Kadmium.

a) Aus salpetersaurer Lösung. Als diese beiden Metalle zum ersten Male elektrolytisch getrennt wurden, wandte man eine freie Salpetersäure enthaltende Lösung an.[2] Die dort erhaltenen Ergebnisse sind später oft bestätigt worden. Richtig arbeitende Versuchsbedingungen kann man folgendem Beispiel entnehmen: Zu einer Lösung, in welcher 0,0988 g Kupfer und 0,1152 g Kadmium angewandt waren, wurden 2 ccm Salpetersäure vom spez. Gew. 1,43 hinzugesetzt. Die Gesamtverdünnung der Flüssigkeit betrug 100 ccm. Sie wurde auf 50° erwärmt und bei $N. D_{100}$ = 0,10 Amp. und 2,5 Volt elektrolysiert. In 3 Stunden war das Kupfer vollständig gefällt. Es war lebhaft gefärbt, wog 0,0988 g und enthielt kein Kadmium.[3]

Nach dem Ausfällen, Waschen, Trocknen und Wägen des Kupfers wurde die zurückbleibende Flüssigkeit mittels Natriumhydroxydes alkalisch gemacht, mit Kaliumcyanid bis zum Auflösen des Niederschlages versetzt und elektrolysiert, wie S. 81 angegeben.

---

[1] J. Am. Ch. S. **29**, 455.
[2] Am. Ch. Jr. **2**, 41.
[3] J. Am. Ch. S. **19**, 873; Jr. An. Ch. **7**, 253.

Dieselbe Trennung kann in wenigen Minuten mit Hilfe der rotierenden Anode unter den gelegentlich der Trennung von Kupfer und Aluminium vorgeschriebenen Bedingungen ausgeführt werden[1] (S. 179).

b) In schwefelsaurer Lösung. Aus Lösungen, in denen freie Schwefelsäure vorhanden ist, kann das Kupfer direkt ausgefällt werden, ohne daß Kadmium mitfällt. Dies geht aus folgendem Beispiel hervor: Gesamtverdünnung: 100 ccm; dazu gegeben: 10 ccm Schwefelsäure (spez. Gew. 1,09); angewandt: 0,1975 g Kupfer und 0,1828 g Kadmium; $N.D_{100}$ = 0,05—0,07 Amp. und 1,70—1,76 Volt; bei gewöhnlicher Temperatur; gefunden: 0,1976 g Kupfer.[2] Bei Erwärmen des Elektrolyten beträgt die Dauer acht Stunden.

Diese Trennung kann ferner durch genaue Innehaltung der Potentialdifferenz durchgeführt werden (Freudenberg, Z. f. ph. Chem. **12**, 116): 10—20 ccm verdünnte Schwefelsäure werden zu der Lösung der beiden Metalle hinzugesetzt und die Flüssigkeit dann mit einem 2 Volt nicht überschreitenden Strom elektrolysiert. Das Kupfer wird sehr schnell und frei von Kadmium abgeschieden.

Angewandtes Kupfer:	Angewandtes Kadmium:	Gefundenes Kupfer:
0,2734 g	0,2560 g	0,2729 g
0,4101 „	0,2958 „	0,4098 „
0,3000 „	0,4437 „	0,3003 „

Diese Trennungen wurden über Nacht ausgeführt.

Heidenreich[3] wandte Freudenbergs Vorschlag erfolgreich an, versichert jedoch, daß die Spannung 1,8 Volt bei $N.D_{100}$ = 0,07 – 0,05 Amp. nicht überschritten werden dürfe. (S. a. Denso[4].)

c) In phosphorsaurer Lösung. Die Trennung der beiden Metalle in Gegenwart freier Phosphorsäure ist im Laboratorium des

[1] J. Am. Ch. S. **26**, 1285.
[2] Am. Ch. Jr. **12**, 110.
[3] Ber. **29**, 1585.
[4] Z. f. Elektrochem. **9**, 469.

Verfassers oft befriedigend ausgeführt worden. Günstige Versuchsbedingungen sind in folgendem Beispiel wiedergegeben: Verdünnung: 125 ccm; angewandt: 0,2452 g metallisches Kupfer und 0,1827 g metallisches Kadmium; 20 ccm Dinatriumphosphatlösung (spez. Gew. 1,0353), sowie 10 ccm Phosphorsäure (spez. Gew. 1,347); Temperatur: 60°; $N.D_{100}$ = 0,07—0,08 Amp. und 2,5 Volt; Zeit: 3 Stunden.[1]

11. Trennung von Kupfer und Kalium

siehe S. 183 Kupfer von Barium.

12. Trennung des Kupfers von Kobalt.

a) In salpeter- oder schwefelsaurer Lösung kann die Trennung von Kobalt und Kupfer unter Beobachtung der für die Trennung von Kupfer und Aluminium bei Gegenwart dieser Säuren angegebenen Bedingungen ausgeführt werden (S. 179).

Wolcott Gibbs wandte schon vor vielen Jahren[2] zu diesem Zweck mineralsaure Lösungen an. Die meisten Analytiker ziehen Sulfatlösungen vor. Neumann löst z. B. je 1 g Kupfer- und Kobaltsulfat in dem erforderlichen Volumen Wasser, fügt 3 ccm konzentrierter Schwefelsäure hinzu, verdünnt auf 150 ccm und elektrolysiert mit $N.D_{100}$ = 1 Amp. bei gewöhnlicher Temperatur. Die zur vollständigen Fällung des Kupfer erforderliche Zeit variiert von $2^1/_2$—3 Stunden. Die von dem Kupferniederschlag abgegossene Lösung braucht zur Fällung des Kobaltes nur mit einem Überschuß wäßrigen Ammoniaks versetzt und dann einem stärkeren Strom ausgesetzt zu werden.[3]

b) In oxalsaurer Lösung. Auch die Doppeloxalate sind für die Trennung von Kupfer und Kobalt verwendet worden. Bei dieser Methode muß jedoch die vorgeschriebene Spannung (1,1 bis 1,3 Volt) zur Erzielung befriedigender Ergebnisse genau innegehalten werden.

---

[1] Am. Ch. Jr. **12**, 329.
[2] Z. f. a. Ch. **3**, 334.
[3] Z. f. ang. Ch. **17**, 892.

Classen, dem diese Methode zuzuschreiben ist, rät, zunächst 6 g Ammoniumoxalat zu der Salzlösung zu geben und darauf die Flüssigkeit mit Oxal-, Essig- oder Weinsäure anzusäuern. Zur Fällung von 0,25 g Kupfer sind 4 Stunden erforderlich.[1]

c) In phosphorsaurer Lösung. Folgendes Beispiel soll uns die Arbeitsweise zeigen, wenn Kupfer und Kobalt in phosphorsaurer Lösung vorliegen: Gesamtverdünnung: 225 ccm; 60 ccm Dinatriumphosphatlösung (spez. Gew. 1,033); 10 ccm Phosphorsäure (spez. Gew. 1,347) $N.D_{100} = 0{,}035$ Amp. und 1,5 Volt; Temperatur: 62°; Zeit: 6 Stunden. Angewandt: 0,1239 g Kupfer und 0,1000 g Kobalt. Gefunden: 0,1243 g Kupfer.[2]

Bei Verwendung einer rotierenden Elektrode zur Trennung von Kupfer und Kobalt dürfen schwefelsaure oder phosphorsaure Elektrolyte nicht verwendet werden. In salpetersauren Elektrolyten kann man dagegen die Trennung ganz nach Wunsch bewirken, indem man nach den für die Trennung von Kupfer und Aluminium angegebenen Vorschriften arbeitet (S. 179).[3]

13. Trennung von Kupfer und Magnesium

siehe Trennung von Kupfer und Barium usw. S. 183.

Kupfer kann von Magnesium in Salpeter-, Schwefel- oder Phosphorsäure auch mit Hilfe der rotierenden Anode unter Beobachtung der bei der Trennung von Kupfer und Aluminium angegebenen Bedingungen getrennt werden (S. 179, 180).[3]

14. Trennung von Kupfer und Mangan.

a) In schwefelsaurer Lösung. Auf S. 134 war angegeben, daß das Mangan sich aus schwefelsaurer Lösung in Form von Dioxyd auf der Anode abscheidet. Man wählt demgemäß für die Trennung von Kupfer und Mangan eine mattierte Schale als Anode. Die Lösung der beiden Metalle wird unter gleichzeitiger Zugabe von

[1] Z. f. Elektrochem. 1, 291, 292; Ber. 27, 2060; ferner: Puschin und Trechzinsky, Z. f. ang. Ch. 19, 892.

[2] J. Am. Ch. S. 21, 1003; Am. Ch. Jr. 12, 329; Jr. An. Ch. 5, 133.

[3] J. Am. Ch. S. 26, 1286.

10 Tropfen konzentrierter Schwefelsäure auf 130—150 ccm verdünnt. Als Stromdichte wählt man $N.D_{100}$ = 0,5—1 Amp. Die günstigte Temperatur ist 50 – 60°. Erforderlich sind gewöhnlich 2—3 Stunden. Erfahrungsgemäß darf nicht zu viel Mangan anwesend sein. Nach Beendigung der Abscheidung behandelt man den Niederschlag nach der auf S. 134 gegebenen Vorschrift. Das Auswaschen muß ohne Stromunterbrechung geschehen.

b) In salpetersaurer Lösung. Die Trennung von Kupfer und Mangan kann auch bei Gegenwart freier Salpetersäure bewirkt werden. Beträgt jedoch die Konzentration der letzteren mehr als 3—4 %, so scheidet das Mangan an der Anode sich nicht ab, sondern bleibt in Lösung, wobei an der Anode die rote Farbe der Übermangansäure bemerkbar wird (vgl. S. 135). Bei der wirklichen Analyse soll daher die Lösung der beiden Metalle nur mit wenigen Kubikzentimetern Säure versetzt und dann bei 60° mit den unter a) angegebenen Strombedingungen elektrolysiert werden.

Es soll hier noch einmal auf die S. 136 gemachte Feststellung betreffs des Einflusses starker Mineralsäuren hingewiesen werden. Sollten die dortigen Angaben sich tatsächlich als wahr erweisen, dann würde allerdings die soeben angegebene Trennung wertlos sein und müßte verworfen werden, wie es schon mit der Trennung in Oxalatlösung der Fall war. Nach des Verfassers persönlicher Erfahrung scheint jedoch die Trennung in schwefelsaurer Lösung zufriedenstellende Resultate zu geben. Der Gegenstand verdient indessen noch nähere Untersuchung.

Sowohl in schwefelsauren wie in salpetersauren Elektrolyten kann man auch die rotierende Anode zur Ausführung der Trennung von Kupfer und Mangan verwenden, wobei man die für Kupfer und Aluminium (S. 179) angegebenen Bedingungen innehält.[1]

c) In phosphorsaurer Lösung. Auch im Fall der Anwesenheit freier Phosphorsäure in der vereinigten Mangan- und Kupferlösung kann eine erfolgreiche Trennung bewirkt

[1] J. Am. Ch. S. **26**, 1287.

werden; denn oft wiederholte, in unserem Laboratorium angestellte Versuche haben genügend die Genauigkeit dieser Arbeitsweise bewiesen. Dies geht aus folgendem Beispiel hervor: Stromdichte: $N.D_{100} = 0{,}05$ Amp.; Spannung: 2,5 Volt; Temperatur: 56°; Zeit: 6 Stunden; Verdünnung: 225 ccm. Angewandt: Kupfer: 0,1239 g; Mangan: 0,1200 g. Gefunden: Kupfer: 0,1236 g. Zu der Lösung waren vorher hinzugefügt: 60 ccm Dinatriumphosphatlösung (spez. Gew. 1,038) und 10 ccm Phosphorsäure (spez. Gew. 1,347).[1]

Sowohl bei diesem, wie bei vielen andren Versuchen, die praktisch unter denselben Bedingungen ausgeführt wurden, war der Kupferniederschlag von dunkelroter Farbe, sehr festhaftend und enthielt kein Mangan. Das letztere schied sich nicht einmal an der Anode ab, abgesehen von der mitunter auftretenden violetten Färbung, die auf die Bildung von Übermangansäure zurückzuführen ist.

15. Trennung von Kupfer und Molybdän.

Man gibt 1,5 g Kaliumcyanid zu der Lösung der beiden Metalle, verdünnt mit Wasser auf 150 ccm, erwärmt auf 60° und elektrolysiert bei $N.D_{100} = 0{,}28$ Amp. und 4 Volt. Das Kupfer wird vollständig in 5—6 Stunden gefällt.

16. Kupfer und Natrium

siehe S. 183 unter Kupfer und Barium.

17. Trennung von Kupfer und Nickel.

a) In saurer Lösung. Diese Trennung kann bei Beobachtung der für die Trennung von Kupfer und Aluminium angegebenen Bedingungen bewirkt werden (S. 179), oder auch mittels der beim Kupfer und Kobalt (S. 189) angegebenen Vorschrift; und zwar verläuft namentlich die Trennung in salpeter- oder schwefelsaurer Lösung[2] ganz nach Wunsch des Analytikers. Die Trennung in oxalsaurer Lösung, wie sie von Classen

[1] J. Am. Ch. S. **21**, 1004; Am. Ch. Jr. **12**, 329.
[2] Wolcott Gibbs, Z. f. a. Ch. **3**, 334.

empfohlen wurde,[1] kann hier ebenfalls und zwar mit den für Kupfer und Kobalt angegebenen Bedingungen ausgeführt werden (S. 189).[2]

b) In phosphorsaurer Lösung. Verfasser hat gefunden, daß auch bei Gegenwart von freier Phosphorsäure die Trennung von Kupfer und Nickel leicht und zuverlässig ausgeführt werden kann. Zu der Lösung wurden 60 ccm Dinatriumphosphatlösung (spez. Gew. 1,033), 10 ccm Phosphorsäure (spez. Gew. 1,347) hinzugesetzt und das Ganze auf 225 ccm verdünnt; die Stromdichte betrug $N.D_{100} = 0,035$ Amp.; die Spannung 1,5 Volt; Zeit: 6 Stunden; die Temperatur 62°. Angewandt wurden: 0,1239 g Kupfer, 0,1366 g Nickel; gefunden: Kupfer: 0,1241 g.[3]

Betreffs der Bedingungen, falls Eisen, Kobalt, Zink und Kupfer gemeinsam in phosphorsaurer Lösung vorhanden sind, s. J. Am. Ch. S. **21**, 1004.

Bei dem Versuch, Nickel und Kupfer in schwefel- oder phosphorsauren Elektrolyten unter Anwendung der rotierenden Anode zu trennen, waren die Ergebnisse weniger zufriedenstellend, dagegen in einem Elektrolyten mit freier Salpetersäure ausgezeichnet: Zu der die beiden Metalle (je 0,2500 g) enthaltenden Lösung gibt man 0,25 ccm konzentrierter Salpetersäure und 3 g Ammoniumnitrat. Man elektrolysiert mit einem Strom von $N.D_{100} = 4$ Amp. und einem Druck von 5 Volt. In 15 Minuten wird die Trennung vollständig. Die Tourenzahl der Anode soll etwa 600 in der Minute betragen. Zur Erläuterung der Brauchbarkeit dieser Trennung soll hier die Analyse einer Nickelmünze wiedergegeben werden: Man löse die Münze (4,925 g) in 20 ccm konzentrierter Salpetersäure und verdünne mit einem gleichen Volumen Wasser. Dann neutralisiert man genau mit Ammoniumhydroxyd, bringt die Lösung in einen 250 ccm Meßkolben und füllt diesen mit Wasser bis zur Marke auf. Hiervon bringt man

[1] Z. f. Elektrochem. **1**, 291, 292.
[2] Z. f. Elektrochem. **9**, 469.
[3] J. Am. Ch. S. **21**, 1003.

je 25 ccm in eine gewogene Platinschale, fügt 3 g Ammoniumsulfat hinzu, verdünnt mit Wasser auf 125 ccm, erhitzt nahezu zum Sieden und elektrolysiert bei einem Strom von $N.D_{100}$ = 5 Amp. und einem Druck von 5,5 Volt zwanzig Minuten lang. (In obiger Analyse wurde 0,3691 g Kupfer, d. h. 74,95 % der Münze gefunden.)

In der vom Kupfer zurückbleibenden Lösung fällt man das Nickel mit Natriumhydroxyd und Bromwasser, filtriert und wäscht aus. Den Niederschlag löst man nun in verdünnter Schwefelsäure (= 2 ccm H_2SO_4)[1] und gibt 30 ccm konzentrierten Ammoniaks hinzu. Dann verdünnt man auf 125 ccm und elektrolysiert nach dem Erhitzen mit einem Strom von $N.D_{100}$ = 6 Amp. und einem Druck von 5 Volt (in 20 Minuten wurde 0,1217 g Nickel, d. h. 24,71 % gefällt). Die Lösung über dem Nickelniederschlag kann noch zur Bestimmung des Eisens filtriert werden. In obigem besonderen Falle wog dieses 0,0026 g, d. h. 0,35 % metallisches Eisen. $2^1/_2$ Stunden werden für die vollständige Analyse hinreichen.[2]

18. Trennung von Kupfer und Palladium (s. Trennung 19).

19. Trennung von Kupfer und Platin.

Man fügt 1,5 g reines Kaliumcyanid und 5 g Ammoniumcarbonat zu der Lösung der beiden Metalle, verdünnt mit Wasser auf 125 ccm, erwärmt auf 70° und elektrolysiert bei $N.D_{100}$ = 0,2 Amp. und 2—2,5 Volt. Das Kupfer wird in sechs Stunden vollständig ausgefällt.

Unter Benutzung der rotierenden Anode gibt man zu der Lösung der beiden Metalle 3 g Kaliumcyanid und 10—20 ccm Ammoniak und elektrolysiert dann mit einem Strom von $N.D_{100}$ = 3 Amp. und 5 Volt.

20. Kupfer und Quecksilber siehe S. 213 und 214.

[1] Zusatz von einigen Tropfen schwefliger Säure befördert das Auflösen des Niederschlages (Anm. d. Übers.).

[2] J. Am. Ch. S. 25, 906.

21. Trennung von Kupfer und Selen.

a) In Cyanidlösung. Zu der 0,0745 g Kupfer und 0,2500 g Natriumselenat enthaltenden Lösung fügt man 1 g Cyankali hinzu, verdünnt auf 150 ccm, erwärmt auf 60° und elektrolysiert bei $N.D_{100}$ = 0,2 Amp. und 4 Volt. Die Fällung ist in fünf Stunden beendet.

b) In salpetersaurer Lösung. Zu derselben Metallmenge wie unter a) gibt man 1 ccm Salpetersäure (spez. Gew. 1,43), verdünnt auf 150 ccm und elektrolysiert bei 65° mit einem Strom von $N.D_{100}$ = 0,05—0,08 Amp. und 2—2,5 Volt.

c) In schwefelsaurer Lösung. Man fügt 1 ccm konzentrierte Schwefelsäure zu der Lösung der Metalle und elektrolysiert mit $N.D_{100}$ = 0,05—0,1 Amp. und 2,25 Volt bei 65°. Die Trennung ist in fünf Stunden ausführbar.

22. Trennung von Kupfer und Silber

siehe Silber von Kupfer S. 235ff.

Classen schlug auch vor, diese beiden Metalle mit Ammoniumoxalat zu fällen, da Silberoxalat in einem Überschuß des Fällungsmittels unlöslich, das Kupfersalz dagegen darin löslich ist. Das erstere soll abfiltriert, in Kaliumcyanid aufgelöst und elektrolysiert werden, während das das Kupfer enthaltende Filtrat besonders zu elektrolysieren ist. Diese Methode ist eigentlich nicht als eine elektrolytische Trennung zu bezeichnen, wie andere gezeigt haben.[1] Außerdem fand man, daß dabei die Kupferniederschläge unterschiedslos Silber enthielten, so daß man besser nicht nach dieser Arbeitsweise verfährt.

23. Kupfer und Strontium siehe Kupfer und Barium S. 183.

24. Trennung von Kupfer und Tellur.

a) In salpetersaurer Lösung. Mehrere Jahre hindurch sind mit einigen Unterbrechungen im Laboratorium des Verfassers von D. L. Wallace Versuche über die elektrolytische Trennung

[1] J. Am. Ch. S. 16, 420.

von Kupfer und Tellur angestellt worden, wobei einheitlich günstige Ergebnisse bei folgenden Bedingungen erhalten wurden: Kupfer: 0,1543 g; Tellur: 0,1101 g; Verdünnung: 100 ccm nebst 0,5 ccm Salpetersäure (spez. Gew. 1,42); $N.D_{100}$ = 0,1 Amp. und 2,06 Volt; Temperatur: 66—70°; Zeit: 5 Stunden; gefunden: Kupfer: a) 0,1541 g, b) 0,1546 g, c) 0,1543 g, d) 0,1542 g.

b) In schwefelsaurer Lösung. Man gibt 1 ccm konzentrierte Schwefelsäure zu der Lösung der Metalle, verdünnt auf 125 ccm, erwärmt auf 65° und elektrolysiert mit $N.D_{100}$ = 0,05 bis 0,1 Amp. und 2—2,25 Volt. Sechs Stunden genügen zur Abscheidung des Kupfers.[1]

25. Trennung von Kupfer und Thallium.

Über diese Trennung liegen keine Versuche vor.

26. Trennung von Kupfer und Uran.

a) In salpetersaurer Lösung. Man gibt 0,5 ccm konzentrierte Salpetersäure zu der Lösung, verdünnt auf 150 ccm, erwärmt auf 60° und elektrolysiert mit $N.D_{100}$ = 0,14—0,27 Amp. und 2 bis 2,4 Volt. Das Kupfer wird in drei Stunden gefällt.

b) In schwefelsaurer Lösung. Die Lösung der Metalle wird mit 2 ccm konzentrierter Schwefelsäure versetzt, mit Wasser auf 150 ccm verdünnt und dann auf 50—60° erwärmt. Man elektrolysiert bei $N.D_{100}$ = 0,16 Amp. und 2 Volt. Die Fällung wird in vier Stunden vollständig.

Die Trennung von Kupfer und Uran kann auch leicht mit Hilfe der rotierenden Anode unter Beobachtung der für die Trennung von Kupfer und Aluminium angegebenen Vorschriften bewerkstelligt werden (S. 179).[2]

27. Trennung von Kupfer und Vanadin.

Hiorfür liegen keine Trennungsmethoden vor.

28. Trennung des Kupfers von Wismut (siehe S. 224).

[1] J. Am. Ch. S. **25**, 895.
[2] J. Am. Ch. S. **26**, 1287.

29. Trennung von Kupfer und Wolfram.

Für die Ausführung dieser Trennung kann man dieselben Bedingungen wie für Kupfer und Molybdän (S. 192) anwenden.

30. Trennung von Kupfer und Zink.

a) In salpetersaurer Lösung. Die auf S. 179 unter a) für Kupfer und Aluminium und S. 189 für Kupfer und Kobalt und S. 192 für Kupfer und Nickel angegebenen Bedingungen können auch zur Trennung von Kupfer und Zink verwendet werden. Die Lösung braucht nur während der Zersetzung sauer gehalten zu werden.

Hinzugefügt soll noch ein Versuch werden, bei dem eine Lösung von 0,1341 g Kupfer mit gleichen Mengen von Zink, Kobalt und Nickel, sowie 5 ccm Salpetersäure versetzt, das Gemisch dann auf 200 ccm verdünnt und mit 0,04 Amp. elektrolysiert wurde, wobei man 0,1339 g Kupfer erhielt.

Zur Benutzung der rotierenden Elektrode bei der Ausführung dieser Trennung fügt man zu der Lösung der Metalle 3 g Ammoniumnitrat und 0,25 ccm konzentrierte Salpetersäure und elektrolysiert mit einem Strom von $N. D_{100} = 5$ Amp. und 9 Volt; Zeit: 15 Minuten.

b) In schwefelsaurer Lösung. Die Bedingungen sind hier den für die Trennung von Kupfer und Aluminium auf S. 179, Kobalt S. 189 und Nickel S. 192 analog. Auch in diesen Elektrolyten wird die Trennung durch Anwendung der rotierenden Anode wesentlich beschleunigt. Man verdünnt die Lösung auf 125 ccm, gibt 1 ccm Schwefelsäure vom spez. Gew. 1,83 hinzu und elektrolysiert mit $N. D_{100} = 3$—5 Amp. und 5 Volt; Dauer: 10 Minuten.

c) In Oxalatlösung. Diese Methode[1] wird nicht mehr empfohlen, da man hier nur bei äußerst sorgfältiger Beobachtung der Bedingungen zu einigermaßen befriedigenden Ergebnissen gelangen kann.

d) In phosphorsaurer Lösung.[2] Die ersten Vorschläge

[1] Ber. 17, 2467.
[2] Am. Ch. Jr. 12, 329; Jr. An. Ch. 5, 133.

schrieben vor, diese Metalle als Phosphate zu fällen und die letzteren in Phosphorsäure aufzulösen. Die resultierende Flüssigkeit war dann zu elektrolysieren. Diese Methode wurde nicht überall günstig aufgenommen. In hiesigem Laboratorium, wo die Trennung sehr oft ausgeführt wurde, gab dagegen die Methode zufriedenstellende Resultate. Um ihre Zuverlässigkeit zu erhöhen, wurden die günstigsten Bedingungen ausprobiert und wiederholt danach gearbeitet. Sie sind in folgendem Beispiel wiedergegeben: Zu der Lösung der Sulfate mit 0,1239 g Kupfer und einer gleichen Zinkmenge wurden 60 ccm Dinatriumphosphatlösung (spez. Gew. 1,033) und 10 ccm Phosphorsäure (spez. Gew. 1,347) hinzugefügt. Dann wurde auf 225 ccm verdünnt, auf 60° erwärmt und bei $N.D_{100}$ = 0,035 Amp. und 2,5 Volt fünf Stunden lang elektrolysiert. Gefunden wurde 0,1244 g Kupfer, frei von Zink.

Unter Befolgung der für die Trennung von Kupfer und Aluminium (S. 179) angegebenen Bedingungen kann auch die rotierende Anode in diesem Elektrolyten vorteilhaft verwendet werden. Hierbei erhält man jedoch Spuren von Phosphor in den Kupferniederschlägen.

Eine weitere interessante Trennung, die vielleicht hierher gehört, ist diejenige des Kupfers von einem Gemisch von Eisen, Kobalt und Zink. Die auf 225 ccm verdünnte Lösung enthielt: 0,1239 g Kupfer, 0,1007 g Kobalt, 0,1000 Eisen, 0,1200 g Zink, 30 ccm Dinatriumphosphatlösung (spez. Gew. 1,0358), 15 ccm Phosphorsäure (spez. Gew. 1,347). Sie wurde bei 57° mit einem Strom von $N.D_{100}$ = 0,04—0,05 Amp. und 2,3 Volt elektrolysiert. In sechs Stunden wurde das Kupfer vollständig gefällt. Es wog 0,1240 g und war frei von den andren Metallen.[1]

31. Trennung von Kupfer und Zinn.

Schmucker zeigte,[2] daß Kupfer von Zinn getrennt werden kann, falls das letztere in seiner höchsten Oxydationsstufe vorliegt. Man fügt zu der Lösung 8 g Weinsäure und 30 ccm wäß-

[1] J. Am. Ch. S. **21**, 1003, 1004.
[2] J. Am. Ch. S. **15**, 195.

rigen Ammoniaks (spez. Gew. 0,91) und elektrolysiert bei 50° mit einem Strom von 0,04 Amp. und 1,8 Volt. Bei Anwesenheit von je $^1/_{10}$ g der beiden Metalle wird das Kupfer in fünf Stunden gefällt. Die Gesamtverdünnung beträgt 175 ccm.

Wie schon früher bemerkt, wurde diese Methode von Schmucker bei der Trennung des Kupfers von Arsen, sowie von Antimon benutzt. Derselbe Forscher schied auch das Kupfer aus einer Mischung von Kupfer, Antimon, Arsen und Zinn unter Beobachtung der beschriebenen Bedingungen quantitativ ab.

Man kann auch, wenn Antimon, Arsen und Zinn mit Kupfer vermischt sind, die vier Sulfide mit Natriumsulfid behandeln. Die resultierende Alkalisulfidlösung kann dann zur Trennung der ersten drei verwendet werden (S. 246), während das in Natriumsulfid unlösliche Kupfersulfid in Salpetersäure gelöst und nach S. 68 behandelt wird.

Trennungen des Kadmiums.[1]

Die üblichen gravimetrischen Methoden zur Bestimmung des Kadmiums können oft vorteilhaft durch elektrolytische Arbeitsweisen ersetzt werden. Dasselbe gilt auch für die Trennung des Kadmiums von den gewöhnlich damit verbundenen oder gelegentlich zusammen mit ihm auftretenden Metallen. Verfasser zieht bei Kadmium die elektrolytische Arbeitsweise vor, wenn immer sie nur ausführbar erscheint. In welchem Umfange die mannigfaltigen Vorschläge, die man für die elektrolytische Einzelbestimmung des Kadmiums gemacht hat, auch bei Trennungen dieses Metalles Anwendung finden können, geht aus dem folgenden hervor.

1. Trennung des Kadmiums von Aluminium.

a) In schwefelsaurer Lösung. Für diese Trennung setzt man zu der Lösung der beiden Salze 3 ccm Schwefelsäure vom spez. Gew. 1,09 hinzu, verdünnt mit Wasser auf 125 ccm und erwärmt auf 65°. Dann wird mit $N.D_{100} = 0{,}078$ Amp. und 2,61 Volt elektrolysiert. Das Kadmium wird im Laufe von 4—4$^1/_2$ Stunden

[1] Siehe auch S. 281.

abgeschieden und ist ohne Stromunterbrechung zu waschen. In einem Falle wurde 0,1111 g Kadmium anstatt 0,1105 g, in einem zweiten 0,1181 g anstatt 0,1188 g und in einem dritten 0,1604 g anstatt 0,1599 g erhalten.

Um die Vorzüge der Anwendung der rotierenden Anode bei dieser Trennung zu zeigen, soll ein wirklicher Versuch wiedergegeben werden: Zu einer Lösung von 0,2727 g Kadmium und 0,2500 g Aluminium wurde 1 ccm Schwefelsäure (spez. Gew. 1,83) hinzugesetzt, dann mit Wasser auf 125 ccm verdünnt und bei einem Strom von $N. D_{100}$ = 5 Amp. und 5 Volt elektrolysiert. Die Dauer betrug 10 Minuten. Die Niederschläge waren vollständig festhaftend.[1] Oder man kann auch unter Anwendung einer Quecksilberkathode und einer rotierenden Anode mittels eines Stromes von 3 Amp. und 7 Volt, wobei das Gesamtvolumen der Lösung 10 ccm betragen soll, dieselbe Trennung in 20 Minuten durchführen.

b) In phosphorsaurer Lösung. Man gibt einen Überschuß von Dinatriumphosphatlösung (spez. Gew. 1,0358) zu der Lösung der Metalle und dann so viel Phosphorsäure (spez. Gew. 1,347), daß etwa 1,5 ccm der letzteren im Überschuß verbleibt; dann verdünnt man mit Wasser auf 100 ccm, erwärmt auf 50° und elektrolysiert mit $N. D_{100}$ = 0,06 Amp. und 3 Volt. Die Dauer der Fällung beträgt sieben Stunden. Für weitere Einzelheiten siehe S. 81.[2]

Bei Anwendung der rotierenden Anode verdünnt man die Lösung der Metallsalze nach Zugabe von 10 ccm Phosphorsäure und 50 ccm einer 10 $^0/_0$igen Dinatriumphosphatlösung auf 125 ccm und elektrolysiert zehn Minuten lang[3] mit einem Strom von $N. D_{100}$ = 5 Amp. und 7 Volt.

2. Trennung von Kadmium und Antimon.

Schmucker[4] benutzte hierzu die auf S. 180 für die Trennung von Kupfer und Antimon beschriebenen Bedingungen. Die

[1] J. Am. Ch. S. **26**, 1288.
[2] J. Am. Ch. S. **20**, 279; Am. Ch. Jr. **12**, 329; **13**, 206.
[3] J. Am. Ch. S. **26**, 1288.
[4] J. Am. Ch. S. **15**, 195.

Resultate waren sehr zufriedenstellend. Zum Waschen des Kadmiumniederschlages wurde nur Wasser verwendet. Die Abscheidung ging über Nacht vor sich; durch Erwärmen des Elektrolyten kann jedoch die Dauer wesentlich herabgesetzt werden.

3. Trennung von Kadmium und Arsen.

a) In ammoniakalischer Tartratlösung. Man verfährt genau nach den auf S. 181 für die Trennung von Kupfer und Arsen gemachten Angaben.[1]

b) In Alkalicyanidlösung. Nachdem man das Arsen in seine höchste Oxydationsstufe übergeführt hat, gibt man etwa 2—3 g Kaliumcyanid zu der Lösung der beiden Metalle und elektrolysiert mit einer Maximalspannung von 2,6 Volt.[2]

4. Für die Trennung des Kadmiums von Barium, Strontium, Calcium und den Alkalimetallen

liegen keine Mitteilungen vor.

5. Für die Trennung von Kadmium und Beryllium

liegen keine Mitteilungen vor.

6. Trennung von Kadmium und Blei

siehe Blei von Kadmium S. 279.

7. Trennung von Kadmium und Chrom.

Die für die Trennung von Kadmium und Aluminium angegebenen Bedingungen sind auch für die Trennung von Kadmium und Chrom anwendbar, eingeschlossen den Fall, daß eine rotierende Elektrode in phosphorsaurem Elektrolyten[3] benutzt wird.

Bei Gegenwart von 3 ccm konzentrierter Schwefelsäure und bei Benutzung der Quecksilberkathode und rotierenden Anode läßt sich die Trennung leicht durch einen Strom von 2—3 Amp. und 3,5—4 Volt ausführen. Die erforderliche Zeit beträgt 25 Minuten.

---

[1] J. Am. Ch. S. **15**, 195.

[2] Am. Ch. Jr. **12**, 428; Z. f. phys. Ch. **12**, 122.

[3] J. Am. Ch. S. **26**, 1288.

8. Trennung von Kadmium und Eisen.

a) In schwefelsaurer Lösung. Man befolgt die unter a) auf S. 199 für Kadmium und Aluminium angegebenen Vorschriften. Wie man sieht, ist dies dieselbe Arbeitsweise, wie sie auch für die Trennung des Kadmiums von Chrom benutzt wird. Auch zwecks Anwendung der rotierenden Anode informiere man sich an derselben Stelle (S. 200).[1]

b) In phosphorsaurer Lösung. Die unter b) für Kadmium und Aluminium (S. 200) angegebenen Bedingungen eignen sich auch sehr gut für die Trennung von Kadmium und Eisen.[2]

c) In Kaliumcyanidlösung. Man löst ein Gemisch von Kadmium- und Ferrosulfat in 100 ccm vorher mit einigen Tropfen verdünnter Schwefelsäure angesäuertes Wasser. In diese Lösung gibt man 2—3 g reines Cyankalium und erwärmt schwach bis zur vollständigen Lösung. Sollte es zu lange dauern, bis die Flüssigkeit eine gelbe Farbe annimmt, so gibt man einige Tropfen Kalilauge hinzu. Man verdünnt dann die Flüssigkeit auf 200 ccm und elektrolysiert in der Kälte bei einem Strom von $N.D_{100} = 0{,}05-0{,}1$ Amp. Der Kadmiumniederschlag wird sehr zufriedenstellend ausfallen.[3]

Bei Anwendung der rotierenden Anode kann man diese Trennung in 20 Minuten ausführen. Man fügt zu der Lösung der gemischten Salze 12 g Kaliumcyanid und 2 g Natriumhydroxyd. Die Stromdichte beträgt $N.D_{100} = 5$ Amp. und der Druck 5 Volt. Am besten nimmt man je $^1/_4$ g der Metalle.[4]

9. Trennung von Kadmium und Gold.

Über diese Trennung liegen keine Mitteilungen vor, wahrscheinlich kann sie jedoch in heißer Alkalicyanidlösung ausgeführt werden.

---

[1] J. Am. Ch. S. **26**, 1288.
[2] J. Am. Ch. S. **26**, 1289.
[3] W. Stortenbecker, Z. f. Elektrochem. **4**, 409.
[4] J. Am. Ch. S. **27**, 1285.

10. Trennung von Kadmium und Kobalt.

a) In schwefelsaurer Lösung. Man benutzt die für die Trennung von Kadmium und Aluminium (S. 199) beschriebenen Bedingungen. Es soll hier noch hinzugefügt werden, daß die Zugabe von Ammoniumsulfat die Abscheidung begünstigt. Die Spannung darf 2,8—2,9 Volt nicht überschreiten.

b) In Alkalicyanidlösung. Man gibt 4—5 g reines Cyankalium zu der Lösung der Metalle, verdünnt auf 200 ccm und elektrolysiert bei $N.D_{100} = 0,3$ Amp. und 2,6 Volt.[1]

11. Trennung von Kadmium und Kupfer

siehe Trennung des Kupfers von Kadmium S. 187 ff.

Zu den dort angegebenen Methoden, bei welchen das Kupfer zur Ausfällung gelangte, können wir hier noch die folgende hinzufügen: Man setzt 5—6 g reines Cyankalium zu der Lösung der Metalle auf je 0,2—0,4 g Kadmium und Kupfer und verdünnt auf 200 ccm. Darauf elektrolysiert man bei $N.D_{100} = 0,02$—$0,04$ Amp. und 2,6—2,7 Volt. Das Kadmium wird hierbei abgeschieden, während das Kupfer in Lösung bleibt.[2] Rimbach[3] hat diese Trennung mit bemerkenswertem Erfolge bei der Analyse von Aluminium-Kadmium-Zinnlegierungen, die Kupfer als Verunreinigung enthielten, versucht. Bei Kadmiumnitrat muß der Strom auf $N.D_{100} = 0,4$ Amp. erhöht werden.

12. Trennung von Kadmium und Magnesium

siehe Kadmium von Barium usw. S. 201.

Hier kann vielleicht noch an die Tatsache erinnert werden, daß Rimbach[4] diese Trennung in Cyankalilösung ausgeführt hat. Es darf jedoch nicht zuviel Magnesium zugegen sein und ferner muß Ammoniumchlorid zur Lösung hinzugefügt werden, um das Ausfallen von Magnesia zu verhindern. Die bestgeeignete

---

[1] Am. Ch. Jr. **12**, 104; Z. f. phys. Ch. **12**, 116; J. Am. Ch. S. **27**, 1286.
[2] Jr. An. Ch. **3**, 385; Z. f. phys. Ch. **12**, 122.
[3] Z. f. a. Ch. **37**, 288.
[4] Z. f. a. Ch. **37**, 289.

Stromstärke für diese Trennung war nach den Versuchen: $N.D_{100} = 0{,}02$—$0{,}05$ Amp.; die Zeit betrug 14 Stunden.

In ameisensaurer Lösung. Zu der Lösung der beiden Metallsalze gibt man 0,2 g Natriumcarbonat und 12 ccm Ameisensäure vom spez. Gew. 1,06. Dann elektrolysiert man mit einem Strom von $N.D_{100} = 5$ Amp. und 6 Volt. Die Tourenzahl der Anode beträgt 600 in der Minute. Für die völlige Abscheidung des Kadmiums genügen 15 Minuten.[1]

Bei schwefelsauren und phosphorsauren Elektrolyten kann man die für die Trennung des Kadmiums von Aluminium (S. 199) angegebenen Versuchsbedingungen benutzen.

13. Trennung von Kadmium und Mangan.

a) In schwefelsaurer Lösung. Da Mangan sich aus Sulfatlösung in Gegenwart eines kleinen Überschusses Schwefelsäure leicht abscheidet, zumal an der Anode (S. 134), so kann man die Trennung des Kadmiums von Mangan bewirken, wenn man 2—3 ccm Schwefelsäure (spez. Gew. 1,09) zu der Lösung der Metalle hinzusetzt, auf 125 ccm verdünnt und mit den bei der Trennung von Kadmium und Aluminium unter a) angegebenen Stromverhältnissen elektrolysiert. Da das Mangan sich an der Anode als Dioxyd abscheidet, wählt man die größere Schale als Anode und Aufnahmegefäß, und zwar soll deren innere Oberfläche mattiert sein. Das Kadmium scheidet sich an der Kathode ab. Diese Methode ist im Laboratorium des Verfassers erfolgreich angewendet worden.

b) In phosphorsaurer Lösung. Ein wirklicher Versuch wird uns hier wieder eine Vorstellung von der Genauigkeit der benutzten Methode liefern: 20 ccm Dinatriumphosphatlösung (spez. Gew. 1,0358) und 3 ccm Phosphorsäure (spez. Gew. 1,347) wurden zu einer Lösung von 0,2399 g Kadmium und 0,1000 g Mangan hinzugefügt, die Flüssigkeit dann mit Wasser auf 150 ccm verdünnt und bei gewöhnlicher Temperatur mit einem Strom von 1 Amp. elektrolysiert; in 12 Stunden wurde 0,2394 g Kadmium gefunden. An der Anode war nicht die geringste Abscheidung von Mangan

[1] J. Am. Ch. S. 27, 1285.

eingetreten. Der Kadmiumniederschlag war von kristallinischer Beschaffenheit und wurde mit heißem Wasser ausgewaschen. Vor Unterbrechung des Stromes soll die Stromstärke etwas erhöht und dann etwa 1 Stunde lang mit diesem höheren Strom elektrolysiert werden. Die saure Flüssigkeit ist abzuhebern.[1]

Zwecks Benutzung der rotierenden Anode zur Bewerkstelligung dieser Trennung kann man den bei der Trennung von Kadmium und Aluminium unter a und b) auf S. 199 angegebenen Bedingungen folgen.[2]

14. Trennung des Kadmiums von Molybdän.

Für diese Trennung ist eine Alkalicyanidlösung sehr geeignet. Man gibt 1,5—3 g reines Kaliumcyanid zu der Lösung, verdünnt auf 200 ccm und elektrolysiert bei 40° mit $N.D_{100}$ = 0,03 bis 0,04 Amp. und 2,25—3,0 Volt. Die Bedingungen sind praktisch dieselben wie bei der Trennung von Kadmium und Arsen.[3]

15. Trennung von Kadmium und Natrium

siehe unter Trennung von Barium und Kadmium S. 201.

16. Trennung des Kadmiums von Nickel.

a) In schwefelsaurer Lösung. Zu der Lösung der beiden Metallsalze gibt man 2—3 ccm Schwefelsäure (spez. Gew. 1,09), sowie etwas Ammoniumsulfat und elektrolysiert mit der für die Trennung des Kadmiums und Aluminiums unter a) auf S. 201 angegebenen Stromdichte und Spannung.

Bei Anwendung der rotierenden Anode kann man hier die gelegentlich der Trennung des Kadmiums von Aluminium angegebenen Bedingungen benutzen.

b) In phosphorsaurer Lösung. 0,1827 g Kadmium und 0,1500 g Nickel (beide als Sulfate) wurden mit 40 ccm Dinatriumphosphatlösung gefällt, in 3 ccm Phosphorsäure (spez. Gew. 1,347) aufgelöst, die Lösung auf 125 ccm verdünnt und bei gewöhnlicher

[1] Am. Ch. Jr. **13**, 206.
[2] J. Am. Ch. S. **26**, 1289.
[3] Am. Ch. Jr. **12**, 428.

Temperatur mit einem Strom von $N.D_{100} = 0{,}035$ Amp. und 2,5—3 Volt elektrolysiert. Das ausgeschiedene Kadmium wog 0,1820 g; es wurde gewaschen und nach der Vorschrift auf S. 81 behandelt.

c) In Alkalicyanidlösung. Für die Trennung des Kadmiums von Nickel ist auch die Lösung der Doppelcyanide der beiden Metalle geeignet; man muß jedoch unbedingt hierbei für die Anwesenheit von etwas freiem Natriumhydroxyd sorgen. Die Bedingungen würden demnach etwa folgende sein: Man gibt zu der Lösung von 0,1723 g Kadmium und 0,1600 g Nickel 2 g Kalium- oder Natriumhydroxyd, sowie 3 g Kaliumcyanid; dann verdünnt man auf 175 ccm und elektrolysiert bei 40° mit $N.D_{100} = 0{,}03$ bis 0,04 Amp. und 2,25—3,0 Volt.[1]

17. Trennung des Kadmiums von Osmium.

Die einzige mitgeteilte Trennung dieser beiden Metalle wurde aus Cyankalilösung ausgeführt, wobei die Cyanidmenge 1,5 g auf je 0,3 g der vereinigten Metalle betrug. Die Verdünnung der Lösung betrug 170 ccm; man elektrolysierte mit einem Strom von $N.D = 0{,}26$ Amp. und 3—4 Volt. Bei einer Temperatur von 25° war nach zehn Stunden die Elektrolyse beendet.[2]

18. Die elektrolytische Trennung des Kadmiums von Platin, Palladium,[3] Quecksilber sowie Selen

ist bisher nicht bekannt.

19. Trennung des Kadmiums von Silber

siehe Trennung des Silbers von Kadmium S. 234.

20. Trennung des Kadmiums von Strontium

siehe Trennung des Kadmiums von Barium S. 201.

21. Die Trennung des Kadmiums von Tellur

ist bisher nicht bekannt.

---

[1] Am. Ch. Jr. **12**, 104; Freudenberg, Z. f. phys. Ch. **12**, 122.
[2] Jr. An. Ch. **6**, 87.
[3] Am. Ch. Jr. **12**, 428; **13**, 417.

22. und 23. Für die Trennung des Kadmiums von Uran und Vanadin

hat man bisher keine Methode.

24. Für Kadmium und Wismut siehe S. 223.

25. Trennung von Kadmium und Wolfram.

Hier sind die für die Trennung von Kadmium und Arsen (S. 201), sowie von Kadmium und Molybdän (S. 205) in Cyanidlösung angegebenen Bedingungen geeignet.

26. Trennung von Kadmium und Zink.

Da diese beiden Metalle häufig sowohl in natürlichen wie in künstlichen Produkten miteinander vergesellschaftet aufgefunden werden, so darf es nicht überraschen, daß man auch nach zuverlässigen elektrolytischen Methoden zu ihrer Trennung gesucht hat. Die gefundenen Trennungen sind nun nicht nur nach der Theorie, sondern auch praktisch den üblichen gravimetrischen Methoden überlegen. Die zuerst vorgeschlagene und veröffentlichte Methode rührt von Yver[1] her und gründet sich auf die Tatsache, daß sich das Kadmium aus folgenden Lösungen gut abscheidet:

a) Aus essigsaurer Lösung. Man führt die Metalle durch Zugabe von 2—3 g Natriumacetat zu ihrer Lösung in die Acetate über und setzt einige Tropfen freier Essigsäure hinzu; dann verdünnt man die Flüssigkeit auf 100 ccm und erwärmt auf 70°. Man elektrolysiert bei $N.D_{100} = 0,10$ Amp. und 2,2 Volt. Nach 3—4 Stunden wird das Kadmium (angewandt wurde 0,2 g) in kristallinischer Form und frei von Zink gefällt.[2] In der vom Kadmiumniederschlag abgegossenen Flüssigkeit kann das Zink nach der Methode von Riche (S. 116) gefällt werden.

Es soll hier noch auf die Tatsache hingewiesen werden, daß Smith und Knerr[2] eine Lösung von Kadmium und Zink elektrolysierten, zu welcher 3—4 g Natriumtartrat und Weinsäure hinzugesetzt waren. Die Temperatur der Lösung betrug 60°,

[1] B. S. Ch., Paris, **34**, 18.
[2] Am. Ch. Jr. **8**, 210.

die Stromdichte $N.D_{100} = 0,3—0,4$ Amp. und die Spannung 2,25—3 Volt.

b) Aus oxalsaurer Lösung. Diese schon anderweitig vorgeschlagene Methode ist neuerdings wieder von Eliasberg[1] empfohlen worden. Nach ihm ist folgende Arbeitsweise innezuhalten: Man löst die Metalloxyde in Salzsäure, verdampft ihre Lösung zur Trockne, nimmt den Rückstand mit Wasser auf und gibt zu dieser Flüssigkeit 8 g Kaliumoxalat ($C_2O_4K_2$), sowie 2 g Ammoniumoxalat ($(NH_4)_2C_2O_4$), verdünnt auf 120 ccm, erwärmt auf 80—85° und elektrolysiert mit einem Strom von $N.D_{100} =$ 0,01—0,02 Amp. und 3 Volt. Das Kadmium fällt zinkfrei aus.[2] Etwa 6—7 Stunden sind für die Abscheidung von 0,2 g Kadmium erforderlich.

c) Aus schwefelsaurer Lösung. Zu der die beiden Metallsalze enthaltenden Lösung gibt man 3—4 ccm konzentrierter Ammoniumsulfatlösung und darauf 2—3 ccm verdünnter Schwefelsäure, dann verdünnt man auf 100 ccm und elektrolysiert mit $N.D_{100} = 0,08$ Amp. und 2,8—2,9 Volt.[3]

Eine im elektrochemischen Laboratorium der Universität München übliche Trennung des Kadmiums von Zink stellt im gewissen Sinne eine Kompensation aus c) und a) dar. So gibt man z. B. zu den Sulfaten der beiden Metalle Natriumhydroxyd, bis sich ein bleibender Niederschlag bildet. Diesen löst man in möglichst wenig Schwefelsäure, verdünnt auf 70 ccm und fällt das Kadmium mit einem Strom von $N.D_{100} = 0,07$ Amp. Nach dem Ausfallen des größten Teiles des letzteren Metalles wird die freie Schwefelsäure mit Natriumhydroxyd neutralisiert und 2—3 g Natriumacetat in die Flüssigkeit gebracht. Die letztere erwärmt man nun auf 45° und elektrolysiert mit einem Strom von $N.D_{100} = 0,03$ Amp. und 3,6 Volt.

d) Aus phosphorsaurer Lösung. Gesamtverdünnung: 125 ccm; Kadmium: 0,1827 g; Zink: 0,1500 g; Dinatrium-

[1] Z. f. a. Ch. **24**, 550.
[2] Siehe auch Waller, Z. f. Elektrochem. **4**, 241—247.
[3] Neumann, „Elektrolyse" S. 189; Denso, Z. f. Elektrochem. **9**, 469.

phosphatlösung (spez. Gew. 1,038): 40 ccm; Phosphorsäure (spez. Gew. 1,347): 3 ccm; $N. D_{100}$ = 0,035 Amp.; Volt: 2,5—3. Bei gewöhnlicher Temperatur wurde nach zehn Stunden 0,1820 g Kadmium gefunden.[1]

e) Aus Kaliumcyanidlösung. Diese Trennung stammt aus hiesigem Laboratorium.[2] Beispiel: 0,2426 g Kadmium als Sulfat, 0,2000 g Zink als Sulfat, 4,5 g Kaliumcyanid, Gesamtverdünnung: 200 ccm, gewöhnliche Temperatur, $N. D_{100}$ = 0,03 Amp., Volt: 2,8—3,2. Gefunden: 0,2429 Kadmium.

Im Filtrat kann das Zink nach Steigerung der Stromstärke gefällt werden. Freudenberg wandte diese Methode erfolgreich an, wobei er den Strom mit einer elektromotorischen Kraft von 2,6 bis 2,7 Volt wählte.

27. Die Trennung von Kadmium und Zinn

ist noch nicht bekannt.

Trennungen des Quecksilbers.

Erfahrungsgemäß läßt sich dieses Metall äußerst genau elektrolytisch bestimmen. Auch für seine Trennung von andren Metallen, mit denen es gewöhnlich zusammen gefunden wird, hat man elektrolytische Methoden gefunden, welche in jeder Beziehung den gewöhnlichen gravimetrischen Methoden vorzuziehen sind. Es sollen daher im folgenden alle bekannten elektrolytischen Trennungsmethoden des Quecksilbers so ausführlich wiedergegeben werden, daß man sicher darnach arbeiten kann.

Was die Fällung des Quecksilbers mittels der rotierenden Anode anbelangt, so kann man dieses zwar schnell damit bestimmen, es ist jedoch nahezu unmöglich, dasselbe auf diesem Wege von andren Metallen zu trennen, und zwar wegen der Leichtigkeit, mit der es Amalgame bildet. Es gelang indessen, das Quecksilber auf solche Weise in Form eines schönen Spiegels von Aluminium und Magnesium zu trennen (vgl. indessen S. 280).

[1] Am. Ch. Jr. 12, 329.

[2] Am. Ch. Jr. 11, 352.

1. Trennung des Quecksilbers von Aluminium.

a) In salpetersaurer Lösung (S. 179). Man gibt 3 ccm konzentrierter Salpetersäure zu der Lösung der beiden Salze, verdünnt auf 125 ccm, erwärmt auf 70° und elektrolysiert bei $N.D_{100}$ = 0,06 Amp. und 2 Volt. Dauer: zwei Stunden. Die Lösung muß aus der Schale ohne Stromunterbrechung abgehebert werden.

b) In schwefelsaurer Lösung (S. 179). Man fügt 1 ccm Schwefelsäure zu der Lösung der Salze, verdünnt auf 125 ccm, erwärmt auf 65° und elektrolysiert bei $N.D_{100}$ = 0,4—0,6 Amp. und 3,50 Volt. Das Quecksilber (0,1500 g) wird in einer Stunde gefällt. Nach dem Waschen mit kaltem Wasser verfährt man nach S. 91.

2. Trennung des Quecksilbers von Antimon.

Man fügt zu der etwa gleiche Mengen der beiden Metalle enthaltenden Lösung 5 g Weinsäure und 15—20 ccm wäßrigen Ammoniaks (10%igen); dann verdünnt man auf 175 ccm und elektrolysiert bei $N.D_{100}$ = 0,015—0,085 Amp. und 2,2—3,5 Volt. Bei 50° sind etwa sechs Stunden zur Fällung erforderlich.[1] Das Antimon muß in der Lösung in fünfwertiger Form vorhanden sein. Diese Methode wurde zuerst von Schmucker (a. a. O.) ausgearbeitet und später erfolgreich von Freudenberg bei dessen Studien über die Potentialdifferenzen der Metalle bestätigt.[2] Der letztere wandte für die Trennung eine elektromotorische Kraft von 1,6 bis 1,7 Volt an. Angewandtes Quecksilber: 0,2362 g; gefunden: 0,2356 g; anwesend außerdem: 0,2600 g Antimon.

Die von dem Quecksilberbelag abgegossene Flüssigkeit kann nach dem Ansäuern mit Schwefelwasserstoff behandelt und das resultierende Antimonsulfid in Natriumsulfid aufgelöst und nach der für die Antimonbestimmung auf S. 170 verzeichneten Vorschrift elektrolysiert werden.

[1] J. Am. Ch. S. **15**, 205.
[2] Z. f. phys. Ch. **12**, 112.

3. Trennung des Quecksilbers von Arsen.

a) In salpetersaurer Lösung. Die Lösung der Metalle wird mit einigen Kubikzentimetern freier Salpetersäure versetzt und dann mit einem Strom von 1,7—1,8 Volt Spannung behandelt. Angewandt: 0,2380 g Quecksilber, gefunden: 0,2380 g; angewandtes Arsen: 0,2516 g.[1]

b) In Cyankalilösung. Man fügt 3 g reines Kaliumcyanid zu der Lösung von 0,5 g der vereinigten Metalle, verdünnt auf 200 ccm und elektrolysiert bei $N.D_{100}$ = 0,015 Amp. und 2,3—3,5 Volt fünf Stunden lang bei 65°.[2] Es ist hierbei unwesentlich, ob das Arsen als Arsenit oder Arseniat vorliegt.

c) In Alkalisulfidlösung (S. 91). Aus folgendem Beispiel geht die Methode am besten hervor: Zu der Quecksilberlösung gibt man 25 ccm Natriumsulfidlösung (spez. Gew. 1,19), verdünnt mit Wasser auf 125 ccm, erwärmt auf 70° und elektrolysiert bei einem Strom von $N.D_{100}$ = 0,11 Amp. und 2,5 Volt. Zur vollständigen Fällung sind gewöhnlich fünf Stunden erforderlich.[3]

4. Trennung des Quecksilbers von Barium, Strontium, Calcium, Magnesium und den Alkalimetallen.

Man wendet Methode a) auf S. 210 (Trennung des Quecksilbers von Aluminium) an.

5. Trennung des Quecksilbers von Blei.

Zu der Lösung der beiden Metalle gibt man 25—30 ccm Salpetersäure (spez. Gew. 1,3), verdünnt mit Wasser auf 175 ccm und elektrolysiert vier Stunden lang mit einem Strom von $N.D_{100}$ = 0,13—0,18 Amp. und 2 Volt bei 30°. Hierbei wird das Blei als Dioxyd an der Anode und gleichzeitig das Quecksilber als Metall an der Kathode abgeschieden. Als Anode verwendet man eine Schale.[4]

---

[1] Freudenberg, Z. f. phys. Ch. **12**, 111.
[2] Am. Ch. Jr. **12**, 428.
[3] Jr. Fr. Ins. 1891.
[4] Smith und Moyer, Jr. An. Ch. **7**, 252; Z. f. anorg. Ch. **4**, 267; Heidenreich, Ber. **29**, 1585; Z. f. Elektrochem. **3**, 151.

6. Trennung des Quecksilbers von Calcium

siehe Trennung des Quecksilbers von Barium S. 211.

7. Trennung des Quecksilbers von Chrom.

Für diese Lösung eignen sich die für die Trennung des Quecksilbers von Aluminium auf S. 210 empfohlenen Methoden.

8. Trennung des Quecksilbers von Eisen.

a) In salpetersaurer Lösung. Hier benutzt man dieselben Bedingungen wie bei der Trennung von Quecksilber und Aluminium [a) S. 210].

b) In schwefelsaurer Lösung. Siehe b) unter Quecksilber und Aluminium (S. 210).

c) In Alkalicyanidlösung. Man löst Ferroammoniumsulfat in Wasser und leitet Schwefeldioxyd in die Lösung, um etwa anwesendes Ferrisalz zu reduzieren, dann neutralisiert man den Säureüberschuß nahezu mit Natriumcarbonat, mischt die Lösung des Quecksilbersalzes hinzu und versetzt mit 2,5—4 g Kaliumcyanid auf je 0,2—0,4 g der vereinigten Metalle. Dann elektrolysiert man mit einem Strom von $N.D_{100}$ = 0,02—0,05 Amp. und 2,5 Volt bei einer Temperatur von 70°. Die Gesamtverdünnung beträgt etwa 125 ccm; die Zeit drei bis vier Stunden.[1]

9. Trennung des Quecksilbers von Gold.

Diese Trennung ist bisher nicht ausgeführt worden.[2]

10. Trennung des Quecksilbers von Kadmium.

a) In saurer Lösung. Für diese Trennung sind sowohl Salpetersäure-, als auch Schwefelsäure-Elektrolyten geeignet. Passende Versuchsbedingungen zur Erzielung befriedigender Ergebnisse sind unter a) und b) auf S. 210 gelegentlich der Trennung von Quecksilber und Aluminium angegeben.

b) In Alkalicyanidlösung. Die Lösung enthielt 0,1182 g Quecksilber und 0,2206 g Kadmium. Hierzu fügte man 2,5 g

[1] J. Am. Ch. S. **21**, 920.
[2] Z. f. phys. Ch. **12**, 113.

Kaliumcyanid, verdünnte mit Wasser auf 125 ccm, erwärmte auf 65° und elektrolysierte dann mit einem Strom von $N. D_{100}$ = 0,018 Amp. und 1,7 Volt. Die Fällung war bei gewöhnlicher Temperatur in sieben Stunden vollständig.[1]

11. Trennung des Quecksilbers von Kalium

siehe Quecksilber und Barium S. 211.

12. Trennung des Quecksilbers von Kobalt.

a) In saurer Lösung; siehe Quecksilber und Aluminium S. 210.

b) In Alkalicyanidlösung. Die 0,1216 g Quecksilber und 0,1000 g Kobalt enthaltende Lösung wurde auf 100 ccm verdünnt, mit 2 g Kaliumcyanid versetzt und auf 65° erwärmt; darauf wurde mit einem Strom von 0,025—0,03 Amp. und 2,06—2,7 Volt fünf Stunden lang elektrolysiert. Gefunden wurde 0,1213 g; bei einem zweiten Versuch 0,1217 g Quecksilber. Ein zu großer Überschuß von Cyankalium übt einen verzögernden Einfluß auf die Fällung des Quecksilbers aus.[2]

13. Trennung des Quecksilbers von Kupfer.

a) In salpetersaurer Lösung. Freudenberg[3] trennt unter alleiniger Berücksichtigung der Spannung diese Metalle folgendermaßen: Man fügt zu der Lösung ihrer Nitrate mehrere Kubikzentimeter Salpetersäure (spez. Gew. 1,2) und 2 – 4 g Ammoniumnitrat, worauf man einen Strom von 1,3 Volt Druck auf die Lösung einwirken läßt. Angewandt: 0,2380 g Quecksilber und 0,1356 g Kupfer; gefunden: 0,2377 g Quecksilber und 0,1358 g Kupfer. Die Trennung wurde über Nacht bewirkt.

b) In Alkalicyanidlösung. Quecksilber und Kupfer wurden zum ersten Male erfolgreich auf elektrolytischem Wege in einer Lösung ihrer Doppelcyanide getrennt.[4] Damals war man der

---

[1] J. Am. Ch. S. **21**, 919; **17**, 612.
[2] J. Am. Ch. S. **21**, 918; Am. Ch. Jr. **12**, 104.
[3] Z. f. phys. Ch. **12**, 111.
[4] Am. Ch. Jr. **11**, 264.

Ansicht, daß die Trennung nur dann auf zuverlässige Ergebnisse Anspruch machen könne, wenn die Menge des angewandten Kupfers 20% nicht überschreite. Zwei Jahre später konnte jedoch gezeigt werden,[1] daß bei sorgfältiger Einstellung der Stromstärke die Menge des Kupfers diejenige des Quecksilbers nicht nur erreichen, sondern sie sogar nahezu unbeschränkt überschreiten könnte.[2] Die Dauer war indessen noch ein wichtiges Problem und konnte auch von Freudenberg, welcher die Doppelcyanide bei einem Druck von 2,5 Volt in Gegenwart von 2—4 g Kaliumcyanid elektrolysierte, nicht abgekürzt werden.[3]

Erst im Jahre 1894[4] gelang es, die Dauer etwas herabzusetzen, indem man den Elektrolyten schwach erwärmte. Das Quecksilber ließ sich dann in $3\frac{1}{2}$ Stunden vollständig ausfällen. Seitdem ist die Trennung sowohl für Quecksilber und Kupfer, als auch bei gleichzeitiger Anwesenheit von Quecksilber, Kupfer, Kadmium, Zink und Nickel wiederholt ausgeführt worden.[5] Folgende Bedingungen sind für die obige Trennung geeignet: Angewandtes Quecksilber: 0,1216 g, angewandtes Kupfer: 0,1216 g; Gesamtverdünnung: 125 ccm, Cyankalium: 2—3 g, Temperatur: 65°, Zeit: $2\frac{1}{2}$—3 Stunden. Gefunden: 0,1215 g Quecksilber.[6]

14. Trennung des Quecksilbers von Magnesium

siehe Quecksilber von Barium S. 211.

15. Trennung des Quecksilbers von Mangan.

a) In salpetersaurer Lösung. Man verwende die Bedingungen, mittels welchen Mangan als Dioxyd gefällt wird (S. 134). Das Quecksilber scheidet sich an der Kathode ab.

b) In schwefelsaurer Lösung. Die bei der Abscheidung des Mangans aus einer freie Schwefelsäure enthaltenden Lösung

[1] Jr. An. Ch. 5, 489.
[2] Spare and Smith, J. Am. Ch. S. 23, 579.
[3] Z. f. phys. Ch. 12, 113.
[4] J. Am. Ch. S. 16, 42.
[5] J. Am. Ch. S. 21, 917.
[6] Revay, Z. f. Elektrochem. 4, 313.

erforderlichen Bedingungen können auch für die Trennung des Mangans und Quecksilbers gewählt werden (S. 135), wobei man natürlich die größere Schale zur Anode macht. Die Mengen der beiden Metalle dürfen nicht zu groß sein.

16. Trennung des Quecksilbers von Molybdän.

Diese Trennung wird leicht in einer Alkalicyanidlösung bewirkt, indem man die unter b) bei der Trennung von Quecksilber und Arsen (S. 211) vorgeschriebenen Versuchsbedingungen befolgt.

17. Trennung des Quecksilbers von Natrium

siehe unter Barium S. 211.

18. Trennung des Quecksilbers von Nickel.

a) In salpetersaurer Lösung. Man wendet die unter a) bei der Trennung von Quecksilber und Aluminium angegebenen Bedingungen (S. 210) an.

b) In schwefelsaurer Lösung folgt man den unter b) ebendort gegebenen Bedingungen.

c) In Alkalicyanidlösung. Man arbeitet nach folgendem Beispiel: Angewandtes Quecksilber: 0,1216 g; angewandtes Nickel: 0,1500 g; Cyankalium: 2—2,5 g; Gesamtverdünnung: 125 ccm; $N.D_{100}$ = 0,04 Amp.; Spannung: 1,7—2,2 Volt; Temperatur: 65°; Zeit: vier Stunden. Es wurde 0,1213 g Quecksilber gefunden.[1]

19. Trennung des Quecksilbers von Osmium.

Man befolgt die für die Trennung des Quecksilbers von Arsen in Alkalicyanidlösung angeführten Vorschriften (S. 211). Bei dieser Trennung darf die Alkalicyanidmenge nicht 1,5 g auf je 0,2 g Metall überschreiten.[2]

20. Trennung des Quecksilbers von Palladium.

Hierfür gelten dieselben Bedingungen wie für die folgende Trennung.[3]

---

[1] J. Am. Ch. S. **21**, 918; Am. Ch. Jr. **12**, 104.
[2] Am. Ch. Jr. **12**, 428; **13**, 417; Jr. An. Ch. **6**, 87.
[3] Am. Ch. Jr. **12**, 428.

21. Trennung des Quecksilbers von Platin.

Beispiel: Angewandtes Quecksilber: 0,1373 g; angewandtes Platin: 0,1000 g; Gesamtverdünnung: 125 ccm; Cyankalium: 3 g; $N.D_{100}$ = 0,04—0,05 Amp.; Volt: 2,1; Temperatur: 65—75°; Zeit: vier Stunden. Es wurde 0,1372 g Quecksilber gefunden.[1]

22. Trennung des Quecksilbers von Selen.

Zu der Lösung der beiden Metalle (etwa je 1/4 g) gibt man 1 g Kaliumcyanid, verdünnt mit Wasser auf 150 ccm, erwärmt auf 60° und elektrolysiert bei $N.D_{100}$ = 0,03 Amp. und einem Druck von 3 Volt. Die Fällung des Quecksilbers wird in fünf Stunden vollständig.

In salpetersaurer Lösung kann die Trennung mit Leichtigkeit unter Beobachtung der für die Trennung von Silber und Selen auf S. 240 angegebenen Bedingungen ausgeführt werden.

23. Trennung des Quecksilbers von Silber.

Diese Metalle können elektrolytisch weder in saurer noch in Alkalycyanidlösung getrennt werden. Classen fällt beide zusammen aus, treibt nach ihrer Wägung das Quecksilber durch Glühen aus und wägt dann das zurückbleibende Silber.

24. Trennung des Quecksilbers von Strontium

siehe Quecksilber und Kadmium S. 212.

25. Trennung des Quecksilbers von Tellur.

Diese Trennung kann in Cyanidlösung nicht bewerkstelligt werden; dagegen wurden sehr günstige Resultate aus salpetersauren Elektrolyten erhalten. Z. B. wurden zu einer Lösung von 0,1272 g Quecksilber und 0,2500 g Natriumtellurat 3 ccm Salpetersäure (spez. Gew. 1,43) hinzugesetzt. Man verdünnte dann auf 150 ccm, erwärmte auf 60° und elektrolysierte bei einem Strom von $N.D_{100}$ = 0,04—0,05 Amp. und einem Druck von 2—2,5 Volt. In fünf Stunden war die Fällung beendet.[2]

---

[1] Am. Ch. Jr. **13**, 417; J. Am. Ch. S. **21**, 920.
[2] J. Am. Ch. S. **25**, 895.

26. Trennung des Quecksilbers von Uran.

Hierfür kennt man zwar zurzeit noch kein elektrolytisches Verfahren, es ist jedoch sehr wahrscheinlich, daß die Methoden 1 a) und b) (Quecksilber und Aluminium auf S. 210) auch für Quecksilber und Uran anwendbar sind.

27. Die Trennung des Quecksilbers von Vanadin

ist auf elektrolytischem Wege bisher noch nicht ausgeführt worden.

28. Trennung des Quecksilbers von Wismut.

Bezüglich der Trennung dieser beiden Metalle liegen widersprechende Angaben vor. In unserm Laboratorium ausgeführte Versuche[1] ergaben, daß die Metalle aus salpetersaurer Lösung gemeinsam ausfielen, wie man aus vielen Beispielen ersehen konnte. So enthielt z. B. eine Lösung 0,1132 g Quecksilber und 0,0716 g Wismut; hierzu wurden 10 ccm Salpetersäure (spez. Gew. 1,2) hinzugefügt und die Flüssigkeit mit Wasser auf 200 ccm verdünnt. Man elektrolysierte dann mit einem Strom von $N.D_{100} = 0{,}04$ Amp. und 1,6 Volt. Zwar war die Abscheidung der Metalle vollständig, das Quecksilber enthielt jedoch Wismut. Der obige Versuch war einer aus acht Experimenten, die ein ähnliches Resultat ergaben. Sie wurden angestellt, um eine Behauptung zu widerlegen, die wiederholt in drei Auflagen von Classens „Quantitative Analyse durch Elektrolyse“ (2. Auflage, S. 147) erschienen war, und zwar trotz der Tatsache, daß eben dieser Forscher selbst vorher erklärt hatte:[2] „Wismut kann von Quecksilber in obiger Weise nicht getrennt werden, beide Metalle fallen in sauren Lösungen zu gleicher Zeit aus.“

Einige Zeit nach obigem Studium veröffentlichte Freudenberg[3] unter Benutzung der Idee der Potentialdifferenzen Ergebnisse, die eine vollständige Trennung der Metalle versprachen: Einige Kubikzentimeter Salpetersäure (spez. Gew. 1,2) und 2—4 g

[1] Jr. An. Ch. **7**, 252.
[2] Ber. **19**, 325.
[3] Z. f. phys. Ch. **12**, 111.

Ammoniumnitrat werden zu der Nitratlösung der beiden Metalle hinzugefügt und die Elektrolyse dann mit einem Potential von 1,3 Volt ausgeführt. Angewandt wurde: 0,2380 g Quecksilber, gefunden: 0,2376 g. Die Wismutmenge betrug 0,2694 g. Wie Neumann[1] bemerkt, ist nur eine außerordentlich niedrige Stromstärke hierbei möglich, so daß die Fällung des Quecksilbers längere Zeit beansprucht. Verfasser hat zwar den Vorschlag von Freudenberg niemals nachgeprüft, er neigt jedoch auf Grund seiner Erfahrungen bei zahlreichen Versuchen von seiten seiner Mitarbeiter zu der Ansicht, daß die Methode mindestens noch eines weiteren Studiums wert ist.

29. Trennung des Quecksilbers von Wolfram.

Man benutzt hier die für die Trennung von Quecksilber und Arsen in Alkalicyanidlösung angegebenen Bedingungen (S. 211).

30. Trennung des Quecksilbers von Zink.

a) In saurer Lösung (Schwefel- oder Salpetersäure) eignen sich die unter a) und b) gelegentlich der Trennung von Quecksilber und Aluminium angegebenen Versuchsbedingungen (S. 210).

b) In Alkalicyanidlösung sind wiederholt Trennungen von Zink und Quecksilber erfolgreich bewirkt worden; z. B.: Angewandtes Quecksilber: 0,1158 g, angewandtes Zink: 0,1000 g; Cyankalium: 1,5—2 g; Verdünnung: 125 ccm; $N.D_{100} = 0{,}025$—$0{,}05$ Amp.; Volt: 2,5—3; Zeit: vier Stunden; Temperatur: 60°. Gefunden: 0,1155 g Quecksilber.[2]

c) In phosphorsaurer Lösung. Beispiel: 25 ccm Quecksilberchloridlösung (= 0,1159 g Quecksilber), 25 ccm Zinksulfatlösung (= 0,1010 g Zink), 60 ccm Dinatriumphosphatlösung (spez. Gew. 1,038), 10 ccm Phosphorsäure (spez. Gew. 1,347); Gesamtverdünnung: 175 ccm; Temperatur: 60°; $N.D_{100} = 0{,}01$ Amp.; Volt: 1,5; Zeit: vier bis fünf Stunden. Gefunden: 0,1163 g Quecksilber.[3]

---

[1] Elektrolyse S. 181.

[2] Jr. Fr. Ins. 1889; J. Am. Ch. S. **21**, 919.

[3] J. Am. Ch. S. **21**, 1006.

31. Trennung des Quecksilbers von Zinn.

a) In Alkalisulfidlösung. Hier sind die unter Quecksilber allein (S. 91) erwähnten Bedingungen geeignet.[1] Wegen der Überführung des Natriumsulfosalzes im Filtrat in das Ammoniumsulfostannat siehe S. 166.

b) In ammoniakalischer Tartratlösung. Zunächst wurde eine Lösung von Quecksilberchlorid und Weinsäure hergestellt, die man dann mit wäßrigem Ammoniak versetzte und mit Wasser verdünnte. Hierzu wurde die Zinnsalzlösung gegeben und die gesamte Flüssigkeit mit einem Strom von 1,6—1,7 Volt Spannung elektrolysiert. Vgl. auch die Trennung des Quecksilbers von Antimon in Tartratlösung (S. 210).[2]

Hier dürfte vielleicht der Hinweis von Interesse sein, daß die für die Trennung von Quecksilber und Antimon (S. 210) angegebenen Bedingungen, sowie die soeben für die Trennung von Quecksilber und Zinn angewandte Methode von Schmucker[1] auch für die elektrolytische Abscheidung des Quecksilbers aus einer außerdem noch Arsen, Antimon und Zinn enthaltenden Lösung erfolgreich angewendet worden sind, wobei nur ein größerer Betrag Weinsäure und Ammoniak hinzugesetzt werden mußte. Beispiel: Angewandt: Quecksilber: 0,0933 g; Arsen: 0,1009 g; Antimon: 0,1031 g; Zinn: 0,1000 g; Weinsäure: 8 g; Ammoniak: 30 ccm; Verdünnung: 175 ccm; $N.D_{100} = 0{,}05$ Amp.; Volt: 1,7. Die bei 60° ausgeführte Fällung war nach sechs Stunden vollständig.

Trennungen des Wismuts.

Es sind bisher verhältnismäßig wenige elektrolytische Trennungen des Wismuts von andren Metallen bekannt. Die wenigen existierenden gewähren jedoch dem Analytiker eine große Hilfe. Wir wollen daher im folgenden etwas ausführlicher darauf eingehen (siehe auch S. 281).

---

[1] Jr. Fr. Ins. 1891.

[2] Siehe auch J. Am. Ch. S. **15**, 204.

1. Trennung des Wismuts von Aluminium.

Für die Trennung von Wismut und Aluminium können die für die Bestimmung des Wismuts in salpetersaurer (S. 95) oder schwefelsaurer (S. 96) Lösung angegebenen Bedingungen verwendet werden. Auch die Bestimmung des Wismuts als Amalgam (S. 95) ist für diese Trennung gut geeignet.

2. Trennung des Wismuts von Antimon.

Zu der Lösung der beiden Metalle gibt man 5 g Weinsäure, 15 ccm Ammoniak, verdünnt mit Wasser auf 175 ccm und elektrolysiert bei einem Strom von $N.D_{100} = 0{,}022$ Amp. und 1,8 Volt bei 50° sechs Stunden lang.[1]

3. Trennung des Wismuts von Arsen.

Für diese Trennung sind die unter 2. angegebenen Bedingungen geeignet.[2] Neumann[3] gibt an, daß die beiden Metalle, falls sie in Sulfatlösung vorhanden sind, bei einer elektromotorischen Kraft von 1,9 Volt getrennt werden können.

4. Für die Trennung des Wismuts von Barium

sind die für die Bestimmung des erstern in salpetersaurer Lösung (S. 95) angegebenen Bedingungen geeignet.

5. Trennung des Wismuts von Blei.

In unserm Laboratorium angestellte Versuche[4] haben den Beweis geliefert, daß die allgemeine Annahme, Blei und Wismut könnten in Gegenwart freier Salpetersäure getrennt werden, nicht zutrifft, da das gefällte Bleidioxyd unterschiedslos Wismut enthält. Wir sind daher zurzeit noch nicht im Besitze einer elektrolytischen Trennungsmethode dieser beiden Metalle. Hollard und Bertiaux[5] empfehlen, zu den beiden Nitraten 12 ccm Schwefel-

---

[1] J. Am. Ch. S. **15**, 203.
[2] A. a. O. **15**, 202.
[3] Elektrolyse S. 185.
[4] Jr. An. Ch. **7**, 252.
[5] B. Soc. Ch. **31** (1904), 1133.

säure außer der zur Verwandlung der beiden Metalle in ihre Sulfate erforderlichen Menge, d. h. für Blei 0,3 ccm und für Wismut 0,5 ccm, zuzusetzen. Darauf verdampfen sie bis zum Aufsteigen weißer Dämpfe. Nach dem Abkühlen wird mit Wasser auf 300 ccm verdünnt und mit 35 ccm absoluten Alkoholes versetzt. Dann lassen sie einen Strom von 0,1 Amp. 48 Stunden lang einwirken.

6. Für die Trennung des Wismuts von Calcium

kann man die auf S. 95 und 96 angegebenen Vorschriften der Bestimmung des Wismuts benutzen.

7. Trennung des Wismuts von Chrom.

Man verwendet eine salpetersaure Lösung nach S. 95 oder wählt die folgende Methode: Zu einer 0,1434 g Wismut und 1 ccm Salpetersäure (spez. Gew. 1,42) enthaltenden Lösung gibt man 0,5 g Kaliumsulfat, 2 ccm Schwefelsäure (spez. Gew. 1,84) und eine 0,1500 g Chrom äquivalente Menge Chromalaun. Man verdünnt dann mit Wasser auf 150 ccm und elektrolysiert mit einer Stromstärke von $N.D_{100} = 0{,}025$ Amp. und 2 Volt, wobei die Temperatur auf 50° gehalten wird. Nach acht bis neun Stunden wird die Fällung vollständig; das Wismut ist frei von Chrom.

Ergebnisse der Trennung von Wismut und Chrom:

Angewandtes Wismut in g	Gefundenes Wismut in g	Chrom in g	Kaliumsulfat in g	Schwefelsäure in ccm	Verdünnung in ccm	Dauer in Stunden	Temperatur	$N.D_{100}$ = Amp.	Volt	Art der Anode
0,1434	0,1430	0,1500	0,5	2	200	9	50°	0,03	2	Drahtnetz
0,1434	0,1428	0,1500	0,5	2	150	9	50°	0,025	2	Korb
0,1434	0,1434	0,1500	0,5	2	200	8½	50°	0,025	2	Drahtnetz
0,1434	0,1428	0,1500	0,5	2	150	8½	50°	0,02	2	Korb
0,1434	0,1430	0,1500	0,5	2	150	8½	50°	0,02	2	Spirale
0,1434	0,1429	0,1500	0,5	2	150	9	50°	0,025	2	„

Das Chromsalz scheint einen günstigen Einfluß auf die Beschaffenheit des Niederschlags auszuüben. Ein größerer Teil des

Chroms wird während der Elektrolyse zu Chromsäure oxydiert; besonders tritt dies bei Verwendung von Drahtnetzelektroden ein. (Kammerer.)

8. Trennung des Wismuts von Eisen.

Hier kann man die Bedingungen für Säurelösungen auf S. 95, 96 und 97 verwenden. Vielleicht lohnt es sich, darauf hinzuweisen, daß die Abscheidung von Wismut aus schwefelsaurer Eisenlösung ziemlich schwierig vonstatten geht, da das anwesende Eisen augenscheinlich auf das Wismut einen Einfluß ausübt, indem es dasselbe in Lösung zu halten und demnach dessen Abscheidung durch den Strom zu verhindern sucht. Besonders gilt dies für den Fall, daß das Salz in Ferriform verwendet wird. Diese Tendenz des Wismuts, gelöst gehalten zu werden, tritt in noch höherem Grade auf, wenn die Flüssigkeit neben Eisenalaun noch eine gleiche Menge Chromalaun enthält. Ein Strom von 0,10 Amp. bewirkt unter diesen Umständen oft nicht die geringste Fällung von Wismut. Man glaubte, auf dieses Verhalten des Wismuts eine Trennungsmethode desselben von andren Metallen gründen zu können, in der Hoffnung, daß das Wismut durch Eisen- und Chromalaun zurückgehalten werden, andre Metalle jedoch, wie Kupfer, Quecksilber und Silber aus der Lösung gefällt würden. Diese Hoffnung bestätigte sich jedoch nicht. Sobald nämlich ein andres Metall eingeführt wird, tritt sofort eine Änderung der herrschenden Bedingungen ein, so daß das betreffende Metall zusammen mit Wismut gefällt wird. Bei dieser Gelegenheit erhaltene Silberniederschläge enthielten jedoch nur wenig mitgefälltes Wismut. Weitere Forschungen nach dieser Richtung hin dürften vielleicht interessante und wertvolle Ergebnisse liefern.

Als beste Versuchsbedingungen für die Trennung von Wismut und Eisen ergaben sich folgende: Zu der 0,15 g Wismut und 1 ccm konzentrierte Salpetersäure enthaltenden Lösung gibt man 2 ccm Schwefelsäure (spez. Gew. 1,84), 0,5 g Kaliumsulfat, sowie eine 0,15 g Eisen äquivalente Menge von Ferrosulfat oder

Eisenammoniakalaun. Diese Lösung wird dann auf 150 ccm verdünnt und bei 45° elektrolysiert. Bei Verwendung eines Ferrosalzes soll die Stromstärke 0,03 Amp. betragen; bei einer Ferrisalzlösung ist jedoch eine höhere Stromstärke, nämlich 0,05 Amp., anzuwenden. Die Spannung beträgt in beiden Fällen 2,0 Volt. In acht Stunden wird das Wismut vollständig und frei von Eisen gefällt. (Kammerer.)

In einigen Fällen wurde die Trennung in Gegenwart von Harnstoffnitrat ausgeführt; dieser Zusatz bot jedoch keine besondern Vorteile.

Ergebnisse der Trennung von Wismut und Eisen:

Angewandtes Wismut in g	Gefundenes Wismut in g	Angewandtes Eisen in g	Harnstoffnitrat in g	Kaliumsulfat in g	Verdünnung in ccm	Schwefelsäure in ccm	Dauer in Stunden	Temperatur	$N. D_{100}$ = Amp.	Volt	Art der Anode
0,1434	0,1429	0,1500[1]	—	0,5	150	2	8½	50°	0,025	1,5	Spirale
	0,1431	0,1500[1]	—	0,6	150	2	7½	45°	0,03	2	„
	0,1435	0,1500[1]	—	0,5	150	2	24	45°	0,03	2	„
	0,1430	0,1500[1]	—	0,5	150	2	24	45°	0,03	1,7	Korb
0,1395	0,1394	0,1500[1]	0,5	0,2	150	2	8	45°	0,035	2	„
	0,1400	0,1500[1]	0,5	0,2	150	2	8	50°	0,035	2	Spirale
	0,1393	0,1500[1]	0,5	0,2	200	2	8	45°	0,05	2	Drahtnetz
	0,1397	0,1500[2]	—	0,5	150	2	9	45°	0,07	2	Spirale
	0,1395	0,1500[2]	—	1	150	2	9	45°	0,06	2	„
	0,1394	0,1500[2]	—	1	200	2	8	45°	0,06	2	Drahtnetz
	0,1395	0,1500[2]	3,0	0,5	150	2	9	45°	0,035	2	Spirale

[1] als Ferrosulfat [2] als Eisenammoniakalaun

9. Für die Trennung des Wismuts von Gold

ist bisher keine elektrolytische Methode bekannt.

10. Trennung des Wismuts von Kadmium.

Diese Trennung kann in Gegenwart freier Salpetersäure (S. 95), ferner nach der Amalgammethode (S. 95) oder in schwefelsaurer Lösung bewerkstelligt werden. In letzterem Falle verfährt man folgendermaßen: Man löst 0,1500 g Kadmiummetall in 2 ccm konzentrierter Schwefelsäure (spez. Gew. 1,84) und gibt zu dieser Lösung eine zweite von 0,15 g Wismut in 1 ccm konzentrierter

Salpetersäure, sowie 1 g Kaliumsulfat; dann wird mit Wasser auf 150 ccm verdünnt, auf 50° erwärmt und mit einem Strom von $N.D_{100}$ = 0,025 Amp. und 2 Volt acht Stunden lang elektrolysiert. Das Wismut wird als glänzendes Metall abgeschieden. (Kammerer.)

11. Trennung des Wismuts von Kalium.

Man folgt den für die Einzelbestimmung von Wismut angegebenen Methoden (S. 95, 96, 97).

12. Für die Trennung des Wismuts von Kobalt verfährt man wie bei dessen Trennung von Aluminium S. 220) oder von Chrom (S. 221).

13. Trennung des Wismuts von Kupfer.

In salpetersaurer Lösung können Kupfer und Wismut nicht elektrolytisch voneinander getrennt werden. Diese Feststellung ist in früheren Jahren Gegenstand heftiger Kontroverse gewesen.[1] Aus all diesen Diskussionen bleibt für uns nur noch ein Vorschlag übrig, der im Am. Ch. Jr. **12**, 428 veröffentlicht worden ist.

Hiernach fügt man 3—4 g Zitronensäure zu der Wismutlösung, übersättigt die letztere mit Natriumhydroxyd und gießt in dieses Gemisch die Kupfersalzlösung, die einen schwachen Überschuß an Cyankalium enthält. Dann elektrolysiert man bei gewöhnlicher Temperatur mit einem Strom von $N.D_{100}$ = 0,05 Amp. und 2,7 Volt. In neun Stunden wird das Wismut vollständig und frei von Kupfer gefällt.

Hollard und Bertiaux[2] beschreiben eine Trennung des Wismuts von Kupfer, welche im wesentlichen eine gewöhnliche gravimetrische Fällung darstellt; denn sie geben einen Überschuß von Phosphorsäure zu der kochenden Lösung der beiden Sulfate. Diese Lösung lassen sie dann über Nacht stehen, filtrieren das

[1] Z. f. anorg. Ch. **3**, 415; **4**, 234; **5**, 197; **6**, 43; Z. f. phys. Ch. **12**, 117.

[2] Ch. Ztg. **28**, 782.

Wismutphosphat ab und waschen mit verdünnter Phosphorsäure (ein Volumen der Säure vom spez. Gew. 1,711 auf das 20fache verdünnt). Schließlich wäscht man noch mit Ammoniumsulfid und Cyankalium. Das Wismutphosphat wird nun in Salpetersäure gelöst und die Lösung mit 12 ccm Schwefelsäure bis zum Entweichen weißer Dämpfe eingedämpft. Nunmehr verdünnt man auf 300 ccm und elektrolysiert mit einem Strom von $N.D_{100} =$ 0,1 Amp. 24 Stunden sind für diese Fällung notwendig.

14. **Für die Trennung des Wismuts von Magnesium** sind saure Lösungen, sowie die Bedingungen der Trennung von Wismut und Aluminium (S. 220) geeignet.

15. Trennung des Wismuts von Mangan.

Zu der 0,1500 g Wismut und 1 ccm Salpetersäure (spez. Gew. 1,42) enthaltenden Lösung gibt man 3 ccm Schwefelsäure (spez. Gew. 1,84), 0,5 g Kaliumsulfat und eine 0,1500 g Mangan äquivalente Menge Manganosulfat. Diese Lösung verdünnt man mit Wasser auf 150 ccm und elektrolysiert mit einem Strom von $N.D_{100} = 0,025$ Amp. und 2 Volt, wobei man die Temperatur auf 45° erhält. Das Wismut wird in schöner Form, frei von Mangan, innerhalb neun Stunden abgeschieden.

Anfangs nimmt die Lösung eine dunkelrote Farbe an, was auf die Oxydation eines Teiles des Mangans zu Übermangansäure (S. 135) zurückzuführen ist. Nach ein oder zwei Stunden beginnt jedoch die Farbe allmählich zu verblassen und die Lösung wird wieder farblos. Während der Elektrolyse scheidet sich eine beträchtliche Menge Manganoxydhydrat auf der Anode ab. Dieser Niederschlag wurde jedesmal auf Wismut geprüft, jedoch niemals solches darin gefunden.[1] (Kammerer.)

16. **Für die Trennung von Wismut und Molybdän** ist keine elektrolytische Methode bekannt.

---

[1] Siehe auch Am. Ch. Jr. 8, 206.

17. Für die Trennung des Wismuts von Natrium kann eine der Wismutbestimmungen auf S. 95, 96 oder 97 verwendet werden.

18. Auch für die Trennung des Wismuts von Nickel können die auf S. 95, 96, 97 angegebenen Bedingungen Verwendung finden.[1]

19. Für die Trennung des Wismuts von Palladium und Platin sind keine Methoden bekannt.

20. Trennung des Wismuts von Quecksilber siehe S. 217.

21. Für die Trennung des Wismuts von Selen ist keine elektrolytische Methode bekannt.

22. Trennung des Wismuts von Silber.

Freudenberg[2] benutzt die Nitrate der beiden Metalle und gibt zu ihrer Lösung mehrere Kubikzentimeter Salpetersäure (spez. Gew. 1,2) und etwa 2—4 g Ammoniumnitrat; dann elektrolysiert er mit einem Strom von 1,3 Volt Spannung, wobei das Silber über Nacht ausfällt. Die das zurückbleibende Wismut enthaltende Lösung kann zwecks Bestimmung des Wismuts nach der Amalgammethode (S. 95) weiter verarbeitet werden. Freudenberg scheint indessen das Wismut darin durch Abdampfen der wäßrigen Lösung und Glühen des Rückstandes bestimmt zu haben, wobei er als Endprodukt Wismutoxyd wog. Er erhielt folgende Resultate:

a)	Angewandtes	Silber:	0,3790 g	Gefunden:	0,3793 g
	„	Wismut:	0,3080 „	„	0,3073 „
b)	„	Silber:	0,2916 „	„	0,2914 „
	„	Wismut:	0,3080 „	„	0,3072 „

[1] Am. Ch. Jr. 8, 206; Jr. An. Ch. 7, 252; Z. f. ang. Ch. 4, 270.
[2] Z. f. phys. Ch. 12, 108.

23. Trennung des Wismuts von Strontium

siehe bei Wismut und Barium S. 220.

24. Für die Trennung von Wismut und Tellur

ist noch keine elektrolytische Methode bekannt.

25. Trennung des Wismuts von Uran.

Die auf S. 96 für die Bestimmung von Wismut in schwefelsaurer Lösung angegebenen Bedingungen eignen sich auch für die Trennung desselben von Uran.[1] (Siehe auch Trennung von Wismut und Chrom.)

26. und 27. Trennungen des Wismuts von Vanadin, sowie von Wolfram

sind noch nicht bekannt.

28. Trennung des Wismuts von Zink.

Hier geben die bei der Bestimmung des Wismuts in Salpetersäure (S. 95), Schwefelsäure (S. 96) oder als Amalgam (S. 95) angegebenen Bedingungen gute Ergebnisse.[2] (Siehe auch Wismut von Kobalt.)

29. Trennung des Wismuts von Zinn.

Die Lösung enthielt 0,0518 g Wismut und 0,1031 g Zinn. Hierzu fügte man 5 g Weinsäure und 15 ccm wäßriges Ammoniak und verdünnte die Flüssigkeit mit Wasser auf 175 ccm. Bei gewöhnlicher Temperatur wurde dann mit einem Strom von $N.D_{100} = 0{,}02$ Amp. und 1,8 Volt über Nacht elektrolysiert.[3]

Derselbe Forscher, der die soeben beschriebene Methode vorschlug, trennte auch Wismut von einem Gemisch von Arsen, Antimon und Zinn. Die von ihm verwandte Lösung enthielt 0,0518 g Wismut, 0,1009 g Arsen, 0,1024 g Antimon und 0,1031 g Zinn. Hierzu wurden 8 g Weinsäure und 3 ccm Ammoniumhydroxyd gegeben, mit Wasser auf 175 ccm verdünnt und mit

[1] Am. Ch. Jr. 8, 206.
[2] Am. Ch. Jr. 8, 206; Jr. An. Ch. 7, 255.
[3] J. Am. Ch. S. 15, 204.

einem Strom von $N. D_{100} = 0{,}02$ Amp. und 1,9 Volt bei gewöhnlicher Temperatur elektrolysiert. Die Fällung ging über Nacht vor sich. Voraussichtlich läßt sich die Dauer durch gelindes Erwärmen der Flüssigkeit herabsetzen. Das Wismut schied sich schnell und festhaftend ab.

Trennungen des Bleies.[1]

Wegen der technischen Wichtigkeit des Bleies ist nicht nur dessen genaue Bestimmung, sondern auch dessen Trennung von häufig mit ihm vorkommenden Metallen von großer praktischer Bedeutung. Dieses Interesse wird für uns noch gesteigert, da dieses Metall auf elektrolytische Weise weit besser als nach den gewöhnlichen gravimetrischen Methoden bestimmt und getrennt werden kann.

1. Trennung von Blei und Aluminium.

Da Aluminium elektrolytisch aus salpetersaurer Lösung nicht gefällt wird und gerade die letztere für die Abscheidung von Blei in Form des Dioxyds an der Anode besonders geeignet ist, so sind die auf S. 101 angegebenen Bedingungen zur Ausführung der vorliegenden Trennung geeignet.

2. Trennung von Blei und Antimon.

Eine rein elektrolytische Methode ist gegenwärtig für die Trennung dieser beiden Metalle noch nicht bekannt. In der Chemikerzeitung[2] beschreiben Nissenson und Neumann zur Analyse einer Antimonbleilegierung eine Methode, welche einige Beachtung verdient; sie ist zwar keine eigentliche elektrolytische Trennung, könnte jedoch mitunter als nützlicher Ausweg verwendet werden.

Die fein verteilte Legierung wird mit 4 ccm Salpetersäure (spez. Gew. 1,4), 15 ccm Wasser und 10 g Weinsäure in Lösung gebracht; 4 ccm konzentrierter Schwefelsäure werden dann zu der klaren Lösung gesetzt, die man mit Wasser verdünnt, ab-

[1] Siehe auch S. 281.
[2] **19** (1895), 1142.

kühlt und auf 250 ccm auffüllt. Nach dem Abfiltrieren des ausgeschiedenen Bleisulfates enthält das Filtrat das gesamte Antimon. Je 50 ccm des Filtrates macht man nun mit Ätznatron stark alkalisch, fügt 50 ccm einer kalten, gesättigten Natriumsulfidlösung hinzu, erhitzt zum Sieden, filtriert sofort und elektrolysiert nach dem Auswaschen die heiße Lösung mit einem Strom von $N.D_{100}$ = 1,5—2,0 Amp. Höchstens eine Stunde ist zur Abscheidung des Antimons erforderlich.

Das Bleisulfat wird einige Minuten lang mit wäßrigem Ammoniak digeriert, wodurch es in das Hydroxyd verwandelt wird. In diesem Zustande kann es nach dem Auswaschen in eine Platinschale, die 20 ccm Salpetersäure enthält, übergeführt werden, in welch letzterer es sich langsam auflöst. Dann wird die Flüssigkeit unter den auf S. 101 angegebenen Bedingungen elektrolysiert.

3. Trennung von Blei und Arsen.

Neumann[1] veröffentlichte einige Beobachtungen bei Versuchen, Blei und Arsen elektrolytisch zu trennen. Aus diesen Mitteilungen geht hervor, daß in Gegenwart von Arsen Bleibestimmungen nicht zuverlässig sind, sondern zu niedrig ausfallen. Ist weniger als 1 % Arsen anwesend, dann kann man die Ergebnisse allenfalls noch gelten lassen, wenn auch die vollständige Abscheidung des Bleies als Dioxyd verhältnismäßig lange Zeit in Anspruch nimmt.

Diese Versuche von Neumann wurden sämtlich mit salpetersauren Lösungen ausgeführt.

4. Trennung des Bleies von Barium, Calcium, Magnesium, Strontium, den Alkalimetallen, Beryllium, Chrom, Eisen, Kadmium, Kobalt, Nickel, Silber, Uran, Zink und Zirkonium.

Diese Trennungen werden leicht unter Beobachtung der auf S. 100 für die Einzelbestimmung des Bleies angegebenen Be-

[1] Ch. Z. 20, 382.

dingungen ausgeführt. Es sollen ungefähr 15—20 ccm konzentrierter Salpetersäure zugegen sein. Die von dem Bleidioxydniederschlag abgegossene Flüssigkeit wird dann in das für die Fällung des betreffenden Metalles günstigste Salz übergeführt und in der üblichen Weise elektrolysiert.

5. Trennung von Blei und Gold.

Die Trennung von Blei und Gold auf elektrolytischem Wege ist bisher noch nicht behandelt worden, da sie anscheinend zufriedenstellender auf andre Weise ausgeführt werden kann.

6. Trennung von Blei und Kupfer

siehe Trennung des Kupfers von Blei S. 193 (stets in salpetersaurer Lösung).

7. Trennung von Blei und Mangan.

a) In salpetersaurer Lösung. Es ist wohl bekannt, daß Mangan aus einer Lösung, in welcher die freie Salpetersäure an Menge nicht 3—5 % überschreitet, gefällt werden kann. Größere Mengen dieser Säure verhindern indessen die Ausfällung, da an der Anode, wie man leicht an der roten auftretenden Farbe erkennen kann, Ubermangansäure gebildet wird (s. S. 135). Da anderseits Blei sogar in Gegenwart von 15—20 % freier Säure ausgefällt wird, so müßte eine Trennung unter den eben angeführten Bedingungen möglich erscheinen. Bis vor ganz kurzer Zeit hatte man dies nicht versucht. Neumann empfiehlt, die Lösung der beiden Metalle mit einem 20 %igen Gehalt an konzentrierter Salpetersäure auf 70° zu erwärmen und dann mit einem Strom von 1,5—2 Amp. und 2,5—2,7 Volt zu elektrolysieren. Es ist unbedingt notwendig, heiße Lösungen, starke Ströme und nicht zu große Manganmengen (höchstens 0,03 g in 150 ccm Flüssigkeit) zu verwenden. Werden größere Mengen verwendet, dann trübt sich bei längerer Analyse die Flüssigkeit leicht, was auf die Abscheidung von Mangandioxyd zurückzuführen ist.[1]

[1] Ch. Z. 20, 383.

b) In phosphorsaurer Lösung. Linn fügt zu der Lösung der beiden Nitrate ein wenig mehr Dinatriumphosphat als zur vollständigen Fällung notwendig ist, und löst dann die Phosphate in einem Überschuß reiner Phosphorsäure (spez. Gew. 1,7); die Lösung wird dann bei $N.D_{100}$ = 0,003—0,006 Amp. und einer Spannung von 2—3 Volt elektrolysiert. Der Bleiniederschlag (Metall) wird mit Wasser, Alkohol und Äther gewaschen und dann bei 100—110° getrocknet (vgl. indessen S. 103).[1]

8. Trennung von Blei und Quecksilber.

Hierfür gelten die auf S. 211 für Quecksilber und Blei angegebenen Einzelheiten.

9. Trennung von Blei und Selen.

Da Selen die Abscheidung des Bleies als Dioxyd aus salpetersaurer Lösung etwas beeinträchtigt, so dürften einige Ergebnisse aus Versuchen von Neumann[2] hier von Interesse sein.

Neumann verwandte Lösungen von Bleinitrat, die etwas Natriumselenit enthielten. Bei dem ersten Versuch war nur Blei, bei den andren waren beide Metalle anwesend.

Angewandt Blei	Angewandt Selen	Salpetersäure in ccm	Volumen in ccm	Dauer in Stunden	Ampere	Volt	Gefunden Blei
0,2238	0,0000	30	150	1	0,8	3	0,2238
0,2238	0,0050	30	150	1	0,8	3	0,2208
0,2238	0,0100	30	150	1	0,8	3	0,2156
0,2238	0,0200	30	150	1	0,8	3	0,1886
0,2238	0,0500	30	150	1	0,8	3	0,0327

Als die Selenmenge vermehrt wurde, wurde demnach die Menge des abgeschiedenen Bleidioxydes geringer. Dasselbe war bei Blei und Arsen der Fall. Auch schied sich im ersteren Fall an der Kathode ein Niederschlag von metallischem Blei und Selen ab.

[1] J. Am. Ch. S. **29**, 82.
[2] Ch. Z. **20**, 383.

10. Trennung von Blei und Silber.

In salpetersaurer Lösung. Aus einer Reihe von Versuchen soll ein Beispiel für die Ausführung dieser Trennung gegeben werden, das die besten Versuchsbedingungen veranschaulicht: Zu einer 0,1028 g Silber und eine 0,0144 g Dioxyd äquivalente Menge Blei enthaltenden Lösung wurden 15 ccm Salpetersäure (spez. Gew. 1,3) hinzugesetzt. Nach Verdünnung auf 200 ccm wurde die Lösung mit einem Strom von $N.D_{100}$ = 0,18 Amp. und 2,25 Volt elektrolysiert. Der Silberniederschlag wog 0,1023 g, der des Bleidioxyds 0,0144 g. Man braucht wohl nicht zu erwähnen, daß beide Abscheidungen zu gleicher Zeit stattfanden und daß die für die Einzelbestimmung beider Metalle angegebenen Vorsichtsmaßregeln sorgfältig innegehalten wurden. Es soll hier noch daran erinnert werden, daß Silber sich ziemlich häufig bei Anwesenheit von Salpetersäure zu gleicher Zeit sowohl als Superoxyd an der Anode, als auch als Metall an der Kathode abscheidet, so daß Luckow die Anwesenheit von mindestens 18 % Salpetersäure empfiehlt und außerdem noch mehrere Tropfen Oxalsäure zur Verhinderung der Ausfällung von Silberdioxyd einführt.[1]

11. Trennung von Blei und Tellur.

Die Trennung von Blei und Tellur ist bisher nicht versucht worden.

12. Trennung von Blei und Wismut siehe S. 220.

13. Für die Trennung von Blei und Zinn

ist die übliche gravimetrische Arbeitsweise vorzuziehen.

Trennungen des Silbers.[2]

Für die Trennung dieses Metalles von damit vorkommenden andren Metallen hat sich der elektrische Strom als wert-

[1] Jr. An. Ch. 7, 252; Z. f. ang. Ch. 1890, 345. Siehe auch Arth und Nicolas, B. S. Ch., Paris (3) 29—30, 633.

[2] Siehe auch S. 280ff.

volles Agens erwiesen. Zugunsten der nachfolgenden Trennungen spricht vor allem ihre leichte Ausführbarkeit und ihre Genauigkeit.

1. Trennung des Silbers von Aluminium.

Hier kann man die auf S. 107 für die Fällung von Silber aus salpetersaurer Lösung angegebenen Bedingungen verwenden.

Zur Verwendung der rotierenden Anode verdünnt man die Lösung auf 125 ccm, gibt 1 ccm Salpetersäure (spez. Gew. 1,43) und 1 g Ammoniumnitrat hinzu und elektrolysiert bei einem Strom von $N.D_{100} = 3$ Amp. und 3,5 Volt. Für $^1/_4$ g Metall oder mehr werden gewöhnlich 15 Minuten erforderlich sein.

Ebendieselbe Arbeitsweise kann auch für die Schnelltrennung des Silbers von Blei, Chrom, Eisen, Kadmium, Kobalt, Magnesium, Mangan, Nickel und Zink[1] verwendet werden.

2. Trennung des Silbers von Antimon.

a) In ammoniakalischer Lösung. Nach einem Vorschlag von Freudenberg[2] setzt man, falls das Antimon in der höchsten Oxydationsstufe vorliegt, zu der Lösung der vereinigten Metalle Ammoniumsulfat und wäßriges Ammoniak und elektrolysiert dann mit einem Strom von 1,2—1,3 Volt. Das abgeschiedene Metall haftet jedoch nicht besonders gut an der Schale, so daß man nur in besonderen Fällen zu dieser Methode greifen soll.

b) In saurer Lösung. Man fügt zu der salpetersauren Lösung nach Überführung des Antimons in den fünfwertigen Zustand Weinsäure und elektrolysiert bei einem Strom von nicht mehr als 1,4—1,5 Volt. Freudenberg gibt an, daß der erhaltene Silberniederschlag nicht besonders gut zum Wägen geeignet sei.

c) In Cyankalilösung. Auch hier muß das Antimon in fünfwertiger Form vorliegen. Nach Zugabe von Weinsäure zu der Cyanidlösung (1 g reines Kaliumcyanid auf je 0,1 g Metall) elektrolysiert man mit einem Strom von 2,3—2,4 Volt.

Fischer fand Arbeitsweise b) und c) sehr zufriedenstellend.[3]

---

[1] J. Am. Ch. S. **26**, 1290.
[2] Z. f. phys. Ch. **12**, 109.
[3] Ber. **36**, 3297; Z f. Elektrochem. **9**, 993.

3. Trennung des Silbers von Arsen.

Die soeben für Silber und Antimon beschriebenen Trennungen sind auch für Silber und Arsen verwendbar.[1]

4. Trennung des Silbers von Barium.

Man folgt den auf S. 107 für die Einzelbestimmung von Silber angegebenen Bedingungen.

5. Trennung des Silbers von Blei.

Man folgt den Angaben auf S. 232 (Trennung von Blei und Silber).[2]

6. Für die Trennung des Silbers von Calcium und Chrom siehe unter Silber und Aluminium S. 233.

7. Trennung des Silbers von Eisen.

Liegt das Eisen als Ferrosalz vor, so fügt man zu der Mischung der Salze 5 g Kaliumcyanid, verdünnt mit Wasser auf 100 ccm, erwärmt auf 65° und elektrolysiert bei einem Strom von $N.D_{100} = 0{,}04$ Amp. und 2,7 Volt. Das Silber wird in drei Stunden vollständig gefällt oder auch bei Anwendung einer rotierenden Anode in wenigen Minuten.

Die Trennung dieser Metalle kann auch in salpetersaurer Lösung unter Benutzung der auf S. 107ff. wiedergegebenen Bedingungen ausgeführt werden.

8. Für die Trennung des Silbers von Gold

ist bisher noch keine geeignete Methode gefunden worden.[3]

9. Trennung des Silbers von Kadmium.

a) In salpetersaurer Lösung. Zu der Lösung der Salze der beiden Metalle gibt man 15—20 ccm Salpetersäure (spez. Gew. 1,3), erwärmt auf 60° und elektrolysiert bei einem Strom

[1] Am. Ch. Jr. **12**, 428.
[2] Arth und Nicolas, Ch. N. **88**, 309.
[3] Jr. An. Ch. **6**, 87.

von 2—2,2 Volt Spannung. Das Silber fällt hierbei aus und wird nach S. 108 weiter behandelt. Das saure Filtrat wird durch Zugabe eines Überschusses an Natriumacetat zur elektrolytischen Abscheidung des Kadmiums geeignet gemacht (siehe S. 82).

b) In Cyankalilösung. Man gibt 2 g reines Cyankalium zu der Lösung, die je 0,1—0,2 g Metall enthält, verdünnt auf 125 ccm und erwärmt auf 65—75°. Dann leitet man einen Strom von $N. D_{100}$ = 0,02—0,025 Amp. und 2,1 Volt durch die Flüssigkeit, wobei das Silber nach vier bis fünf Stunden vollständig ausfällt. Die vom Niederschlag abgegossene Flüssigkeit wird eingeengt, in eine gewogene Platinschale übergeführt und dort nach S. 81 zur Abscheidung des Kadmiums elektrolysiert.

10. Für die Trennung des Silbers von Kalium, den übrigen Alkalimetallen und den alkalischen Erden verfährt man wie bei der Trennung des Silbers von Barium. Siehe S. 234.

11. Trennung des Silbers von Kobalt.

Beispiel: Zu der Lösung des Silbersalzes (0,1024 g Silber) wurden 0,1 g Kobalt als Nitrat und 2,75 g reines Cyankalium hinzugesetzt. Dann wurde zu 125 ccm verdünnt, auf 65° erwärmt und bei einem Strom von $N. D_{100}$ = 0,038 Amp. und 2 Volt elektrolysiert. Nach 5 Stunden war das Silber vollständig gefällt und wog 0,1027 g; es enthielt keine Spur Kobalt.[1] Diese Arbeitsweise ist der Abscheidung des Silbers aus salpetersaurer Lösung vorzuziehen.

12. Trennung des Silbers von Kupfer.

a) In salpetersaurer Lösung. Freudenberg gibt 2 bis 3 ccm Salpetersäure (spez. Gew. 1,2) zu der Lösung der beiden Salze und elektrolysiert bei einem Druck von 1,3—1,4 Volt und einem Strom von 0,1 Amp. Das abgeschiedene Silber war frei von Kupfer.[2]

---

[1] J. Am. Ch. S. **21**, 915.
[2] Z. f. phys. Ch. **12**, 107; Berg-Hütt. Ztg. **1883**, 375.

Bei gewöhnlicher Temperatur erforderte diese Trennung sieben Stunden, bei 70° vier Stunden. Die von dem Silber abgeheberte Flüssigkeit kann nach Zugabe von Salpetersäure in einem Becherglas elektrolysiert werden. Das Kupfer wird auf einem eingehängten Platinkonus (S. 71 und 107) abgeschieden. Hierzu ist ein Strom von 0,5—1,0 Amp. bei 60°—65° erforderlich.

So schön diese Vorschrift ist, so hat doch jeder, der Freudenbergs Arbeit wiederholt hat, Schwierigkeiten dabei beobachtet, so daß bald Modifikationen der Arbeitsweise vorgeschlagen wurden. Besonders haben Küster und v. Steinwehr[1] eine erschöpfende Untersuchung der Abscheidung des Silbers aus salpetersaurer Lösung und seiner Trennung vom Kupfer in Gegenwart der letztern Säure angestellt. Ihre Ergebnisse waren in aller Kürze, daß die Lösung etwa 1—2 ccm Salpetersäure (spez. Gew. 1,4) enthalten müsse und daß man hierzu 5 ccm Alkohol hinzufügen solle. Weiter, daß das Potential des Elektrolyten konstant auf 1,35—1,38 Volt gehalten werden muß. Sie arbeiteten nach folgendem Beispiel:

Ein gewogenes Stück einer Silbermünze (0,3161 g) wurde in 2 ccm Salpetersäure (spez. Gew. 1,4) aufgelöst, die Lösung auf 150 ccm verdünnt und hierzu 5 ccm Alkohol gegeben. Dann erwärmte man auf 55° und elektrolysierte bei 1,36 ± 0,01 Volt. Sie erhielten 0,2839 g Silber = 89,83 %.

b) In Cyankalilösung. Die folgende Trennung wurde zuerst von Smith und Frankel[2] ausgeführt und ist mehr als hundertmal in unserm Laboratorium sowohl von erfahrenen Analytikern, als auch von Anfängern ausgeführt worden, wobei stets äußerst zufriedenstellende Resultate erhalten wurden:

Man gibt 2 g Cyankalium zu der Lösung der gemischten Salze, erwärmt auf 65° und elektrolysiert die Flüssigkeit (125 ccm) bei einem Strom von $N.D_{100}$ = 0,03—0,058 Amp. und 1,1—1,6 Volt.

[1] Z. f. Elektrochem. 4, 451.
[2] Am. Ch. Jr. 12, 104.

Das Silber wird in vier bis fünf Stunden gefällt. Natürlich muß in Gegenwart von sehr viel Kupfer die Cyankalimenge entsprechend vermehrt werden. Beispiel: Eine Lösung enthielt 0,1066 g Silber und 0,5265 g Kupfer. Hierzu wurden 4 g reines Cyankalium gegeben, die Flüssigkeit auf 60° erwärmt und dann $3^1/_2$ Stunden mit einem Strom von $N.D_{100} = 0{,}02-0{,}03$ Amp. und 1,2 Volt elektrolysiert. Das abgeschiedene Silber wog 0,1066 g; die Gesamtverdünnung war 125 ccm.

Bei Gegenwart von drei oder vier andren Metallen neben dem Silber ist ebenfalls die Zugabe von mehr Alkalicyanid erforderlich.[1]

In dem zuletzt beschriebenen Elektrolyten kann man auch leicht Silber von Kupfer unter Anwendung einer rotierenden Anode trennen. Zu der Lösung der Metalle fügt man 2 g Cyankalium, erhitzt nahezu zum Sieden und elektrolysiert bei einem Strom von $N.D_{100} = 0{,}4-0{,}1$ Amp. und 2,5 Volt. Fünfzehn Minuten genügen für die Fällung.

Zur Erläuterung, wie diese Arbeitsweise für die schnelle Analyse einer Silbermünze verwendet werden kann, soll ein Beispiel, das von Frl. Langness in unserm Laboratorium ausgeführt wurde, hier angegeben werden:

Eine kleine Silbermünze wurde gereinigt und in vier Teile zerschnitten. Eines davon wurde ausgewogen (0,7070 g), in möglichst wenig Salpetersäure aufgelöst, der Überschuß der Säure verdampft und der Rückstand in Wasser aufgelöst und auf genau 100 ccm verdünnt. Zu je 25 ccm dieser Lösung wurde $^1/_2$ g Cyankalium gesetzt. Das Silber wurde nun zunächst bei schwachem Strom abgeschieden und dann die abgegossene Flüssigkeit nach dem Einengen zur Abscheidung des Kupfers elektrolysiert. Bedingungen und Resultate sind in folgender Tabelle wiedergegeben:

---

[1] J. Am. Ch. S. **23**, 582; Brunck, Ber. **34**, 1604; Révay, Z. f. Elektrochem. **4**, 313.

Nr.	Volt	Ampere	Dauer in Minuten	Gewicht des Metalles	% Gehalt an Metall
1	3—2,5	0,4—0,06	35	0,1589 g Ag	89,90 % Silber
	10	5	10	0,0177 g Cu	10,01 „ Kupfer
2	3—2,5	0,4—0,06	45	0,1588 g Ag	89,84 „ Silber
	10	6	10	0,0180 g Cu	10,18 „ Kupfer

Die vollständige Analyse vom Wägen der Münze bis zum Wägen der Niederschläge erforderte etwa $2^1/_2$ Stunden.

Bei Anwendung zweier Portionen kann man die Analyse auch in $1^1/_2$ Stunden bewerkstelligen, falls man zwei Schalen zur Verfügung hat. In diesem Falle scheidet man nämlich die Metalle in der einen Schale gemeinsam ab, in der andren dagegen nur das Silber. Auch auf diesem Wege wurde eine Bestimmung ausgeführt, Die Münze wog 0,5638 g und wurde in möglichst wenig Salpetersäure (weniger als 1 ccm) aufgelöst; der Überschuß der Säure wurde verdampft und zum Rückstand Ammoniak zur Neutralisation tropfenweise hinzugesetzt. Nach Einführung von 2 g Cyankalium wurde die Flüssigkeit zu 100 ccm aufgefüllt. Von dieser Lösung wurden dann je 25 ccm auf etwa 125 ccm verdünnt und einmal Silber und Kupfer zusammen und in einer zweiten Portion das Silber allein elektrolysiert:

Volt	Ampere	Dauer in Minuten	
7	2	18	0,1409 g gemeinsames Gewicht von Kupfer und Silber = 99,94 %
2,5	0,5—0,07	25	0,1268 g Silber = 90,0 %

13. und 14. Trennung des Silbers von Lithium und Magnesium

siehe unter Silber und Barium S. 234.

15. Trennung des Silbers von Mangan

siehe Blei und Mangan S. 230.

16. Trennung des Silbers von Molybdän, Osmium und Wolfram.

Man folgt den auf S. 235 für Silber und Kobalt angegebenen Bedingungen.

17. Trennung des Silbers von Nickel.

Man gibt 1,5 g reines Kaliumcyanid zu der gleiche Mengen der Metalle (0,1—0,2 g) enthaltenden Lösung, verdünnt mit Wasser auf 125 ccm, erwärmt auf 60°—65° und elektrolysiert bei einem Strom von $N.D_{100}$ = 0,02—0,03 Amp. und einem Druck von 1,6—2,0 Volt. Die Dauer der Fällung beträgt gewöhnlich drei Stunden.[1]

Zur Verkürzung der Dauer benutzt man die rotierende Anode. Man fügt zu der Lösung der Metallsalze 1,5 g reines Cyankalium und elektrolysiert mit einem Strom von 0,4—0,07 Amp. und 2,5 Volt. Die Fällung geht in zwanzig Minuten vor sich.

18. Trennung des Silbers von Palladium.

Die elektrolytische Abscheidung des Silbers von Palladium hat bisher zu keinen zufriedenstellenden Resultaten geführt.

19. Trennung des Silbers von Platin.

Zu der Lösung der vereinigten Metalle fügt man auf je 0,2 g Metall 1,25 g reines Cyankalium, verdünnt mit Wasser auf 125 ccm, erwärmt auf 70° und elektrolysiert mit einem Strom von $N.D_{100}$ = 0,04 Amp. und 2,5 Volt. Die Fällung wird nach Verlauf von drei Stunden vollständig.[2]

Zur Beschleunigung der Trennung benutzt man die rotierende Anode. Bei einem Strom von $N.D_{100}$ = 0,25—0,05 Amp. und 3 Volt werden zwanzig Minuten zur Abscheidung des Silbers genügen.

20. Trennung des Silbers von Quecksilber.

Es ist bisher keine Methode zur Trennung dieser beiden Metalle bekannt. Man kann jedoch beide Metalle aus salpeter-

[1] J. Am. Ch. S. 21, 915.
[2] J. Am. Ch. S. 21, 913.

saurer Lösung zusammen fällen (S. 216) und ihr gemeinsames Gewicht bestimmen, dann das Quecksilber durch Erhitzen austreiben und das zurückbleibende Silber wieder wägen.

21. Trennung des Silbers von Selen.

a) In Cyanidlösung. Meyer[1] elektrolysierte gelegentlich einer Atomgewichtsbestimmung des Selens Silberselenit in Cyanidlösung, wobei das Silber frei von Selen ausfiel, so daß die Methode als eine zufriedenstellende Trennung der beiden Metalle zu betrachten ist. Da Meyer seine Versuchsbedingungen nicht angegeben hat, sollen die von uns in unserm Laboratorium erfolgreich hierzu angewendeten wiedergegeben werden:

Man fügt zu der Lösung der beiden Metalle 3 g Cyankalium, erwärmt auf 60° und elektrolysiert bei einem Strom von $N.D_{100} = 0{,}02$ Amp. und 2,5 Volt. Die Trennung wird in sechs Stunden vollendet.

b) In salpetersaurer Lösung. Man gibt 1 ccm Salpetersäure (spez. Gew. 1,43) zu der Lösung der Metalle, erwärmt auf 60° und elektrolysiert mit einem Strom von $N.D_{100} = 0{,}015$ Amp. und 1,25—2 Volt; Dauer: drei Stunden.

22. Trennung des Silbers von Tellur.

In Cyanidlösung ließ sich diese Trennung nicht bewerkstelligen.

In salpetersaurer Lösung. Man gibt zu der Lösung der beiden Metalle 1 ccm Salpetersäure (spez. Gew. 1,43), verdünnt auf 150 ccm, erwärmt auf 60° und elektrolysiert bei einem Strom $N.D_{100} = 0{,}015$ Amp. und 1,25—2 Volt; Zeit: 3½ Stunden.

23. Trennung des Silbers von Uran

siehe Aluminium von Silber S. 233.

24. Trennung des Silbers von Wismut

siehe unter Wismut von Silber S. 226.

[1] Z. f. anorg. Ch. 31, 393.

25. Trennung des Silbers von Zink.

Man gibt 1 g reines Cyankalium zu der mindestens je 0,1 g der beiden Metalle enthaltenden Flüssigkeit, verdünnt mit Wasser auf 125 ccm und elektrolysiert bei 70° mit einem Strom von $N.D_{100}$ = 0,032—0,038 Amp. und 2,76 Volt. Das Silber wird in drei Stunden vollständig ausgefällt. Im übrigen verfährt man nach S. 108.[1]

Unter Anwendung der rotierenden Anode wird Silber von Zink in Gegenwart von 2,5 g Kaliumcyanid bei einem Strom von 0,3 Amp. und 3 Volt in zwanzig Minuten getrennt.

26. Trennung des Silbers von Zinn.

Bei gleichzeitiger Anwesenheit von Zinn und Silber digeriert man ihre Sulfide mit Ammoniumsulfid, wodurch das Zinn in eine zur elektrolytischen Bestimmung geeignete Form übergeführt wird (S. 166). Man filtriert und wäscht das zurückbleibende Silbersulfid und löst es in Salpetersäure. Nach dem Vertreiben des Überschusses der letzteren fügt man einen Überschuß von Cyankalium hinzu und verfährt im übrigen nach S. 108. Das Silber wird als dichter Überzug abgeschieden und kann mit heißem Wasser gewaschen werden.

Dieser Weg, den man eigentlich nicht als eine elektrolytische Methode bezeichnen kann, ist ebenfalls für die Trennung des Silbers von Arsen, Antimon und Zinn empfohlen worden.

Trennungen des Goldes.

Elektrolytische Trennungen des Goldes von andren Metallen sind in einigen Fällen mit ziemlich gutem Erfolge ausgeführt worden. Da sie mitunter von Nutzen sein können, sollen sie im folgenden etwas ausführlicher beschrieben werden, um ihnen eine allgemeinere Aufnahme zu verschaffen.

[1] J. Am. Ch. S. **21**, 915.

1. Trennung des Goldes von Antimon.

Man gibt 0,5—1 g Weinsäure zu der Lösung der Metalle und 3—4 g reines Kaliumcyanid. Dann elektrolysiert man mit den weiter unten für die Gold-Kupfertrennung unter Nr. 5 angegebenen Bedingungen.

2. Trennung des Goldes von Eisen.

a) In Cyankalilösung. Man löst reines Ferroammoniumsulfat (0,1300 g Eisen) in Wasser und läßt diese Lösung in eine Lösung von 3 g reinem Cyankalium fließen. Darauf gibt man diese Kaliumferrocyanidlösung zu dem Goldsalz, verdünnt mit Wasser auf 125 ccm, erwärmt auf 65° und elektrolysiert bei einem Strom von $N.D_{100}$ = 0,36 Amp. und 2,3 – 3 Volt. In $2^1/_2$ Stunden kann die vollständige Fällung des Goldes bewerkstelligt werden.[1]

b) In phosphorsaurer Lösung. Zu der Lösung der beiden Metalle gibt man 40 ccm Dinatriumphosphatlösung (spez. Gew. 1,028) und 10 ccm Phosphorsäure (spez. Gew. 1,35), verdünnt auf 150 ccm, erwärmt auf 65° und elektrolysiert mit einem Strom von $N.D_{100}$ = 0,02—0,08 Amp. und 1—2,7 Volt. Fünf Stunden sind für die Fällung erforderlich.[2]

3. Trennung des Goldes von Kadmium.

In phosphorsaurer Lösung. Man fügt 40 ccm Dinatriumphosphatlösung (spez. Gew. 1,028) und 10 ccm Phosphorsäure (spez. Gew. 1,35) zu der Lösung der Metalle, verdünnt auf 125 ccm und elektrolysiert bei 60° mit einem Strom von $N.D_{100}$ = 0,03 Amp. und 1—2 Volt. Dauer: vier Stunden.

4. Trennung des Goldes von Kobalt.

a) In Cyanidlösung: Bei früher angestellten Versuchen zur Trennung dieses Metalles wurden einige Schwierigkeiten beobachtet, so daß man die folgende Vorschrift mit peinlichster Sorgfalt innehalten muß: Nach Zugabe von 4 g reinem

---

[1] J. Am. Ch. S. **26**, 1259.
[2] J. Am. Ch. S. **26**, 1266.

Cyankalium zu der Lösung verdünnt man diese auf 125 ccm, erwärmt auf 65° und elektrolysiert mit einem Strom von $N.D_{100}$ = 0,05—0,08 Amp. und 1,7—2 Volt. Vor Unterbrechung des Stromes gibt man 1 ccm 2°/₀ige Natronlauge hinzu und steigert den Strom auf 0,10 Amp. Gewöhnlich sind sechs Stunden zur Ausführung dieser Trennung erforderlich.[1]

b) In phosphorsaurer Lösung. Man fügt 30 ccm Dinatriumphosphatlösung (spez. Gew. 1,028) und 6 ccm Phosphorsäure (spez. Gew. 1,35) zu der Lösung, verdünnt auf 200 ccm und erwärmt auf 60°. Dann wird mit einem Strom von $N.D_{100}$ = 0,03—0,04 Amp. und einem Druck von 1—2 Volt elektrolysiert.

5. Trennung des Goldes von Kupfer.

Für diese Trennung eignet sich am besten eine Alkalicyanidlösung. Die je 0,1665 g Gold und Kupfer enthaltende Lösung (250 ccm) wurde mit 4 g Cyankalium versetzt, dann auf 60—65° erwärmt und bei einem Strom von $N.D_{100}$ = 0,05—0,08 Amp. und 1,7—1,9 Volt elektrolysiert. Nach Verlauf von 2½ Stunden wurde 0,1667 g Gold, frei von Kupfer, gefällt. Die vom Gold abgegossene Lösung kann nach Zusatz eines Überschusses von Ammoniumcarbonat mit einem stärkeren Strom behandelt werden, wodurch man das Kupfer erhält (S. 69).[2]

6. Trennung des Goldes von Nickel.

a) In Cyanidlösung. Man folgt den für die Trennung von Gold und Kobalt (siehe Nr. 4 a) angegebenen Bedingungen.

b) In phosphorsaurer Lösung. Man folgt den für die Trennung von Gold und Eisen (siehe Nr. 2 b)[3] angegebenen Bedingungen.

7. Trennung des Goldes von Palladium.

Zu der Lösung der beiden Metalle gibt man 2 g reines Cyankalium, verdünnt mit Wasser auf 150 ccm, erwärmt auf 65°

[1] J. Am. Ch. S. **21**, 922.
[2] J. Am. Ch. S. **21**, 921 u. **26**, 1268.
[3] J. Am. Ch. S. **26**, 1268.

und elektrolysiert fünf Stunden lang mit einem Strom von $N. D_{100}$ = 0,03—0,06 Amp. und 2,5 Volt. Das Gold wird frei von Palladium gefällt. Bei Anwendung der rotierenden Anode in einem Cyanidelektrolyten, der gleiche Beträge der beiden Metalle enthält, wendet man einen Strom von 2 Amp. und 6 Volt an. Hierbei fällt das Gold in zehn Minuten aus.

8. Trennung des Goldes von Platin.

Man gibt zu der gleiche Mengen beider Metalle enthaltenden Lösung gegen 1,5 g reines Cyankalium, verdünnt mit Wasser auf 250 ccm, erwärmt auf 70° und elektrolysiert drei Stunden lang bei einem Strom von $N. D_{100}$ = 0,01 Amp. und 2,7 Volt.[1]

Bei einem Strom von 2,5 Amp. und 6 Volt kann diese Trennung unter gleichzeitiger Anwendung der rotierenden Anode in fünfzehn Minuten bewerkstelligt werden.

9. Trennung des Goldes von Zink.

a) In Cyanidlösung. Bei dieser Trennung nimmt man 4 g Cyankalium und läßt den Strom mit einer Dichte von $N. D_{100}$ = 0,06 Amp. und einem Druck von etwa 2,6 Volt einwirken. Die Verdünnung und sonstigen Bedingungen sind ähnlich den bei der Trennung von Gold und Kupfer (Nr. 5) angegebenen.[1]

b) Zu der Lösung der Metalle gibt man 30 ccm Dinatriumphosphatlösung (spez. Gew. 1,028) und 6 ccm Phosphorsäure (spez. Gew. 1,35), verdünnt auf 150 ccm, erwärmt auf 65° und elektrolysiert bei einem Strom von $N. D_{100}$ = 0,2 Amp.

10. Zusätze.

Es soll noch angegeben werden, daß die für die Trennung des Goldes von Kupfer angegebenen Bedingungen auch für die Trennung des Goldes von Molybdän, Osmium und Wolfram geeignet sind.

[1] J. Am. Ch. S. **21**, 923.

Ferner sind die für die Fällung des Goldes aus einer Sulfauratlösung angegebenen Bedingungen (S. 162, 163) auch mit sicher guten Resultaten für die Trennung des Goldes von Arsen, Molybdän und Wolfram verwendbar. Die Abscheidung des Goldes aus phosphorsaurer Lösung (S. 161) kann auch für dessen Trennung von Zink und Kobalt verwendet werden.[1]

Trennungen der Platinmetalle.

Die bisher für die Platingruppe angegebenen Trennungen sind nicht sehr zahlreich und bedürfen noch weiterer Forschungen. So besitzen wir z. B. keine Trennung für Platin von Aluminium, Antimon, Arsen, den Alkalimetallen, Blei, Mangan, Molybdän, Selen, Tellur, Thallium, Uran, Vanadin, Wismut, Wolfram und Zinn. Demnach sind nur wenige Metalle übrig, von denen das Platin elektrolytisch getrennt werden kann; nämlich: Eisen, Nickel, Kadmium, Kobalt und Zink, die sich in saurer Lösung bei einem Strom von $N.D_{100}$ = 0,07—0,08 Amp. und 1,8—2,0 Volt von Platin trennen lassen. Für Platin und Kupfer siehe S. 194; Gold: S. 244; Quecksilber: S. 216; Silber: S. 239.

Platin kann von Iridium in schwachsaurer Lösung bei einem Strom von $N.D_{100}$ = 0,05 Amp. und 1,2 Volt getrennt werden. (Classen.)

Beim Palladium scheinen die einzigen Trennungen zu sein: diejenigen von Kupfer (S. 194), Quecksilber (S. 216), Silber (S. 239) und Iridium, von dem letzteren nach der für seine Bestimmung auf S. 152 angegebenen Methode.

Die Trennungen der Metalle der Platingruppe voneinander haben bisher wenig Beachtung gefunden, scheinen aber auf Grund qualitativer Versuche interessante Resultate zu versprechen.

Die auf S. 155 zur Fällung des Rhodiums angegebene Methode ist zu irgendwelchen Trennungen bisher nicht verwendet worden.

---

[1] Am. Ch. Jr. **13**, 206.

Trennungen von Antimon, Arsen und Zinn.

Die geeignetsten Versuchsbedingungen, unter welchen sich Antimon, Arsen und Zinn von andren Metallen trennen lassen, sind schon bei den bisher beschriebenen Metalltrennungen mittels der Elektroanalyse angegeben worden. Was die elektrolytische Trennung von Antimon, Arsen und Zinn von einander anbetrifft, so haben Classen und seine Mitarbeiter sich ein anerkennenswertes Verdienst erworben, wertvolle Daten hierfür geliefert zu haben.

1. Trennung des Antimons von Arsen.

Die beiden Metalle oder ihre Verbindungen werden mit Königswasser zur Trockene verdampft und der Rückstand in 2—3 ccm Wasser aufgelöst. Dann gibt man konzentrierte Natronlauge hinzu, so daß 2,5 g Alkali in der Lösung vorhanden sind und setzt dazu 80 ccm Natriumsulfidlösung (spez. Gew. 1,13—1,15). Diese Lösung wird auf 150 ccm verdünnt und bei 25—38^0 mit einem Strom von $N.D_{100}$ = 1,5—1,6 Amp. und 2,1 Volt am Anfang und 1,45 Volt am Ende elektrolysiert. Die zur Abscheidung des Antimons erforderliche Zeit beträgt gewöhnlich sechs Stunden.[1]

Oder man kann auch zu 0,1268 g Antimon und 0,2000 g Arsen 15 ccm Natriumsulfidlösung (spez. Gew. 1,18) und 3 g Cyankalium hinzusetzen und das Ganze auf 70 ccm verdünnen. Man wendet einen Strom von 6 Amp. und 4 Volt unter gleichzeitiger Benutzung einer rotierenden Anode an, wobei das Antimon vollständig in zwanzig Minuten gefällt wird.

2. Trennung von Antimon und Zinn.

Die Sulfide oder der eingedampfte Rückstand einer Lösung der Metalle werden in eine gewogene Platinschale gebracht und mit 80 ccm Natriumsulfidlösung (spez. Gew. 1,13—1,15) übergossen, dann mit 2 g Ätznatron versetzt, auf 125 ccm verdünnt,

[1] Z. f. Elektrochem. 1, 291.

auf 57—67° erwärmt und mit einem Strom von 1,45—1,50 Amp. und 0,9—0,8 Volt elektrolysiert. Nach zwei Stunden erhält man vollständige Fällung des Antimons.[1] Die Flüssigkeit wird nun in eine zweite Schale übergeführt und der Antimonniederschlag wie früher (S. 170) behandelt. In der Zinnlösung wird nach S. 166 das Natriumsulfid in Ammoniumsulfid übergeführt und dann die Elektrolyse ausgeführt.[2]

Diese Trennung hat bei der Ausführung nicht immer die erwähnten Ergebnisse geliefert, da sie mit einigen störenden Umständen behaftet ist. Auch ist es durchaus noch nicht sicher, ob diese Schwierigkeiten trotz der großen darauf verwendeten Mühe vollständig eliminiert worden sind. Vor einigen Jahren haben Ost und Klapproth[3] Versuche mit Diaphragmazellen angestellt (S. 171). Daraus geht hervor, daß bei Anwendung einer konzentrierten Natriumsulfidlösung der Strom in der Regel nur das Natriumsulfid zersetzt, während das Antimon bei niedriger Badspannung überhaupt nicht an der Elektrolyse teilnimmt, es wird erst als sekundäres Produkt durch das Natriumion gefällt. Ist der Druck groß und unterstützt das Antimonsalz die Leitfähigkeit, dann wandert das Antimon in Form eines komplexen Anions SbS_4 zur Anode. Auch durch Vermengung der Anoden- und Kathodenflüssigkeiten können Störungen eintreten, so daß obige Forscher eine besondere Apparatur angewandt haben, welche ihnen bei diesen Trennungen sehr zuverlässige Ergebnisse geliefert hat.

Die Abbildung (Fig. 32) gibt eine hinreichende Vorstellung von ihrer Idee: *a* ist ein niedriges Becherglas, in dem das zylindrische Diaphragma (eine poröse Pukallzelle) *b* steht; die Anode besteht aus einem Kohlenstift *c*, der in der Diaphragmazelle steht, während ein gebogenes Platinblech oder -drahtnetz *d* als Kathode dient. Das Becherglas und die Zelle werden mit passenden

[1] Z. f. Elektrochem. **1**, 291.
[2] Ber. **17**, 2245 und **18**, 1110.
[3] Z. f. ang. Ch. **1900**, 827.

Uhrgläsern bedeckt. Die Diaphragmazelle wird oberhalb der Flüssigkeit mit einem passenden Gummiringe *e* versehen, so daß die Flüssigkeitstropfen, die von dem Uhrglas herabfallen, in den Kathodenbehälter zurückkehren müssen. Das vorher sorgfältigst durchgespülte Diaphragma soll immer unter Wasser aufbewahrt werden. Die Anodenflüssigkeit wird einige Zeit vor Beginn der Elektrolyse in die Diaphragmazelle eingeführt und die Apparatur nicht eher mit dem Strom verbunden, ehe nicht diese Flüssigkeit die Wände des Diaphragmas völlig durchdrungen hat. Während der Elektrolyse soll die Anodenflüssigkeit etwa 0,5 bis 1 cm höher als die Kathodenflüssigkeit stehen. Der Anodenbehälter faßt etwa 40—50 ccm, derjenige der Kathode 150 ccm. Das Gesamtvolumen der Elektrolyten beträgt 150 ccm, die verfügbare Kathodenoberfläche 1 qdm.

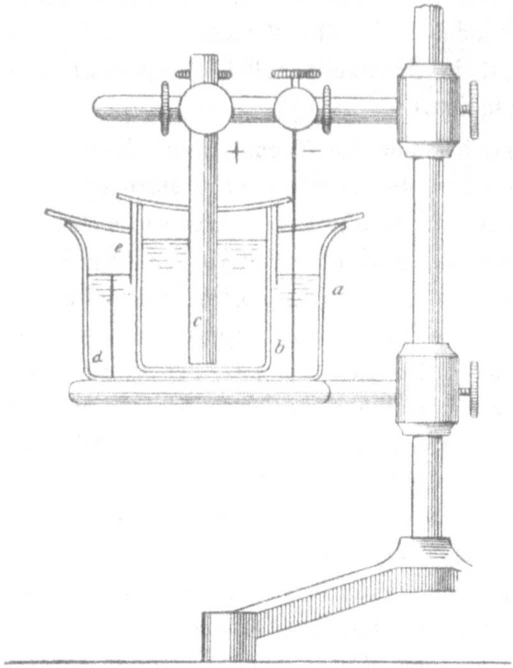

Fig. 32. Apparat zur Trennung von Antimon und Zinn.

Zur Erläuterung der praktischen Wirkung dieser Idee sollen einige Resultate aus Klapproths Doktorarbeit („Die Fällung des Zinns und seine Trennung von Antimon durch Elektrolyse", Hannover 1901) hier wiedergegeben werden. (S. Tab. S. 249.)

Die vom Antimon befreite Lösung kann in eine zur Fällung des Zinns geeignete Form durch Digerieren mit Ammoniumsulfat gebracht werden (S. 166). Wenn dies unter Fortlassung des Diaphragmas ausgeführt werden soll, dann muß das letztere aus der Lösung herausgenommen, oberhalb des Kathodenbecherglases aufgestellt und $^1/_2$ Stunde lang durch hindurchlaufendes Wasser ausgewaschen werden. Die Flüssigkeit wird dann später konzentriert und elektrolysiert.

Trennung von Antimon und Zinn mit Diaphragma und Kohlenanode.

Lösung von 90 ccm im Kathodenraum			Lösung von 50 ccm im Anodenraum	Temperatur	Stromstärke in Ampere	Druck in Volt	Gefunden Antimon in g	Dauer der Fällung in Stunden
Na_2S in ccm	Sb in g	Sn in g						
40	0,1500	0,2500	30 Na_2S	20°	0,08	0,9	0,1505	16
35	0,1500	0,2500	30 Na_2S	20°	0,19	1,10	0,1446	7
60	0,1500	0,5000	20 $(NH_4)_2S$, 30 $(NH_4)_2SO_4$	20°	0,2	0,5	0,1500	16
40	0,3000	0,2500	20 $(NH_4)_2S$, 30 $(NH_4)_2SO_4$	20°	0,15	1,2	0,2990	7
50	0,1500	0,2500	20 $(NH_4)_2S$, 30 $(NH_4)_2SO_4$	20°	0,5	1,0	0,1495	16

Das Zinn kann jedoch auch ohne besondere Entfernung des Diaphragmas bestimmt werden. Hierzu engt man die Kathodenflüssigkeit auf 40 ccm ein und erneuert die Anodenlösung. Die Fällung des Zinns wird dann bei 70° bewerkstelligt. 0,25 g Metall können bei einem Druck, der 2 Volt nicht überschreitet, in zwei bis drei Stunden gefällt werden. Wenn Antimon, Arsen und Zinn zusammen vorhanden sind, dann treibt man das Arsen aus der gemeinsamen Lösung nach der Methode von E. Fischer und Hufschmidt[1] aus und trennt dann das Antimon von Zinn nach S. 246.[2]

In der allgemeinen Analyse wird Phosphorsäure oft als Zinnphosphat gefällt, wobei zugleich Zinnoxyd gebildet wird. Man löst den Niederschlag in Ammoniumsulfid auf und elektro-

---

[1] Ann. **208**, 182; Ber. **17**, 2245; **18**, 1110.
[2] Fischer, Z. f. anorg. Ch. **42**, 363—417.

lysiert die Zinnlösung, wobei das Zinn ausfällt, während die gesamte Phosphorsäure im Rückstand davon vorhanden ist. Diese kann dann in der gewöhnlichen Weise bestimmt werden. (Classen.) Bei Befolgung dieses Vorschlages ist die Bestimmung der Phosphorsäure in einer besonderen Probe des Materials nicht erforderlich.

Trennung des Zinns von Mangan.

Man löst 0,5 g Zinn in einer Lösung von Brom in Salzsäure, neutralisiert mit Ammoniak und fügt die Lösung des Mangansulfates hinzu. Diese Mischung gießt man in 25 ccm gesättigte Ammoniumoxalatlösung. Dann setzt man 100 ccm gesättigter Oxalsäurelösung hinzu und elektrolysiert mit einem Strom von 1 Amp. pro qdm und einem Druck von 2,5 Volt. Das Zinn wird in zufriedenstellender Form ausgefällt.[1]

Trennungen von Eisen, Aluminium, Chrom, Kobalt, Mangan, Nickel, Phosphorsäure und Zink.

Die elektrolytischen Methoden zur Trennung dieser Metalle untereinander sind weder so zahlreich, noch so gründlich durchgearbeitet, wie bei den oben beschriebenen Metallen. Ihre Trennung von den andren Schwermetallen ist schon früher besprochen worden, so daß hier nur noch übrig bleibt, den Verlauf solcher Trennungen zu beschreiben, bei denen die Metalle der Gruppe der Überschrift nebeneinander anwesend sind.

1. Trennunng des Eisens von Aluminium.

Man gibt so viel Ammoniumoxalat zu der Lösung der Metallsalze (möglichst keine Chloride), daß diese 2—3 g Oxalat auf je 0,1 g Metall enthält. Man verdünnt dann auf 175 ccm, erwärmt auf 40° und elektrolysiert bei einem Strom von $N.D_{100} = 1{,}95$—1,6 Amp. und 4,3—4,4 Volt. Das Eisen fällt in $2^1/_2$ Stunden aus.[2]

---

[1] Puschin, Ch. Z. **30**, 572; Z. f. Elektrochem. **13**, 153.
[2] Ber. **18**, 1795 und **27**, 2060; Z. f. Elektrochem. **1**, 292.

Es ist nicht ratsam, den Strom länger, als gerade zur Abscheidung des Eisens notwendig ist, einwirken zu lassen. Gegen Ende der Elektrolyse scheidet sich nämlich leicht Aluminiumhydroxyd ab und überzieht den Eisenbelag mit einer Haut. Diese kann jedoch vorkommenden Falles nach dem Trocknen des Eisens mit einem feinen Tuch abgewischt werden. Das Aluminium muß gravimetrisch bestimmt werden. Die eben erwähnte Abscheidung von Aluminiumhydroxyd kann durch Zugabe von Ammonium- oder Kaliumtartrat (1 g) oder -citrat zu der Lösung der beiden Metalle verhindert werden. Man erwärmt in diesem Falle auf 60° und elektrolysiert bei $N. D_{100}$ = 1 Amp. und 4—5 Volt. Bei dieser Methode schließt das Eisen leicht kleine Beträge Kohlenstoff ein, die jedoch nicht sonderlich die Ergebnisse beeinflussen (siehe S. 140).[1]

Drown und Mc Kenna haben versucht, die auf S. 141 angegebene Methode auch zur Trennung des Eisens von andren Elementen zu verwenden. Die für die bloße Abscheidung des Eisens günstigsten Bedingungen waren nach ihrem Befunde für dessen Trennung von Mangan ungünstig, dagegen lagen keine Schwierigkeiten vor, Eisen von Aluminium oder von Phosphorsäure so zu trennen. Es steht zu erwarten, daß ihre Arbeitsweise auch für die Trennung des Eisens und einiger andrer Metalle von Niob, Tantal, Titan und Zirkonium gute Resultate liefert.[2] Zur Bestimmung des Eisens in Gegenwart von Aluminium in Stahl empfehlen Drown und Mc Kenna folgenden Weg:

„Man löst 5—10 g Eisen oder Stahl in Schwefelsäure; verdampft bis zum Auftreten weißer Dämpfe von Schwefeltrioxyd, gibt Wasser hinzu und erwärmt, bis alles Eisen in Lösung gegangen ist. Dann filtriert man die Kieselsäure und den Kohlenstoff ab, wäscht mit schwach schwefelsaurem Wasser und neutralisiert das Filtrat nahezu mit Ammoniak. Darauf gibt man in das

---

[1] Siehe auch Hollard und Bertiaux, C. r. **136**, 1266.

[2] Wolcott Gibbs, Am. Ch. Jr. **13**, 571; siehe auch S. 54, 57.

Becherglas, in welchem die Elektrolyse ausgeführt werden soll, etwa hundertmal so viel Quecksilber als das angewandte Gewicht Eisen oder Stahl beträgt. Das Volumen der Lösung soll 300 bis 500 ccm betragen. Man schaltet eine Batterie oder eine Dynamomaschine ein, so daß etwa 2 Amp. über Nacht durch die Lösung gehen... Wenn die Lösung keine Reaktion mehr auf Eisen gibt, so wird sie mit einer Pipette ohne Stromunterbrechung aus dem Becherglas entfernt.“ Das Aluminium wird im Filtrat bestimmt.[1] Für die Trennung des Eisens von Titan und Aluminium siehe auch Magri und Ercolini, Atti R. Acad. de Lincei, Roma (5) **16**. I. 331.

Unter Modifizierung der zuletzt erwähnten Versuchsanordnung und gleichzeitiger Heranziehung der auf S. 55 gegebenen Beschreibung, sowie der für Kupfer auf S. 76 ausführlich angegebenen Vorsichtsmaßregeln kann Eisen leicht auch mit Hilfe einer Quecksilberkathode quantitativ getrennt werden, und zwar:

a) Von Vanadin. Hierfür geben die folgenden Beispiele die beste Erläuterung:

Versuch Nr.	Angewandtes Eisen in g	Gefundenes Eisen in g	Angewandtes Vanadium in g	Schwefelsäure (spez. Gew. 1,832) angewandt in Tropfen	Dauer in Stunden	Bedingungen			
						Amp.	Volt	Amp.	Volt
1	0,1056	0,1054	0,1002	12	7	0,4	7	1	8,5
2	0,1056	0,1051	0,1002	13	14	0,6	7	1	9
3	0,2112	0,2113	0,0200	5	14	0,3	7	1	7,5
4	0,2112	0,2112	0,0200	5	14	0,4	7	1	7

Die Verdünnung betrug bei allen diesen Versuchen 20 ccm.

b) Von Beryllium. Aus der Leichtigkeit, mit welcher Eisen von Aluminium mittels einer Quecksilberkathode getrennt werden kann, war anzunehmen, daß auch seine Trennung von Beryllium ohne Schwierigkeiten ausgeführt werden könnte. Hierfür zeugt

[1] Jr. An. Ch. **5**, 627.

die nachfolgende Tabelle. Die Resultate sind darin genau, wie sie gefunden wurden, aufgezeichnet.[1]

Versuch Nr.	Angewandtes Eisen in g	Gefundenes Eisen in g	Angewandtes Beryllium-oxyd in g	Gefundenes Beryllium-oxyd in g	Schwefel-säure (spez. Gew. 1,832) in Tropfen	Dauer in Stunden	Bedingungen			
							Amp.	Volt	Amp.	Volt
1	0,1056	0,1057	0,0818	0,0821	2	7	0,5	7	0,5	6,5
2	0,1056	0,1059	0,0818	0,0820	2	14	0,5	7	0,5	6,5
3	0,0105	0,0105	0,1636	0,1633	2	$4^1/_2$	0,6	8	0,6	8
4	0,0200	0,0208	0,1636	0,1630	2	14	0,6	8	0,6	8
5	0,2112	0,2113	0,0082	0,0082	2	14	0,4	6,5	1,4	7
6	0,2112	0,2112	0,0082	0,0083	2	14	0,4	6,5	1,4	7

Nachdem dann gefunden worden war, wie schnell Metalle an einer Quecksilberkathode bei gleichzeitiger Anwendung einer rotierenden Anode abgeschieden wurden (S. 76), wurde beschlossen, auch die Trennung des Eisens von einigen andren Metallen, mit denen es oft vergesellschaftet ist und welche zum Teil sich durch die gewöhnliche gravimetrische Methode nur schwierig von Eisen trennen lassen, zu versuchen. Die Tourenzahl der Anode betrug 600 in der Minute. Die Metalle waren entweder als Sulfate oder Nitrate vorhanden. Die Versuchsbedingungen gehen zur Genüge aus nachfolgenden Tabellen hervor:

a) Trennung des Eisens von Uranium.

Uranylsulfat in g	Angewandt Eisen in g	Volumen der Lösung in ccm	H_2SO_4 in Tropfen (30 = 1 ccm)	Stromstärke in Ampere	Volt	Dauer in Minuten	Gefunden Eisen in g	Fehler in g
0,2	0,1777	7	2	3—5	7—5	15	0,1777	—
0,1	0,1777	6	2	2—5	7—5	15	0,1772	– 0,0005
0,2	0,1777	7	3	2,5—5	7 - 5	15	0,1769	– 0,0008
0,2	0,1777	7	2	2,5—3,5	7—5	15	0,1775	– 0,0002

[1] J. Am. Ch. S. **26**, 1128.

b) Trennung des Eisens von Aluminium.

Aluminiumsulfat in g	Angewandt Eisen in g	Volumen der Lösung in ccm	H_2SO_4 in Tropfen (30 = 1 ccm)	Stromstärke in Ampere	Volt	Dauer in Minuten	Gefunden Eisen in g	Fehler in g
0,2	0,1777	7	2	2—5	9—7	15	0,1777	—
0,2	0,1777	7	0	2—4	9—7	15	0,1782	+ 0,0005
0,2	0,1777	7	2	2—5	9—7	15	0,1781	+ 0,0004
0,3	0,1777	8	2	2—4,5	7—6	15	0,1782	+ 0,0005

c) Trennung des Eisens von Thorium.

Thoriumnitrat in g	Angewandt Eisen in g	Volumen der Lösung in ccm	H_2SO_4 in Tropfen (30 = 1 ccm)	Stromstärke in Ampere	Volt	Dauer in Minuten	Gefunden Eisen in g	Fehler in g
0,2	0,1777	7	2	2—4	7—6	15	0,1777	—
0,2	0,1777	7	2	3—5	6—5	15	0,1777	—
0,3	0,1777	8	2	3—4	7—5	15	0,1777	—
0,2	0,1777	7	2	3—4	7—5	15	0,1777	– 0,0001

d) Trennung des Eisens von Lanthanum.

Lanthansulfat in g	Angewandt Eisen in g	Volumen der Lösung in ccm	H_2SO_4 in Tropfen (30 = 1 ccm)	Stromstärke in Ampere	Volt	Dauer in Minuten	Gefunden Eisen in g	Fehler in g
0,2	0,1220	10	2	2—4	8—6	15	0,1221	+ 0,0001
0,15	0,1220	10	2	2—4	8—6	15	0,1226	+ 0,0006
0,25	0,1220	10	2	2—4	8—6	15	0,1226	+ 0,0006

e) Trennung des Eisens von Praseodymium.

Praseodymsulfat in g	Angewandt Eisen in g	Volumen der Lösung in ccm	H_2SO_4 in Tropfen (30 = 1 ccm)	Stromstärke in Ampere	Volt	Dauer in Minuten	Gefunden Eisen in g	Fehler in g
0,25	0,1235	7	2	2—4	8—5	20	0,1240	+ 0,0005
0,3	0,1235	8	2	3—5	9—6	20	0,1234	– 0,0001
0,3	0,1235	8	2	2—4	8—5	20	0,1229	– 0,0006
0,25	0,1235	7	2	2—4	8—5	20	0,1230	– 0,0005

f) Trennung des Eisens von Neodymium.

Neodymsulfat in g	Angewandt Eisen in g	Volumen der Lösung in ccm	H_2SO_4 in Tropfen (30 = 1 ccm)	Stromstärke in Ampere	Volt	Dauer in Minuten	Gefunden Eisen in g	Fehler in g
0,16	0,1235	7	2	3—4	7—5	20	0,1242	+ 0,0007
0,24	0,1235	8	2	3—5	9—5	20	0,1236	+ 0,0001
0,24	0,1235	8	2	3—5	9—7	20	0,1237	+ 0,0002
0,16	0,1235	7	2	3—5	9—7	20	0,1237	+ 0,0002

g) Trennung des Eisens von Cerium.

Cersulfat in g	Angewandt Eisen in g	Volumen der Lösung in ccm	H_2SO_4 in Tropfen (30 = 1 ccm)	Stromstärke in Ampere	Volt	Dauer in Minuten	Gefunden Eisen in g	Fehler in g
0,12	0,1235	8	2	2—4	9—6	20	0,1237	+ 0,0002
0,24	0,1235	9	2	2—4	9—6	20	0,1236	+ 0,0001
0,36	0,1235	10	0	2—5	10—7	25	0,1230	— 0,0005

h) Trennung des Eisens von Zirkonium.

Zirkoniumsulfat in g	Angewandt Eisen in g	Volumen der Lösung in ccm	H_2SO_4 in Tropfen (30 = 1 ccm)	Stromstärke in Ampere	Volt	Dauer in Minuten	Gefunden Eisen in g	Fehler in g
0,2	0,1235	7	0	2—4	7—5	20	0,1238	+ 0,0003
0,3	0,1235	8	1	2—4	7—5	20	0,1230	+ 0,0005
0,5	0,1235	10	2	2—5	6—5	25	0,1238	+ 0,0003

Die für Thorium angegebenen Bedingungen sind auch für die Trennung des Eisens von Titan und Yttrium geeignet.[1]

2. Trennung des Eisens von Chrom.

Diese beiden Metalle können in Oxalatlösung unter den oben für die Trennung des Eisens von Aluminium angegebenen Bedingungen getrennt werden, mit der einzigen Abänderung,

[1] J. Am. Ch. S. **25**, 888 und **27**, 1547.

daß man die Temperatur auf etwa 65° zu halten hat.[1] Das Chrom wird während der Elektrolyse in Chromat verwandelt und muß gravimetrisch bestimmt werden.

Auch das zweite Verfahren, d. h. in Tartrat- oder Citratlösung, kann gut für die Trennung von Eisen und Chrom verwendet werden. Die erforderlichen Einzelheiten findet man unter Eisen und Aluminium. Hinzugefügt soll noch werden, daß Eisen auch von Titan in Tartrat- oder Citratlösung analog wie von Aluminium und Chrom getrennt werden kann (vgl. S. 140).

3. Trennung des Eisens von Kobalt.

Classen[2] fügt etwa 8 g Ammoniumoxalat zu der Lösung der Metalle, verdünnt mit Wasser auf 20 ccm, erwärmt auf 65—70° und elektrolysiert bei $N.D_{100}$ = 1,6—2,0 Amp. und einem Elektrodendruck von 3—3,6 Volt. Die zur vollständigen Abscheidung erforderliche Zeit variiert von zwei bis vier Stunden. Die Metalle werden zunächst zusammen gefällt und ihr gemeinsames Gewicht festgestellt; dann löst man sie in Säure auf und ermittelt die Eisenmenge durch Titration. Das Kobalt wird aus der Differenz bestimmt.

Vortmann schlägt vor, 3—6 g Ammoniumsulfat und einen kleinen Überschuß von wäßrigem Ammoniak zu der Lösung der Metalle hinzuzusetzen und bei einem Strom von $N.D_{100}$ = 0,4—0,8 Amp. und 4—5 Volt zu elektrolysieren. Er bemerkt, daß der Kobaltniederschlag bei Berührung mit dem Ferrihydroxyd Spuren von Eisen einschließen kann, die man jedoch durch eine zweite Fällung vollständig entfernen kann (siehe: Eisentrennung von Nickel).

4. Trennung des Eisens von Mangan.

Bei der Betrachtung der Trennung von Eisen und Mangan soll daran erinnert werden, daß wiederholt Einwände gegen den

[1] Z. f. Elektrochem. 1, 292.
[2] Ber. 27, 2060.

Vorschlag von Classen[1] erhoben worden sind. Es dürfte sich daher empfehlen, wenn man einigermaßen brauchbare Resultate erhalten will, die Trennung genau nach der Vorschrift dieses Chemikers auszuführen. Elektrolysiert man die Doppeloxalate von Eisen und Mangan ohne vorherige Zugabe eines großen Überschusses von Ammoniumoxalat, so ist es nach Classen unmöglich, eine quantitative Trennung der beiden Metalle zu erzielen, da das Mangandioxyd mit sich beträchtliche Mengen Ferrihydroxyd niederreißt. Die vollständige Trennung der Metalle ist nur möglich, wenn die Abscheidung des Dioxyds so lange hintangehalten wird, bis der größte Teil des Eisens gefällt ist.

In der Kälte verläuft die Elektrolyse nicht günstig, da der große Betrag des bei der Zersetzung des überschüssigen Ammoniumoxalats gebildeten Ammoniumcarbonats oder Ammoniaks das gefällte Dioxyd wieder auflöst. „Die starke Dissoziation des Ammoniumoxalats in der Wärme gibt demnach ein einfaches Mittel an die Hand, die Bildung eines Manganniederschlages bei der Elektrolyse zu vermeiden oder doch wesentlich zu beeinträchtigen."

Die Lösung der beiden Metalle wird mit 8—10 g Ammoniumoxalat versetzt und in der Hitze (70°) mit einem Strom von $N.D_{100}$ = 0,5 Amp und 3,1—3,8 Volt elektrolysiert. Der Niederschlag wird nach S. 139 behandelt. Man kocht die vom Eisen abgegossene Flüssigkeit mit Natronlauge, um das anwesende Ammoniumcarbonat zu zersetzen, und gibt dann Natriumcarbonat und ein wenig Natriumhypochlorit hinzu, wobei das Mangan als Dioxyd gefällt wird. Nach dem Auflösen in Salzsäure wird dieses schließlich in das Pyrophosphat übergeführt und gewogen.

Classen erwähnt, daß die Methode gute Resultate liefert, falls der Mangangehalt nicht zu hoch ist. Bei der Analyse von Ferromangan z. B. besitzt sie keinen praktischen Wert.[1]

Engels hat den Versuch gemacht, die von ihm beschriebene Methode zur Abscheidung von Mangan (S. 136) auch für die

[1] Ber. **18**, 1793.

Trennung des letzteren von Eisen zu benutzen.[1] Es wurde indessen beobachtet, daß das Mangan zwar vollständig als Dioxyd abgeschieden wurde, jedoch den hohen Betrag von 0,02 g Eisen unterschiedslos einschloß.[2]

Scholl trennte und bestimmte im Universitätslaboratorium zu Philadelphia Eisen und Mangan zu gleicher Zeit durch folgende Arbeitsweise: 10 ccm einer Mangansulfatlösung (= 0,0988 g Mangan) wurden in eine mattierte Platinschale gebracht. Hierzu setzte man 10 ccm Ferriammoniumsulfat (= 0,0996 g Eisen), 5 ccm Ameisensäure (spez. Gew. 1,06) und 10 ccm Ammoniumacetat. Eine Korbelektrode wurde dann als Kathode in die Flüssigkeit gehängt und ein Strom von 1,1 Amp. und 3,9 Volt etwa fünf Stunden lang hindurchgeleitet. Beide Metalle wurden hierbei vollständig gefällt, das Mangan natürlich als Dioxyd.[3]

5. Trennung des Eisens von Nickel.

Classen fällt Eisen und Nickel (ebenso wie Kobalt und Eisen) zunächst als Legierung zusammen aus. Diese wird gewogen und in konzentrierter Schwefelsäure aufgelöst. Das Eisen wird dann mittels Wasserstoffsuperoxyds oxydiert und die Ferrilösung mit Stannochlorid titriert. Der Strom kann von 1,75—2,2 Amp. und die Spannung von 3,4—4,0 Volt variieren. Bei der gewöhnlich angewendeten Temperatur (65—70°) genügen meist etwa zwei Stunden zur Abscheidung von 0,2 g der vereinigten Metalle.

Gelegentlich der Trennung von Eisen und Kobalt wurde auch eine Methode erwähnt, die man ebensogut für die Trennung von Nickel und Eisen verwenden könnte. Sie besteht darin, daß man das Eisen mit Brom oxydiert und in die Lösung dann 3—6 g Ammoniumsulfat und einen schwachen Überschuß von Ammoniumhydroxyd einführt. Aus dieser Lösung wird das Nickel in zwei bis drei Stunden bei einem Strom von $N.D._{100} = 0,4—0,8$ Amp. abgeschieden. Wie im Falle des Kobalts so werden auch hier

[1] Z. f. Elektrochem. **2**, 414.
[2] Köster, Ber. **26**, 2746; Hollard und Bertiaux, C. r. **136**, 1266.
[3] J. Am. Ch. S. **25**, 1045.

Spuren von Eisen im Nickel auftreten. Diese sogenannte Okklusion von Eisen hat einige Elektroanalytiker zu Diskussionen veranlaßt. So bemerkt Neumann,[1] daß oft stillschweigend angenommen würde, Nickel reiße kein Eisen mit sich nieder. In der Tat behauptet Engels,[2] völlig korrekte Ergebnisse erhalten zu haben. Vortmann, wie schon erwähnt, und ebenso Ducru[3] empfehlen dagegen, das Nickel aufzulösen und etwa darin vorhandenes Eisen zu bestimmen. Ducru ist mit dieser Arbeitsweise so zufrieden, daß er sie für die Bestimmung von Nickel im Stahl verwendet, er versichert, daß der Betrag des eingeschlossenen Eisens ziemlich konstant ist (zwischen 1 und 2 mg variierend) und für technische und Handelszwecke vernachlässigt werden könnte. Neumann hält andererseits an der absoluten Notwendigkeit fest, den mitgefällten Eisenbetrag zu bestimmen. Bei der Analyse von Nickelstahl und Nickelmatte verfährt er folgendermaßen:

Man löst die Substanz in verdünnter Schwefelsäure und gibt kurz danach Wasserstoffsuperoxyd in die Lösung zur Oxydation des Kohlenstoffs und des Eisens, wobei eine klare gelbe Lösung erhalten wird. Dann wird Ammoniumsulfat und Ammoniumhydroxyd unter Aufkochen im Überschuß hinzugesetzt und auf ein bestimmtes Volumen verdünnt. Von dieser Lösung filtriert man 100 ccm ab, versetzt diese mit Ammoniumsulfat und Ammoniumhydroxyd, verdünnt auf 175—200 ccm und elektrolysiert die heiße Flüssigkeit bei $N.D_{100} = 1—2$ Amp. und 3,4—3,8 Volt. Die Elektrolyse ist nach Verlauf von $1^1/_2$—2 Stunden beendet.

Betreffs einer andren Methode von Vortmann, die hier anwendbar wäre, siehe Trennung von Nickel und Zink bei Gegenwart von Seignettesalz (S. 262).

6. Trennung des Eisens von Phosphorsäure.

Wird das Eisen aus einer Oxalatlösung (S. 139) oder aus einer Citrat- oder ammoniakalischen Tartratlösung abgeschieden,

[1] Ch. Z. **22**, 731.
[2] Dissertation, Bern.
[3] Ch. Z. **21**, 780; C. r. **125**, 436; B. S. Ch., Paris **17**, 1881.

so wird in der von dem Eisenniederschlag abgegossenen Flüssigkeit alle eventuell vorhandene Phosphorsäure verbleiben, die dann als Ammoniummagnesiumphosphat bestimmt werden kann, oder das Eisen könnte auch nach Auflösung des Eisenphosphats in Schwefelsäure an einer Quecksilberkathode bei gleichzeitiger Benutzung einer rotierenden Anode (S. 143) abgeschieden werden.

7. Trennung des Eisens von Titan.

Die auf S. 140, 254 und 256 angegebenen Methoden sind zur Ausführung dieser Trennung vollständig geeignet.

8. Trennung des Eisens von Uran.[1]

Bei der Ausführung dieser Trennung befolge man die auf S. 250 für die Trennung von Eisen und Aluminium angeführten Vorschriften. Das Uran wird in Form von Hydroxyd gefällt. Bei dieser Trennung ist auch die Verwendung einer Quecksilberkathode mit rotierender Anode (S. 253) sehr zu empfehlen.

9. Trennung des Eisens von Zink.

Man fügt zu der Lösung der Metalle 1—3 ccm einer Kaliumoxalatlösung (1 : 3) und 3—4 g Ammoniumoxalat. Dann elektrolysiert man mit einem Strom von $N.D_{100} = 1—1{,}2$ Amp., wobei das Zink sich ohne Schwierigkeit abscheidet, vorausgesetzt, daß seine Menge nicht mehr als $^1/_3$ des anwesenden Eisens beträgt.

Classen gibt zwecks Innehaltung dieser letzteren Bedingung im Anfange der Elektrolyse einen gewogenen Betrag reinen Ferroammoniumsulfats im Überschuß hinzu.

Vortmann[2] schlägt zwei Methoden vor:

a) Man fügt Kaliumcyanid zu der Lösung der Metalle, bis der zuerst gebildete Niederschlag sich wieder aufgelöst hat, und trägt dann Ätznatron ein. Das Eisen ist anfangs als Ferrocyanid in Lösung, welches in Gegenwart von freiem Alkali durch den Strom nicht zersetzt wird. Man vermeide einen zu großen Über-

---

[1] Ber. **14**, 2771 und **18**, 2483.

[2] M. f. Ch. **14**, 536.

schuß von Cyankalium, da er die Abscheidung des Zinks verzögert. Der Strom soll $N.D_{100} = 0,3-0,6$ Amp. betragen.

b) Mehrere Gramm Seignettesalz werden in die Lösung der Metalle eingetragen und dann ein Überschuß von 10—20% Natriumhydroxyd hinzugesetzt; dann wird die Elektrolyse bei 50—60° mit einem Strom von $N.D_{100} = 0,07-0,1$ Amp. und einem Elektrodendruck von 2 Volt durchgeführt.

10. Trennung des Kobalts von Mangan.

Die für die Trennung dieser beiden Metalle angegebenen Vorschriften entsprechen im allgemeinen genau den für die Trennung von Eisen und Mangan angegebenen. Mit Rücksicht auf die große Tendenz des Mangans, gegen Ende der Zersetzung sich als Dioxyd auszuscheiden, welches sich dann auf dem Kobaltbelag absetzt, kann die Methode kaum als eine genaue betrachtet werden.

11. Trennung des Kobalts von Nickel.

Zu der essigsauren Lösung der Metalle gibt man 10 g Ammoniumsulfocyanid, 3 g Harnstoff und 3—6 ccm wäßriges Ammoniak zur Neutralisation des Säureüberschusses. Dann verdünnt man die Lösung auf 300—350 ccm und elektrolysiert mit einem Druck von nicht mehr als 1 Volt und 0,8 Amp. bei 70 bis 80°. $1^1/_2$ Stunden sind zur Fällung erforderlich. Nickel und Schwefel wandern zur Kathode, während das Kobalt ungefällt zurückbleibt. Das Nickel ist wieder in Säure aufzulösen und nach der auf S. 126 beschriebenen Methode zwecks Reinigung noch einmal zu fällen. Die vom ersten Nickelniederschlag abgegossene Flüssigkeit ist mehrere Male mit Salpetersäure zur Trockne einzudampfen, der Rückstand mit Wasser aufzunehmen und die Lösung nach S. 133 weiter zu behandeln.[1]

12. Trennung des Kobalts von Zink.

Man gibt mehrere Gramm Seignettesalz und einen Überschuß verdünnter Natronlauge zu der Lösung der beiden Metalle, dann

[1] Balachowsky, C. r. **132**, 1492; M. f. Ch. **14**, 548.

erwärmt man auf 65° und elektrolysiert bei einem Strom von $N. D_{100} = 0,3—0,6$ Amp. und 2 Volt. Gewöhnlich scheidet sich ein Niederschlag auf der Anode ab; es ist daher ratsam, die letztere vor der Elektrolyse und nach der Beendigung der Fällung bei 110° zu trocknen und zu wägen.[1]

13. Trennung des Nickels von Mangan.

Das für die Trennung von Kobalt und Mangan oben Ausgesagte gilt auch für die Trennung von Nickel und Mangan.

14. Trennung des Nickels von Zink.

a) Man gibt 4—6 g Seignettesalz zu der Lösung der beiden Metalle und fügt eine konzentrierte Lösung von Ätznatron hinzu. Das Gemisch wird mit einem Strom von 0,3—0,6 Amp. elektrolysiert, wobei die Fällung des Zinks in zwei bis vier Stunden vollständig wird. Man gießt die alkalische Flüssigkeit ab, wäscht den Zinkbelag mit Wasser und Alkohol und trocknet bei 100°.

b) Man fügt 10 g Ammoniumsulfat, 5 g Magnesiumsulfat, 5 ccm einer gesättigten Lösung von schwefliger Säure und einen Überschuß von 25 ccm Ammoniak (spez. Gew. 0,924) zu der Lösung der beiden Metallsulfate, verdünnt auf 300 ccm und elektrolysiert bei 90° mit $N. D_{100} = 0,1$ Amp. Nach Verlauf von vier Stunden dürfen 1—2 ccm herausgenommene Flüssigkeit sich auf Zusatz von Ammoniumsulfid nicht mehr schwarz färben. Man läßt dann die Elektrolyse noch eine Stunde weiter gehen.[2]

Diese von Hollard und Bertiaux[3] angegebene Methode ist neuerdings von Thiel und Windelschmidt[4] näher geprüft worden. Die letzteren fanden dabei, daß der Nickelniederschlag aus sulfithaltiger, ammoniakalischer Lösung 1,2—1,9 % Schwefel

[1] Elektroch. Z. **1**, 7.

[2] Ch. Z. **27** (1903), 1229; ebendort **28**, 645; C. r. **137** (1903), 853 und **138** (1904), 1605.

[3] Metallanalyse auf elektrochemischem Wege. Berlin 1906. S. 45; sowie Bull. S. Ch. **31** (1904), 102.

[4] Z. ang. Ch. **20** (1907), 1137; sowie Windelschmidt, Dissertation. Münster 1907. S. 40.

einschließt. Später wurde diese Beobachtung von Foerster und Treadwell jun.[1] bestätigt, welche daher den Vorschlag machten, bei genauen Bestimmungen das Nickel wieder aufzulösen und bei gewöhnlicher Temperatur unter Ausschluß von Sulfit noch einmal zu fällen. Für annähernde Genauigkeit genügt es auch, den gefundenen Nickelwert um einen vorher bestimmten, den Versuchsbedingungen entsprechenden Prozentsatz zu vermindern.

Puschin und Trechzinsky beschreiben eine Methode[2] zur Trennung von Zinn und Nickel, welche einige Beachtung verdient, wenn sie auch in keiner Beziehung dem gewöhnlichen Analysengang überlegen ist.

15. Trennung von Zink und Mangan.

Eine Lösung von 0,5074 g Zinksulfat und 0,1634 g Mangansulfat wurde mit 5 g Ammoniumlactat, 0,75 g Milchsäure und 2 g Ammoniumsulfat versetzt und auf 200 ccm verdünnt. Dann elektrolysierte man bei 20—25° mit einem Strom von $N.D_{100} =$ 0,24—0,26 Amp. und 3,7—3,9 Volt. Nach vier Stunden wurden 22,786 % Zink ermittelt; die Theorie erforderte 22,78 %.[3]

Scholl empfiehlt, zu der Lösung der beiden Metallsulfate 10 ccm Ameisensäure (spez. Gew. 1,06) und 5 ccm Ammoniumformiatlösung hinzuzugeben und mit einem Strom von $N.D_{100} =$ 1 Amp. und 5,4 Volt zu elektrolysieren. Dabei wird eine mattierte Schale als Anode und eine korbförmige Kathode verwendet. Bei festliegenden Elektroden sind gewöhnlich zehn Stunden für die Trennung erforderlich.

16. Trennung von Eisen, Mangan, Zink, Nickel und Kobalt.

Verfasser dieses Buches trennt zunächst das Eisen von Mangan, Zink, Nickel und Kobalt durch Fällen mit Bariumcarbonat. Das

[1] Z. f. Elektrochem. (1908) Heft 8; vgl. auch Foerster und Blankenberg, Z. f. Elektrochem. **13** (1907), 563.

[2] Z. f. ang. Ch. **17**, 892.

[3] Riderer, J. Am. Ch. S. **27**, 789.

gefällte Eisen wird in Zitronensäure aufgelöst und diese Flüssigkeit nach der auf S. 140 angegebenen Vorschrift elektrolysiert. Das Filtrat, welches das Zink, Mangan, Nickel und Kobalt sowie etwas Bariumsalz enthält, wird vorsichtig mit gerade genügend Schwefelsäure behandelt, um das Barium zu entfernen. Nach dem Filtrieren elektrolysiert man das Filtrat in einer Platinschale als Anode bei einem Strom von 0,3—0,5 Amp., wobei man als Kathode ein gewogenes Stück Platinblech benutzen kann. Das Mangan wird sich hierbei als Dioxyd (S. 135) auf der Schale abscheiden, während die andren Metalle in Lösung bleiben und nach einer der üblichen gravimetrischen Methoden getrennt werden können. Vielleicht könnte auch der Vorschlag von Vortmann (S. 261, 262) für die Trennung des Nickels von Zink und Kobalt hier verwendet werden und diese beiden dann nach S. 261 weiter getrennt werden. Der obige Analysengang erwies sich bei der Analyse des Minerals Franklinit als ziemlich zufriedenstellend, wobei man nach Abscheidung des Eisens und Mangans, wie eben beschrieben, das Zink ebenfalls elektrolytisch in der von dem Manganniederschlag abgegossenen Flüssigkeit bestimmte. Wird die Lösung der letzteren beiden Metalle ganz schwach mit Schwefelsäure angesäuert, dann können sie auch zu gleicher Zeit gefällt werden, und zwar das Zink an der Kathode und das Mangan als Dioxyd an der Anode.

Trennungen des Urans.

Smith hat (S. 146) seinerzeit die Aufmerksamkeit auf die elektrolytische Trennung des Urans von den Alkalimetallen und Barium gelenkt und einige Ergebnisse darüber angegeben. Da eine Erweiterung seines Vorschlages wünschenswert erscheint, sollen nachstehend einige seiner Ergebnisse wiedergegeben werden. Bemerkt soll indessen werden, daß bei den Versuchen, Uran von Nickel und Kobalt zu trennen, keine zufriedenstellenden Ergebnisse erhalten werden konnten, so daß schließlich diese Versuchsreihe verworfen wurde. Während der Abscheidung des Uranouranihydrates muß die Schale gut bedeckt werden, damit so wenig wie möglich Verdampfung eintritt. Man beobachtete nämlich, daß bei eintretender Verdampfung die Gefahr vorhanden war, daß sich andre Salze auf dem freiliegenden Metall abschieden und beim Auffüllen mit Wasser der Uranniederschlag leicht diese einschloß und so geringe Mengen von Verunreinigungen mit sich riß. Diese Vorsichtsmaßregel ist besonders bei der Trennung des Urans von Zink notwendig.[1]

1. Trennung des Urans von Barium (Acetate).

Versuch Nr.	U_3O_8 angewandt in g	Barium angewandt in g	29%ige Essigsäure in ccm	Verdünnung in ccm	Temp. °C.	Stromstärke	Volt	Dauer in Stunden	U_3O_8 gefunden in g	Fehler in g
1	0,1116	0,11	0,5	125	70	$N. D_{107} = 0{,}02$ A	2	5½	0,1119	+ 0,0003
2	0,1116	0,11	0,5	125	70	$N. D_{107} = 0{,}04$ A	8	5½	0,1117	+ 0,0001
3	0,1116	0,11	0,2	125	70	$N. D_{107} = 0{,}1$ A	4,5	4	0,1117	+ 0,0001

2. Trennung des Urans von Calcium (Acetate).

Versuch Nr.	U_3O_8 angewandt in g	Calcium angewandt in g	29%ige Essigsäure in ccm	Verdünnung in ccm	Temp. °C.	Stromstärke	Volt	Dauer in Stunden	U_3O_8 gefunden in g	Fehler in g
1	0,1116	0,1	0,2	125	70	$N. D_{107} = 0{,}025$ A	2,25	6½	0,1113	– 0,0003
2	0,1116	0,1	0,2	125	70	$N. D_{107} = 0{,}04$ A	2,2	5½	0,1114	– 0,0004
3	0,1116	0,1	0,2	125	70	$N. D_{107} = 0{,}05$ A	2,25	4¼	0,1113	– 0,0003
4	0,1116	0,1	0,2	125	70	$N. D_{107} = 0{,}025$ A	2,0	4¾	0,1115	– 0,0001

3. Trennung des Urans von Magnesium (Acetate).

Versuch Nr.	U_3O_8 angewandt in g	Magnesium angewandt in g	29%ige Essigsäure in ccm	Verdünnung in ccm	Temp. °C.	Stromstärke	Volt	Dauer in Stunden	U_3O_8 gefunden in g	Fehler in g
1	0,1116	0,1	0,1	125	70	$N. D_{107} = 0{,}026$ A	2,22	6	0,1115	– 0,0001
2	0,1102	0,1	0,1	125	70	$N. D_{107} = 0{,}05$ A	2,25	5¼	0,1104	+ 0,0002
3	0,1120	0,1	0,1	125	70	$N. D_{107} = 0{,}15$ A	4,0	4	0,1119	– 0,0001

[1] J. Am. Ch. S. **23**, 608.

4. Trennung von Uran und Zink (Acetate).

Versuch Nr.	U_3O_8 angewandt in g	Zink angewandt in g	29 %ige Essigsäure in ccm	Verdünnung in ccm	Temp. °C.	Stromstärke	Volt	Dauer in Stunden	U_3O_8 gefunden in g	Fehler in g
1	0,1120	0,1	0,1	125	70	$N.D_{107} = 0{,}021$ A	2,25	6	0,1120	—
2	0,1102	0,2	0,2	125	70	$N.D_{107} = 0{,}017$ A	2,25	6	0,1099	− 0,0003
3	0,1102	0,1	0,1	125	70	$N.D_{107} = 0{,}02$ A	2,2	6	0,1100	− 0,0002
4	0,1102	0,1	0,1	125	75	$N.D_{107} = 0{,}025$ A	4,4	4½	0,1103	+ 0,0001
5	0,1102	0,15	0,2	125	75	$N.D_{107} = 0{,}01$ A	2,2	6	0,1105	+ 0,0003
6	0,1102	0,2	0,2	125	75	$N.D_{107} = 0{,}02$ A	2,25	6	0,1099	− 0,0003

Trennungen des Molybdäns.

Bei den verschiedenen Metallen sind schon die Bedingungen angegeben worden, mittels deren Molybdän leicht von ihnen getrennt werden kann. Da das Metall auch leicht an einer Quecksilberkathode abgeschieden werden kann (S. 160), so ist man ferner imstande, seine Trennung von Vanadin zu bewerkstelligen. Man erhält hierbei vollständig zufriedenstellende Resultate:

Trennung des Molybdäns von Vanadin.

Versuch Nr.	Angewandt Molybdän in g	Gefunden Molybdän in g	Angewandt Vanadin in g	Nr. der Zelle	H_2SO_4 in Tropfen (spez. Gew. 1,832)	Dauer in Stunden	Strombedingungen: Anfang Amp.	Anfang Volt	Ende Amp.	Ende Volt	Dauer der Endbedingungen
1	0,0950	0,0950	0,1002	2	20	20	1,6	6,5	1,5	5,5	3 Stdn.
2	0,0950	0,0940	0,1002	3	20	18	2	5	1	5	3 „
3	0,1900	0,1895	0,0100	2	30	18	1,6	4,5	1,5 [1]	6	3 „
4	0,1900	0,1887	0,0100	2	30	20	1,4	4,5	1,5 [2]	5,5	3 „

Die bei den obigen Versuchen verwendeten Salze waren Natriummolybdat und Natriumvanadat. Wie aus Experiment Nr. 3 und 4

[1] Neutralisiert mit Ätzkali auf 15 Tropfen Schwefelsäure und dann unter den Endbedingungen für die angegebene Zeit weiter elektrolysiert.

[2] Neutralisiert mit Ätzkali auf 20 Tropfen Schwefelsäure und dann unter den Endbedingungen für die angegebene Dauer elektrolysiert.

der Tabelle hervorgeht, zeigte es sich als empfehlenswert, mit Atzkali einen Teil der anwesenden Schwefelsäure zu neutralisieren, nachdem die Hauptmenge des Molybdäns bis auf kleine Spuren abgeschieden war. Größere Beträge der Säure scheinen einen verzögernden Einfluß auf die Abscheidung der letzten Spuren des Molybdäns auszuüben. Anderseits darf man jedoch die Neutralisation nicht zu weit führen, da ein Vanadinoxyd auf der Anode auftritt, sobald nicht genügend Säure vorhanden ist. Wenn das Molybdän vollständig abgeschieden ist, zeigt die Lösung eine grüne Farbe, dies kann als Zeichen zum Unterbrechen des Stromes dienen.

Trennungen des Chroms.

Da man dieses Metall an Quecksilberkathoden fällen kann (S. 144), so liegt der Gedanke nahe, auf diesem Wege das Chrom auch von andren Metallen zu trennen, besonders wenn diese Trennungen Vorteile gegenüber früheren Arbeitsweisen aufweisen sollten. So ist z. B. das Chrom in Form des Sulfates verhältnismäßig leicht von Aluminium mittels Quecksilberkathode und festliegender Anode nach der Beschreibung auf S. 57 zu trennen. Die Bedingungen gehen hinreichend aus nachfolgenden Beispielen hervor.

1. Trennung des Chroms von Aluminium:

Versuch Nr.	Angewandtes Chrom in g	Gefundenes Chrom in g	Angewandtes Aluminium in g	Gefundenes Aluminium in g	Nr. der Zelle	H_2SO_4 in Tropfen (spez. Gew. 1,832)	Dauer in Stunden	Bedingungen Anfang Amp.	Anfang Volt	Ende Amp.	Ende Volt
1	0,1080	0,1080	0,1421	0,1423	1	6	14	0,85	6	0,8	6,5
2	0,1080	0,1081	0,1421	0,1426	2	4	14	0,3	6	0,8	6,5
3	0,0108	0,0107	0,2842		1	6	2	0,3	5,5	0,7	7
4	0,0108	0,0107	0,2842		3	5	$1^1/_2$	0,3	5,5	0,85	7,5
5	0,2160	0,2162	0,0142		1	6	24	0,6	6	1,8	7,5
6	0,2160	0,2158	0,0142		1	5	14	0,4	8	1	7,5

2. Trennung des Chroms von Beryllium.

Bei der Trennung von Chrom und Beryllium kann man den Strom ziemlich lange einwirken lassen, ohne daß dies auf den Niederschlag einen schädlichen Einfluß ausübt. Die erforderlichen Bedingungen gehen hinreichend genau aus folgender Tabelle hervor:

Trennung von Chrom und Beryllium.

Versuch Nr.	Angewandtes Chrom in g	Gefundenes Chrom in g	Angewandtes Beryllium in g	Nr. der Zelle	H_2SO_4 in Tropfen (spez. Gew. 1,832)	Dauer in Stunden	Bedingungen			
							Anfang		Ende	
							Amp.	Volt	Amp.	Volt
1	0,1080	0,1079	0,0818	1	4	14	0,3	6	3,5	5
2	0,1080	0,1078	0,0818	1	4	4,5	0,3	6	3,5	5

III. Schnellbestimmung und -trennung von Metallen bei konstantem Potential.

Bei den im vorigen Kapitel beschriebenen Metalltrennungen handelte es sich größtenteils um Bestimmungen bei ruhenden Elektroden, verhältnismäßig gering ist dagegen die Zahl der Trennungen, die man bisher bei bewegten Elektrolyten bewerkstelligen konnte. Es ist nun begründete Hoffnung vorhanden, daß dieser Mangel bald verschwinden wird, da gerade im letzten Jahre diesem Problem besondere Aufmerksamkeit geschenkt worden ist. Eine interessante Arbeit in dieser Richtung ist neuerdings von Henry J. Sand veröffentlicht worden.[1] Sand hat nämlich eine Reihe erfolgreicher Schnelltrennungen mittels rotierender Elektroden ausgeführt, indem er das Prinzip der begrenzten Spannung, wie wir es früher schon für ruhende Flüssigkeiten besprochen haben (siehe S. 31), auf bewegte Elektrolyte anwandte. Wir wollen, obgleich die von Sand angegebene Methode noch keine Nachprüfung von seiten des Verfassers erfahren hat, dennoch hier ausführlicher darauf eingehen, weil sie aus den zitierten Gründen wichtig erscheint. Die von Sand beschriebene Apparatur finden wir in den Abbildungen 33—39 wiedergegeben.

[1] J. Chem. Soc. **41** (1907), 273.

Die Elektroden. In Fig. 33 sind die von Sand zur Bewegung des Elektrolyten und zur Abscheidung der Metalle konstruierten Elektroden wiedergegeben. Wie aus der Zeichnung hervorgeht, sind beide Elektroden aus Platindrahtnetz gefertigt, auf dessen Vorzüge schon früher verschiedentlich hingewiesen worden ist (siehe S. 50 und S. 70). Fig. 1*c* stellt die innere rotierende Elektrode dar, welche von der ruhenden Elektrode 1*a* mantelförmig umgeben wird. Das Glasrohr 1*b*, welches fest in den Hals der ruhenden Elektrode (1*a*) paßt und bis *B* reicht, dient zur Führung der aus einem dünnen Platiniridiumrohr hergestellten Achse der rotierenden Elektrode. Zur Erhöhung des Rühreffektes ist in der inneren Elektrode die Scheidewand *p* angebracht. Der Drahtnetzzylinder dieser Elektrode ist unten vollständig offen und hat auch auf seiner oberen Fläche eine Anzahl runder Öffnungen, damit die durch das Rotieren angesaugte Flüssigkeit ungehindert dort passieren kann. Die Platingaze hat 196 Maschen pro qcm (s. S. 70). Das Drahtnetz des äußeren Zylinders hemmt die Rotation der Flüssigkeit so, daß diese dort fast völlig zum Stillstand kommt. Andererseits wird jedoch der Elektrolyt durch die Zentrifugalkraft äußerst heftig von der Achse der inneren Elektrode fortgeschleudert, so daß in der Mitte beständig von unten und oben neue Flüssigkeit in den inneren Raum eingesaugt wird. Dieser Saugeffekt ist so groß, daß, wenn die Elektrode sich schnell bewegt, kleine auf die Flüssigkeit geworfene Papier- oder Holzschnitzelchen von der Oberfläche abwärts auf das Drahtnetzdach der äußeren Elektrode

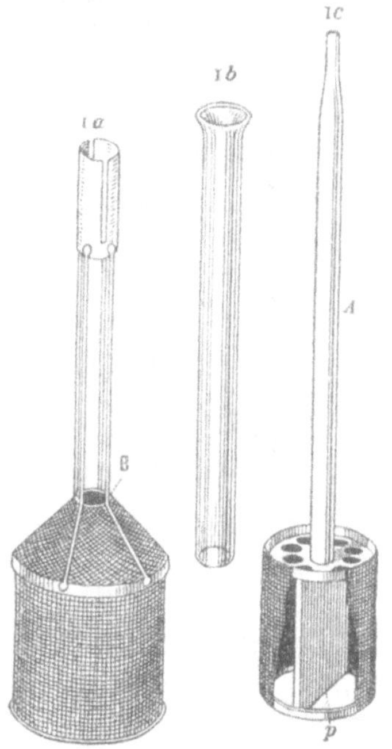

Fig. 33. Elektroden nach Sand.

gezogen werden. Die Zirkulation in der Flüssigkeit ist praktisch von der Größe des verwendeten Becherglases unabhängig. Da die äußere Elektrode die innere vollständig umgibt, so verlaufen ferner sämtliche Stromlinien innerhalb der beiden Elektroden und selbst bei Verwendung von starken Strömen ist das Potential des Elektrolyten an irgend einer Stelle außerhalb der äußeren Elektrode praktisch dasselbe, wie das der in unmittelbarer Berührung damit stehenden Flüssigkeitsschicht. Dieser Punkt ist besonders für die Verwendung von Hilfselektroden von Wichtigkeit, weil man dadurch in die bequeme Lage kommt, die Potentialdifferenz zwischen Elektrode und Elektrolyt von beliebigen Punkten der Flüssigkeit außerhalb der äußeren Elektrode entnehmen zu können. Der Abstand der Oberflächen der beiden Elektroden voneinander beträgt etwa 3 mm. Die äußere Elektrode hat ein Gewicht von ca. 40 g, die innere wiegt etwa 28 g.

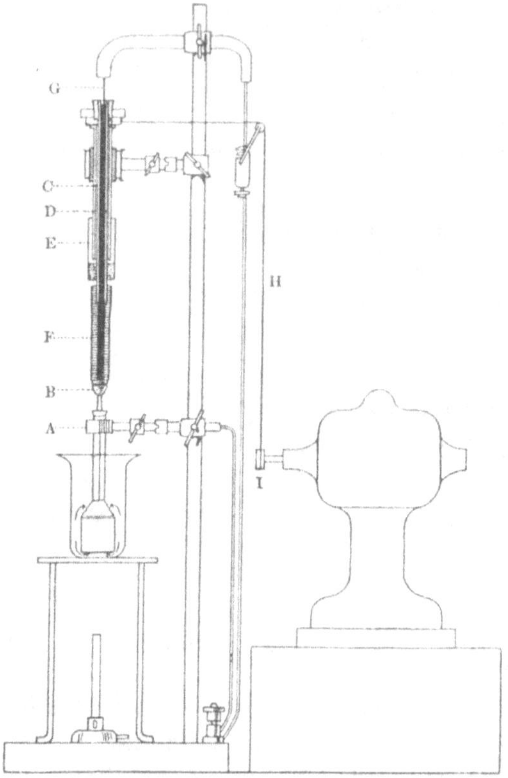

Fig. 34. *A* Klammer zum Halten der äußeren Elektrode; *B* Führung zum Halten der inneren Elektrode; *C* Glasrohr, das im Glasrohr *D* rotiert; *E* Öler für *C*; *F* dicker Gummischlauch; *G* amalgamierter Kupferdraht, der in das Quecksilber in *C* und *F* taucht; *H* Violinsaite; *I* Schnurscheibe aus Gummischlauch.

Die Anordnung des Apparates. In Fig. 34 wird die Anordnung des Stativs wiedergegeben. Man sieht daraus, daß das den Elektrolyten enthaltende Becherglas auf einem Dreifuß aufgestellt ist. Die kleinen Pfeile in dem Becherglas sollen die Saugwirkung der rotierenden inneren Elektrode auf die Flüssigkeit ausdrücken. Die äußere Elektrode wird bei *A* durch eine Stativklammer, an welcher der Korkbelag zur Erzielung eines metallischen Kontaktes durch Platinblech ersetzt ist, gehalten. Die Achse der inneren Elektrode wird in einer kleinen Führung *B* befestigt, welche durch die biegsame Welle *F* mit der Schnurscheibe verbunden ist. Diese wird durch den Motor vermittelst der Darmsaite *H* in Bewegung gesetzt. Der Kontakt der inneren Elektrode mit der Kathodenzuführung wird durch das in dem Glasrohr *C* und dem Gummischlauch *F* enthaltene Quecksilber, sowie den Kupferdraht *G* bewirkt. Die Teile *C*, *E*, *F*, *E* sind während der Rotation der inneren Elektrode in Bewegung, *G*, *D* und *A* dagegen in Ruhe.

Der Widerstand in der Stromzuführung zu den Rührelektroden ist nahezu gleich Null. Der Kontakt ist ferner so geschützt angebracht, daß er von den schädlichen Dämpfen des Laboratoriums nicht angegriffen werden kann. Dieser Punkt ist besonders dann wichtig, wenn die Potentialdifferenz der beiden Elektroden zum Zwecke von Metalltrennungen gemessen werden soll. Die Zuleitungsdrähte von der Batterie münden am Stativ in zwei Klemmen, welche ständig mit den Elektrodenhaltern nach *A* und *G* durch starke biegsame Drähte verbunden sind. Diejenigen Teile des Stativs, welche den Dämpfen des Elektrolyten ausgesetzt sind, werden mit einer mehrfachen Schicht einer Lösung von Zelluloid in Amylacetat überzogen.

Es wurden von Sand auch Versuche angestellt, die Platinmenge zu verringern. So konstruierte er den Rahmen der inneren Elektrode aus Glas unter gleichzeitiger Erhaltung ihrer wesentlichen Gestalt. Ein derartiger Versuch ist in Fig. 35 wiedergegeben. Die dort abgebildete Elektrode war einen Monat lang in ständigem Gebrauch, bis die Achse zufällig zerbrach. Das Platingewicht betrug hier kaum 5 g.

Um die Verwendung von Platin einzuschränken, kann man

vielleicht die äußere Elektrode auch aus Silber herstellen, falls sie als Kathode dienen soll. Voraussichtlich werden sich die darauf niedergeschlagenen Metalle nach beendigter Elektrolyse nach der Methode des stufenweisen Potentials wieder davon ent-

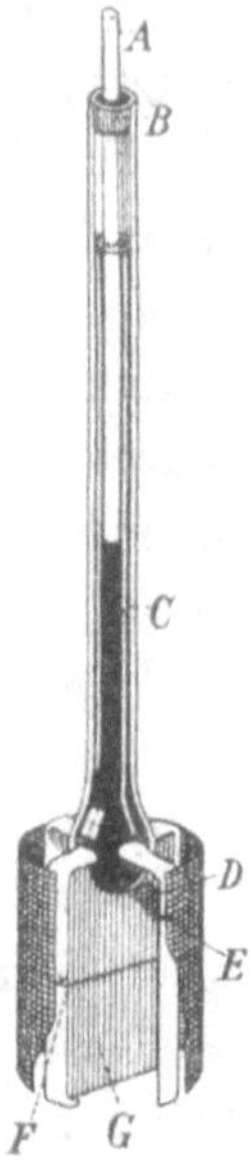

Fig. 35. Innere Elektrode Nr. 2 mit Glasrahmen. *A* Kupferdraht, der durch ein in der Flamme schwach gesintertes Glasrohr in der Glasachse festgehalten wird. *B* und *C* Quecksilber. *D* ein Stück Drahtnetz, das durch das Glas geschmolzen ist. *E* Drahtverbindung zwischen *C* und *D*. *G* gläserne Scheidewand aus einem halben Objektträger, die durch den Draht *F* in ihrer Lage festgehalten wird.

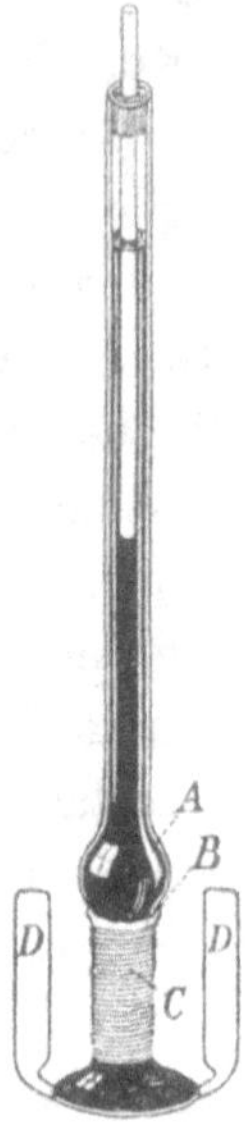

Fig. 36. Innere Elektrode Nr. 3. Achse und Quecksilber wie in Fig. 35. *A* Kugel zur Verteilung der Gasblasen. *B* Drahtnetz in das Glas geschmolzen, um die Verbindung zu bewirken. *C* Drahtwicklung als Elektrodenfläche. *D D* Flügel des Rührers.

fernen lassen. Versuche in dieser Richtung sind jedoch noch nicht angestellt worden.

Die soeben beschriebenen Elektroden erweisen sich nun als nicht geeignet für Lösungen von solchen Metallen, welche ihre Oxydationsstufe leicht verändern, wie z. B. Kupfer in ammoniakalischer Lösung, Eisen, Zinn usw. In diesem Fall muß man vielmehr eine Anode mit einem geringeren Oxydations- und Rühreffekt verwenden. Das erstere erzielt man durch wesentliche Verkleinerung der Elektrodenoberfläche. Fig. 36 zeigt uns eine zu diesem Zweck bestimmte Elektrode (Nr. 3); sie ist bis auf die Quecksilberzuführung im Innern und den Platindraht *C* fast völlig aus Glas hergestellt, so daß das gesamte Platingewicht nur etwa $1^1/_2$ g beträgt.

Beachtenswert ist ferner ein Vorschlag von A. Fischer,[1] nach welchem man die beiden Elektroden während der Elektrolyse in konstantem Abstand und unbeweglich anbringt. Das Rühren wird vielmehr durch einen besonderen Glasrührer, den man im Innern der inneren Elektrode rotieren läßt, bewirkt. Allerdings kann hier, wie Förster bemerkt, die Vorrichtung Fig. 36 für höhere Stromdichten nicht verwendet werden.

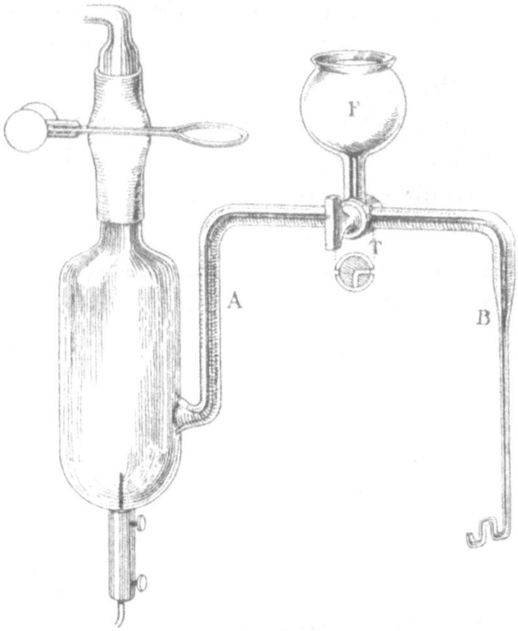

Fig. 37. Hilfselektrode zur Potentialbestimmung nach Sand.

Die Hilfselektrode. Zur genauen Einstellung der Spannung bei Metalltrennungen mußte Sand eine besondere Hilfselektrode: Quecksilber–Mercurosulfat–Zweifachnormalschwefelsäure, konstruieren, da man solche Hilfselektroden bisher für elektroanalytische Zwecke noch nicht verwendet hat. Die Form dieser

[1] Z. f. Elektrochem. 13 (1907), 469.

ist in Fig. 37 wiedergegeben. Die Elektrode besitzt einen Trichter *F* und ein gebogenes Verbindungsglasrohr *AB*. Man erkennt leicht, daß der Trichter *F* durch den Zweiweghahn *T* entweder mit je einer Seite des Glasrohrs *AB* verbunden oder aber auch völlig davon abgeschlossen werden kann. Die Hälfte *A* enthält während des ganzen Versuches die Zweifachnormalschwefelsäure-Lösung der Elektrode. Die Hälfte *B* wird dagegen für jeden Versuch vom Trichter *F* aus mit einer passenden leitenden Flüssigkeit gefüllt, meistens mit Natriumsulfatlösung. Das Rohr *B* läuft in ein dünnes Glasrohr von $1^1/_2$ mm innerer Weite aus, welches, wie aus der Figur hervorgeht, mehrfach gebogen ist, um die Konvektion auf ein Minimum herabzusetzen. Ist die Elektrode in Gebrauch, so wird der Hahn, der keinerlei Fett enthalten darf, geschlossen gehalten. Hierbei bildet sich um den Stopfen des Hahnes durch Kapillarattraktion eine feine Flüssigkeitshaut, wodurch die elektrische Verbindung hergestellt wird. Gegen Ende der Bestimmung läßt man einige Tropfen aus dem Trichter fließen, um etwa in das Rohr diffundiertes Salz herauszutreiben. Die Normalelektrode wird in einem besonderen Stativ befestigt, so daß sie im Bedarfsfalle leicht mit der zu elektrolysierenden Lösung verbunden oder davon entfernt werden kann.

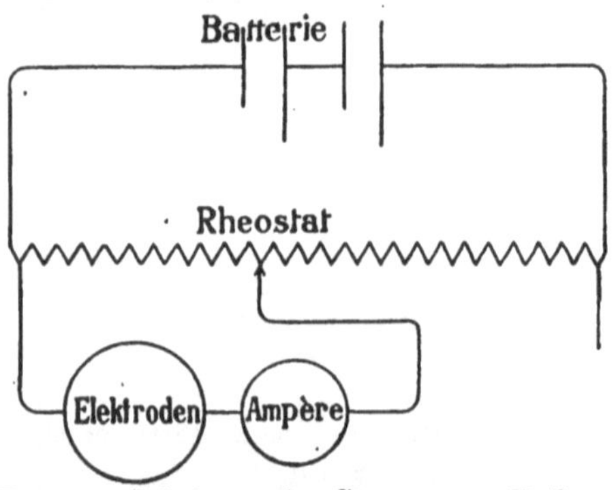

Fig. 38. Schaltung des Stromes zur Fällung der Metalle nach Sand.

Die Schaltung der Apparate. Für Schnellbestimmungen mit stufenweisem Potential schaltet man die Apparate nach Fig. 38. Man verbindet die Batterie mit den beiden Enden eines Gleitrheostaten sowie die elektrolytische Zelle mit einem Ende des letzteren und dem Schleifkontakt. Offenbar ist es unbedingt erforderlich, daß dieser Schleifkontakt sicher wirkt. Ein Rheostat von Ruhstrat in Göttingen mit einer Tragfähigkeit von

15 Amp. und einem Widerstand von 2,6 Ohm erwies sich hier als sehr zufriedenstellend. Vor den Einflüssen der Atmosphäre des Laboratoriums wurde er durch einen Vaselineüberzug geschützt.

Die Potentialdifferenz zwischen der Hilfselektrode und der Elektrode wurde nach der in Fig. 39 angegebenen Anordnung gemessen. Diese Methode wird gegenwärtig meist bei elektrochemischen Untersuchungen angewendet. Die zu messende elektromotorische Kraft wird hierbei mit einer bekannten durch ein Kapillarelektrometer ins Gleichgewicht gebracht. Die letztere wird mittels eines Gleitrheostaten bestimmt, dessen Enden mit einer oder zwei Trockenzellen verbunden sind. Der Wert der elektromotorischen Kraft kann dann direkt auf einem empfindlichen Voltmeter (bis 1,5 Volt Meßbereich) abgelesen werden.

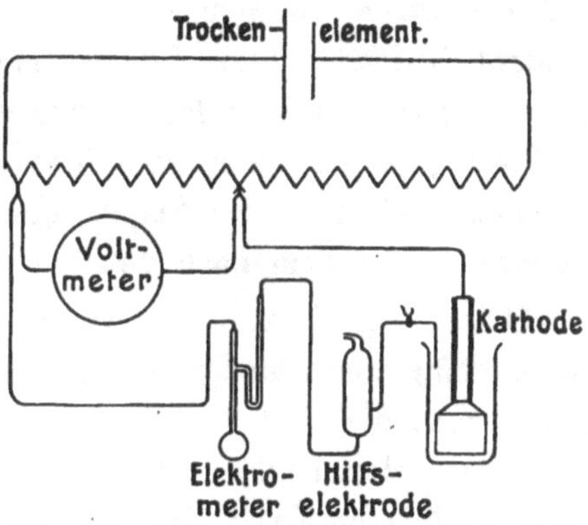

Fig. 39. Nebenschaltung zur Potentialbestimmung nach Sand.

Für größere Potentialdifferenzen als 1,5 Volt wurde eine Helmholtzsche 1 Volt-Zelle zwischen die Hilfselektrode und den Rheostaten eingeschaltet. Diese Anordnung gestattet, nahezu sofort die Spannung zu messen, was im vorliegenden Falle besonders wertvoll ist. Auf Grund der hervorragenden Fortschritte, die man in den letzten Jahren in der Konstruktion von Quadrantelektrometern und deren Zubehör erzielt hat, ist man jetzt in der Lage, ständig ein Elektrometer so bereit zu haben, daß man es als elektrostatisches Voltmeter mit direkter Ablesung verwenden kann (man braucht einen Meßbereich von 1 Volt bei 0,01 Volt Empfindlichkeit). Mit dieser Einrichtung gestaltet sich die Ablesung der Potentialdifferenz zwischen Kathode und Elektrolyt, sowie derjenigen zwischen Kathode und Anode sehr einfach.

Ausführung des Versuchs. Zur Ausführung der Versuche werden zunächst die Kathode,[1] Anode und Hilfselektrode in ihrer Lage befestigt, der Elektrolyt auf die erforderliche Temperatur gebracht und mit zwei Uhrglashälften bedeckt, die passende Bohrungen für die Elektroden haben. Bei der Trennung wird der Strom zunächst mit etwa 3—4 Amp. eingeschaltet und das Potential der Hilfselektrode festgestellt. In der Regel liegt dieses nur ganz wenig über dem Gleichgewichtspotential. Dann wird der Strom so reguliert, daß das Potential der Elektrode konstant bleibt. Wenn keine Nebenreaktionen stattfinden, so fällt der Strom in dem Maße, wie das zu trennende Metall aus der Lösung verschwindet, auf einen kleinen Restbetrag herab (im allgemeinen etwa auf 0,2 Amp.). Man läßt dann die Hilfselektrode auf 0,1—0,2 Volt, je nach dem betreffenden Metall, ansteigen.

Offenbar muß man hier vor allem genau wissen, wann das Metall völlig abgeschieden ist. Bei den angegebenen Bedingungen kann der in der Zeiteinheit abgeschiedene Betrag als annähernd proportional dem noch in Lösung befindlichen Betrag angenommen werden. Es folgt dann, daß der in Lösung befindliche Betrag in geometrischem Verhältnis innerhalb aufeinander folgender gleicher Zeiträume abnehmen wird. Wenn wir daher die Annahme machen, daß die Konzentration des Metalls unterhalb 1 % ihres ursprünglichen Wertes gesunken ist in der Zeit, während welcher das Potential und der Strom auf ihren Endwert gebracht worden sind, so ist klar, daß bei halb so langer Fortsetzung des Versuches die Konzentration des Metalls unterhalb 0,1 % sinken wird, so daß dann die Abscheidung als beendigt zu betrachten ist.

In Fällen, wo Nebenreaktionen eintreten, fällt der Strom nicht auf Null, sondern erreicht im allgemeinen einen konstanten Wert, welcher uns instand setzt, das Ende der Metallabscheidung zu erkennen. In gewissen Fällen kann das letztere auch annähernd auf chemischem Wege festgestellt werden. Läßt man

[1] Wo nicht ausdrücklich das Gegenteil bemerkt wird, ist das Metall stets auf der äußeren Elektrode abgeschieden worden.

darauf den Versuch noch halbmal so lange fortdauern, von dem Punkt an, wo diese Reaktion eintrat, so kann man sicher annehmen, daß das Metall vollständig abgeschieden ist. Diese Methode kann z. B. bei der Trennung des Bleies von Kadmium angewendet werden, wobei man auf das erstere qualitativ mit Schwefelsäure prüft. Ist keine der obigen Methoden verwendbar, dann muß das Metall bis zu konstantem Gewicht abgeschieden werden; oder aber man führt die Trennung unter äußerst sorgfältig definierten Bedingungen aus, und zwar für eine so lange Zeit, wie man auf Grund früherer Experimente als mehr als hinreichend ermittelt hat.

Die Unterbrechung des Versuchs. Kurz vor der Beendigung der Analyse werden das Innere der Röhren, die Wände des Becherglases und die Uhrgläser mittels einer Spritzflasche abgespült und einige Tropfen Flüssigkeit aus dem Verbindungsglied der Hilfselektrode herausgelassen. Zur Unterbrechung des Versuchs werden die Hilfselektrode und die Uhrgläser entfernt, der Dreifuß unterhalb des Becherglases weggenommen und das letztere so viel niedriger gestellt, daß die Oberfläche der Flüssigkeit gerade unterhalb der äußeren Elektrode steht. Inzwischen spült man die letztere ab. Dann unterbricht man das Rühren und ersetzt das Becherglas durch ein etwas größeres, stellt den Dreifuß zurück und wäscht die Elektrode noch einmal. Darauf unterbricht man die Verbindung, schwenkt die Elektrode ab und taucht sie zuerst in ein Gefäß mit Alkohol, schwenkt sie wieder ab und taucht sie in ein anderes Glas mit Äther; dann trocknet man sie etwa eine Minute vorsichtig über einem Bunsenbrenner. Die Achse *A* wird vor dem Wägen sorgfältig mittels eines seidenen Tuches trocken gewischt. Die zurückbleibende Flüssigkeit wird in das größere Becherglas gespült und ist dann zur Abscheidung des nächsten Metalls fertig.

Ist nur ein Metall in der zu untersuchenden Flüssigkeit vorhanden, dann verfährt man einfacher, indem man das Rühren nach beendeter Fällung unterbricht, das Becherglas fortnimmt und es nacheinander durch zwei andere mit destilliertem Wasser ersetzt. In beiden Fällen bleibt der Strom während der kurzen Unterbrechung angestellt.

Das Becherglas, in welchem die erste Abscheidung einer Trennung ausgeführt wurde, hatte einen nur wenig größeren Durchmesser als die Elektrode. Die Flüssigkeitsmenge betrug annähernd 85 ccm. Bei der zweiten Trennung betrug die Flüssigkeitsmenge gewöhnlich 130 ccm und bei noch weiteren Abscheidungen entsprechend höhere Quanten.

Die Rührgeschwindigkeit variierte erheblich mit den verschiedenen Versuchen, ohne jedoch wesentlich das Resultat zu beeinflussen. Sie hielt sich ungefähr zwischen 300—600 Umdrehungen in der Minute.

Versuche.

a) Einzelbestimmungen.

Mit Hilfe der beschriebenen Vorrichtung hat Sand zunächst eine Reihe von Einzelbestimmungen von Metallen ausgeführt. So hat er u. a. folgende Ergebnisse erzielt:[1]

1. Silber wurde in 5 ccm konzentrierter Salpetersäure gelöst, dazu 25 g Ammoniumacetat gefügt und das Ganze auf 85 ccm verdünnt.

Versuch a). Angewandt: 0,5373 g Silber, gefunden: 0,5365 g; Stromstärke: 3,5—0,2 Amp., Klemmenspannung 1—1,3 Volt; Temperatur: Siedepunkt; Dauer: acht Minuten.

Versuch b). Angewandt: 0,5397 g Silber, gefunden: 0,5399 g; Stromstärke: 5—0,2 Amp., Klemmenspannung: 1,1—1,2 Volt; Temperatur: Siedepunkt; Dauer: sechs Minuten.

2. Quecksilber. Die Nitratlösung wurde unter Zusatz von 1,5 ccm konzentrierter Salpetersäure mit 9 Amp. Stromstärke und 2,6—3,7 Volt Klemmenspannung warm elektrolysiert; nach fünf Minuten wurde 0,5833 g Quecksilber anstatt 0,5830 g erhalten.

3. Kupfer. a) 0,2939 g Kupfer wurde in 2—2,5 ccm konzentrierter Salpetersäure gelöst und mit 10 Amp. und 2,5 Volt

[1] Die nachfolgende Auswahl ist nach dem Referat von Foerster, Z. f. Elektrochem. 14 (1908), 3 getroffen worden.

Klemmenspannung warm elektrolysiert; gegen Schluß wurden 5 g Natriumacetat oder 7 g Ammoniumacetat hinzugefügt. Nach sechs Minuten wurde 0,2938 g Kupfer erhalten.

b) 0,2474 g Kupfer wurde als Sulfat mit 0,75—1 ccm konzentrierter Schwefelsäure versetzt und warm mit einem Strom von 10 Amp. und 3 Volt Klemmenspannung elektrolysiert. Nach sechs Minuten wurde 0,2476 g Kupfer gefunden.

4. Wismut. 0,2184 g Wismut wurde in 2,5 ccm konzentrierter Salpetersäure gelöst und nach Zusatz von 8 g Natriumtartrat mit 3—0,2 Amp. und einer Spannung gegen die Hilfselektrode von 0,63—0,9 Volt warm elektrolysiert; gegen Schluß wurden 5 ccm Ammoniak hinzugefügt. Nach neun Minuten wurde 0,2187 g Wismut gefunden.

5. Blei. 0,1383 g Blei wurde in Form von Nitrat unter Zusatz von 10—15 ccm konzentrierter Salpetersäure mit 3 Amp. und 2,4 Volt Klemmenspannung bei 60° elektrolysiert. Nach sieben Minuten wurde 0,1374 g Blei als Dioxyd erhalten.

6. Kadmium. a) 0,3980 g Kadmium in Form von Sulfat wurde mit 8 g Natriumtartrat und 5 g Ätznatron versetzt und in der Kälte bei einem Strom von 5—0,3 Amp., einer Klemmenspannung von 2,9—2,3 Volt und einer Spannung gegen die Hilfselektrode von 1,45—1,60 Volt elektrolysiert. Nach zehn Minuten wurde 0,3983 g Kadmium erhalten.

b) 0,1554 g Kadmium wurde mit 3 g Ätznatron und 1,25 ccm Eisessig versetzt und mit 4—1 Amp. Stromstärke, 2,6—2 Volt Klemmenspannung, 1,12—1,2 Volt Spannung gegen die Hilfselektrode bei 80° elektrolysiert. Nach dreizehn Minuten wurde 0,1554 g Kadmium erhalten.

7. Zink. 0,4943 g Zink wurde in Form von Sulfat elektrolysiert, nachdem die Flüssigkeit zunächst mit Natronlauge oder Ammoniak stark alkalisch gemacht und dann mit Essigsäure angesäuert worden war. Die Kathode wurde vor dem Versuch verkupfert. Mit einem Strom von 3 Amp., bei einer Klemmenspannung von 3,8—4 Volt und einer Spannung gegen die Hilfs-

elektrode von 1,45—1,7 Volt wurde in der Kälte innerhalb achtzehn Minuten 0,4957 g Zink abgeschieden.

b) Trennungen.

Außer diesen Einzelbestimmungen hat Sand dann eine Reihe von Metalltrennungen ausgeführt, von denen hier ebenfalls einige wiedergegeben werden sollen. *B* bedeutet bei diesen Angaben die Spannung der Kathode gegen die Hilfselektrode in Volt.

1. Trennung. Quecksilber von Kupfer aus Nitratlösung bei Gegenwart von 0,75 ccm Salpetersäure. Die Lösung wurde zum Sieden erhitzt und bei dieser Temperatur zunächst mit einem Strom von 10—0,2 Amp. und einer Spannung gegen die Hilfselektrode von $B = 0,0—0,15$ Volt sechs Minuten elektrolysiert. Gefunden: 0,5850 g Quecksilber anstatt 0,5830 g. Die zurückbleibende Flüssigkeit wurde warm mit 9 Amp. fünf Minuten weiter elektrolysiert. Gefunden: 0,2467 g Kupfer anstatt 0,2465 g.

2. Trennung. Silber und Kupfer aus Nitratlösung bei Gegenwart von 25 g Natriumacetat. Angewandt: 0,5389 g Silber, Ampere: 2,8—0,8; Klemmenspannung: 1—1,2 Volt; Temperatur: Siedepunkt. Nach sieben Minuten wurde 0,5389 g Silber gefunden. Das heiße Filtrat wurde noch fünf Minuten mit 6—3 Amp. und 2,6 Volt elektrolysiert und hierbei 0,2483 g Kupfer anstatt 0,2474 g erhalten.

Ferner Silber und Kupfer aus Nitratlösung nach Zusatz von 10 ccm konzentrierter Salpetersäure und 15 ccm konzentriertem Ammoniak. Angewandt: 0,2170 g Silber, 3,0—1,3 Amp., $B = 0,38—0,50$ Volt; Temperatur: Siedepunkt; Dauer: zehn Minuten. Gefunden: 0,2163 g Silber. In der zurückbleibenden Flüssigkeit: Angewandt: 0,3682 g Kupfer, gefunden nach zehn Minuten bei 4 Amp. und 5,4 Volt aus warmer Lösung 0,3680 g Kupfer.

3. Trennung. Kupfer von Wismut. Die Nitratlösung wurde mit 2,5 ccm konzentrierter Salpetersäure und 10 g Natriumtartrat unter doppelter Fällung des Kupfers getrennt. Man erhielt zunächst aus der kochenden Flüssigkeit nach acht Minuten bei 4—0,1 Amp. und $B = 0,50—0,60$ Volt: 0,2929 g Kupfer statt

0,2941 g (der erste Niederschlag wog 0,3013 g). Im Rückstand wurde in der Hitze nach sechs Minuten bei 4—0,2 Amp. und B = 0,60—0,80 Volt 0,3223 g Wismut statt 0,3221 g gefunden.

4. Trennung. Blei und Kupfer. Kupfersulfat und Bleinitrat wurden mit 1 ccm konzentrierter Salpetersäure versetzt; dann wurde mit 2 Amp. in der Hitze elektrolysiert, bis nach fünf Minuten alles Bleisulfat verschwunden war. Schließlich wurde ein Strom von 10 Amp. angewandt. Angewandt: 0,2474 g Kupfer, 0,1383 g Blei; gefunden: 0,2476 bzw. 0,1386 g.

5. Trennung. Blei und Silber. Die Nitratlösung wurde mit 10 ccm konzentrierter Salpetersäure versetzt und bei Siedetemperatur das Blei als Dioxyd abgeschieden. Der Rückstand wurde dann stark ammoniakalisch gemacht und daraus das Silber gefällt. Angewandt: Blei 0,2848 g. Bei 3 Amp. und 1,7 Volt Klemmenspannung wurde nach zehn Minuten 0,2854 g abgeschieden. Angewandt Silber: 0,2694 g, gefunden mit 3 Amp. 0,2693 g.

6. Trennung. Blei und Wismut. Die Nitratlösung wird mit 2 ccm konzentrierter Salpetersäure und 15 g Traubenzucker oder 15 g Weinsäure versetzt; das Wismut wird zuerst abgeschieden, später geht das Blei größtenteils auf die Kathode, in größerer Menge auch zur Anode. Angewandt: 0,3886 g Wismut, 3—0,2 Amp., B = 0,42—0,55 Volt; Temperatur: 60—70°. Nach neun Minuten wurde 0,3900 g gefunden. Im Filtrat: Angewandtes Blei 0,3560 g, 3 Amp., B = 0,90—0,95 Volt; Temperatur: 60—80°. Nach elf Minuten gefunden: 0,3552 g Blei.

7. Trennung. Wismut von Kadmium. Zunächst wurde das Wismut nach Zusatz von 2,5 ccm konzentrierter Salpetersäure und 18 g Weinsäure abgeschieden, wobei ein Strom von 3—0,2 Amp. und B = 4,3—0,55 Volt bei 80° angewandt wurde. Nach zehn Minuten fand man 0,3878 g Wismut anstatt 0,3886 g. Zu dem Rückstand wurden 17 g Ätznatron gefügt und mit 2 Amp. in der Kälte noch achtzehn Minuten weiter elektrolysiert. Gefunden: 0,3880 g statt 0,3887 g Kadmium.

8. Trennung. Kadmium und Zink. Zu der Lösung der Sulfate wurden 2 ccm konzentrierter Schwefelsäure, 3,5 g Ätz-

natron und 1 ccm Eisessig gesetzt. Bei 2—0,8 Amp. und $B = 1,15—1,20$ Volt sowie 2,7 Volt Klemmenspannung wurde in der Kälte nach elf Minuten 0,0778 g Kadmium statt 0,0777 g gefunden. Im Filtrat wurde bei 4 Amp. und 4,5 Volt in der Kälte nach weiteren zwanzig Minuten 0,4938 g Zink statt 0,4943 g gefunden.

Aus den vorstehenden Beispielen kann man ersehen, daß man in der Tat mit begrenzter Spannung auch Schnelltrennungen von Metallen ausführen kann. Sand hat außer den zitierten Beispielen noch eine große Reihe andrer Versuche ausgeführt. Unter andrem hat er auch Trennungen von drei, vier, ja sogar von sieben zu gleicher Zeit anwesenden Metallen ausgeführt.[1]

IV. Bestimmung der Halogene auf elektrolytischem Wege.[2]

Zur Bestimmung der Halogene auf elektrolytischem Wege sind eine Reihe von Vorschlägen gemacht worden, die einiges Interesse beanspruchen.

Nach Whitfield wird das Silberhalogen in einen Goochtiegel gesammelt und über einer niedrigen Bunsenflamme getrocknet. Nach dem Wägen wird der Tiegel samt dem Asbest in eine konzentrierte Cyankaliumlösung gebracht, worin sich das Halogensilber glatt auflöst. Aus dieser Flüssigkeit wird dann das Silber auf einer Platinschale von 100 qcm Oberfläche bei einem Strom von 0,07 Amp. abgeschieden. Es empfiehlt sich nicht, nach dieser Methode mehr als 2 g Halogensilber zu verarbeiten.

Auch Vortmann hat einen elektrolytischen Weg zur direkten Bestimmung der Halogene vorgeschlagen, und zwar hat er haupt-

[1] Siehe hierüber die Originalarbeit von Sand, J. Ch. S. (London) 91 (1907), 374; vgl. ferner A. Fischer, Z. f. Elektroch. 13 (1907), 469; Z. f. ang. Ch. 20 (1907), 134.

[2] Literatur: Whitfield, Am. Ch. Jr. 8, 421; Vortmann, Elektroch. Z. 1, 137; 2, 169; E. Müller, Ber. 35 (1902), 950; Specketer, Z. f. Elektrochem. 4, 539; Withrow, J. Am. Ch. S. 28, 1356.

sächlich seine Aufmerksamkeit dem Jod geschenkt. Wir wollen die Methode Vortmanns zur Bestimmung des Jodes hier wiedergeben.

Zu der zu untersuchenden wäßrigen Lösung von Jodkalium gibt man mehrere Gramm Seignettesalz und 16—20 ccm 10 %ige Natronlauge. Die Flüssigkeit wird dann auf 150 ccm verdünnt und in eine Kristallisier- oder Platinschale gebracht. Im ersteren Falle wird eine Platinscheibe von 5 cm Durchmesser als Kathode gewählt, im zweiten Fall macht man die Schale selbst zur Kathode. Als Anode dient in beiden Fällen eine runde Scheibe reinen Silbers von 5 cm Durchmesser oder auch eine ebenso große Platinscheibe, die man vorher mit Silber überzogen hat. Die Elektrolyse wird mit einem Strom von 0,03—0,07 Amp. und 2 Volt ausgeführt. Man erzielt einen schnelleren Verlauf der Analyse, wenn man nach mehreren Stunden die mit Silberjodid überzogene Anode durch eine andre ersetzt und die Elektrolyse dann solange fortführt, bis die Anode an Gewicht nicht mehr zunimmt. Dieses Wechseln der Anode muß erfolgen, sobald die Jodmenge 0,2 g überschreitet. Das Jod kann in Form von Jodid oder Jodat vorliegen. Das Alkalitartrat wird hinzugesetzt, um zu verhindern, daß sich das Silberjodid mechanisch loslöst.

a) Die Bestimmung von Jod in Gegenwart von Brom und Chlor.

Die Methode gründet sich auf die Tatsache, daß Jodide bei der Elektrolyse in Gegenwart eines löslichen Chromates in alkalischer Lösung zu Jodaten oxydiert werden, falls man einen Druck anwendet, der nicht hinreicht, auch die Bromide und Chloride in ihre entsprechenden Säuren zu verwandeln. Das gebildete Jodat wird dann durch Titration mittels Thiosulfates bestimmt, wobei man die von der bekannten Menge anwesenden Chromates verbrauchte Menge Thiosulfat subtrahiert. Das Chromat verhindert selbst in sehr kleinen Mengen eine Reduktion des Jodates in der Kathode. Perjodat wird nicht gebildet. Man muß die Platinkathode jedesmal von neuem platinieren. Nach obigem genügt

z. B. Druck von 1,6 Volt nicht, um Bromid in einer $^1/_{10}$ bis $^1/_{100}$-Normallösung in Bromat überzuführen, während anderseits dadurch schon das gesamte Jod in Jodat verwandelt wird. Man benutzt folgende Lösungen für diese Analyse:

1. Eine Kaliumchromatlösung, von welcher 1 ccm etwa 10,6 ccm $^1/_{100}$-Normalthiosulfatlösung entspricht.

2. Normalkalilauge.

3. Eine Lösung von Kaliumjodid, von welcher 1 ccm = 9,13 ccm $^1/_{100}$-Normalsilbernitratlösung entspricht.

Zur Bestimmung von Jod in Abwesenheit der andern Halogene stellt man folgendes Gemisch her: 2 ccm von Lösung 1; 1 ccm von Lösung 2; 10 ccm von Lösung 3 und 90 ccm Wasser. Dann elektrolysiert man zwanzig Stunden lang mit einem Druck von 1,6—1,61 Volt. Durch Titration mit Natriumthiosulfatlösung erhält man die anwesende Jodmenge. (Beispiel: Gefunden 0,11594 und 0,11632 g Jod anstatt 0,1158 g.)

Bei Anwesenheit von Chlor verwendet man: 2 ccm von Lösung 1, 1 ccm von Lösung 2, 1 ccm von Lösung 3 und 100 ccm einer gesättigten Natriumchloridlösung; Zeit: Zwanzig Stunden; Spannung: 1,59—1,60 Volt. Ergebnisse: 0,01163 und 0,01167 g anstatt 0,01158 g Jod.

In Gegenwart von Brom verwendet man: 2 ccm von Lösung 1, 1 ccm von Lösung 2, 1 ccm von Lösung 3 und 100 ccm einer Normalkaliumbromidlösung; Dauer: 22 Stunden, Druck: 1,6 bis 1,61 Volt. Ergebnisse: 0,01158 und 0,01170 anstatt 0,01158 g Jod.

Man prüfe die Reagenzien vorher mit Kaliumjodid und Schwefelsäure, um sich zu vergewissern, daß sich damit kein Jod bildet. Dies ist nämlich bei den Alkalilösungen des Handels oft der Fall. Die Anode soll völlig in die Lösung eintauchen, da das Jod, wenn es direkt auf der Oberfläche abgeschieden wird, leicht verdampft. Die Stelle, wo der Zuleitungsdraht mit der Lösung in Berührung steht, ist mit einem Stück Glas zu bedecken. Alkalische Erden dürfen nicht anwesend sein.

b) Trennung der Halogene.

Wir haben oben gesehen, daß man Metalle durch Beobachtung des stufenweisen Potentials trennen kann (Kiliani, Freudenberg, Sand u. a.). Dieses Prinzip ist nun neuerdings von Specketer mit guten Resultaten auch auf die Trennung der Halogene angewendet worden.

Man verfährt hierzu folgendermaßen: Als Stromquelle dient eine Gülchersche Thermosäule. Diese ist für derartige Arbeiten besonders geeignet, weil dazu ein durchaus konstanter Strom unbedingt erforderlich ist. Der Druck, der von Specketer verwendeten Säule betrug 3 Volt. Das Gefäß, in welchem man die Elektrolyse vor sich gehen läßt, soll eine hohe schmale Form haben, etwa ähnlich einem Meßzylinder, so daß man keine Verluste durch Verspritzen von Flüssigkeit erhält, wie es manchmal durch den während der Analyse gebildeten Wasserstoff eintritt. Außerdem kann man auch die Anode direkt in einem solchen Zylinder waschen.

Das Gefäß wird oben mit einem Kork verschlossen und an diesen die Kathode (ein Platinblech) und die Anode (ein Silberdrahtnetz) gehängt. Außerdem führt man ein Glasrohr für die entweichenden Gase hindurch. Der Wasserstoff findet unmittelbar neben dem Kathodenblech einen Ausweg. Ferner schaltet man ein Voltmeter in den Stromkreis. Das Ende der Analyse wird durch ein empfindliches Edelmannsches Galvanometer angezeigt, welches man so anordnet, daß es schnell ein- oder ausgeschaltet werden kann. Angewandt wurden reines Kaliumchlorid, -bromid und -jodid.

1. Trennung von Jod und Chlor.

Druck: 0,13 Volt.

a) Angewandtes Jod:	b) Gefundenes Jod:
0,29087 g	0,2992 g
0,2394 „	0,2386 „
0,0481 „	0,0480 „
0,1543 „	0,1532 „

Als das Jod völlig gefällt war, wurde der Strom unterbrochen, die Anode im Zylinder abgespült und dann bei 120° getrocknet. Das Chlor wurde in der zurückbleibenden Flüssigkeit nach Volhard titriert.

2. Trennung von Brom und Chlor.

Druck: 0,35 Volt.

a) Angewandtes Brom:	b) Gefundenes Brom:
0,19437 g	0,1940 g
0,2735 „	0,2736 „
0,1962 „	0,1958 „
0,1899 „	0,1906 „

Das Chlor wurde wiederum volumetrisch bestimmt.

3. Trennung von Jod und Brom.

Druck: 0,13 Volt.

a) Angewandtes Jod:	b) Gefundenes Jod:
0,1706 g	0,1685 g
0,1636 „	0,1610 „
0,2029 „	0,2036 „

Bei der Ausführung dieser Trennungen muß man vor allem die Luft völlig ausschließen. Ferner soll die Stromquelle möglichst konstant und eine ganz bestimmte Säurekonzentration innegehalten werden.

V. Bestimmung von Salpetersäure auf elektrolytischem Wege.[1]

Die Methode beruht auf der bekannten Tatsache, daß Nitrate bei Gegenwart von Kupfer oder Kupfersalzen durch den elektrischen Strom quantitativ zu Ammoniak reduziert werden.

Ausführung: Zu der in einer Platinschale befindlichen Lösung des Nitrates fügt man eine hinreichende Menge Kupfersulfat, säuert

[1] Vortmann, Ber. **23**, 2798; Easton, J. Am. Ch. S. **25**, 1042; Ingham, J. Am. Ch. S. **26**, 1251.

dann die Flüssigkeit mit verdünnter Schwefelsäure an und elektrolysiert mit einem Strom von $N.D_{100} = 0{,}1$—$0{,}2$ Amp. Ist die Abscheidung des Kupfers vollendet, so gießt man die Flüssigkeit ab, engt sie auf ein kleines Volumen ein und destilliert das Ammoniak in der üblichen Weise ab. Die hinzuzufügende Kupfersulfatmenge richtet sich nach der angewandten Menge Salpetersäure. Hat man Kaliumnitrat zu analysieren, so nimmt man z. B. die Hälfte seines Gewichtes Kupfersulfat.

Easton gibt bei ruhenden Elektroden folgende Bedingungen als zufriedenstellend an: Gleiche Gewichtsmengen von Kupfernitrat und Kupfersulfat, 30 ccm Schwefelsäure (spez. Gew. 1,062); Gesamtverdünnung: 150 ccm. Als Anode dient Platin, als Kathode Blei oder Kupfer, oder auch eine Platinschale von 200 ccm Inhalt. Die Stromstärke beträgt 0,15—3 Amp., die Spannung 3—8 Volt. Die Analyse dauert $1^1/_4$—$8^1/_2$ Stunden.

Die Schnellbestimmung der Salpetersäure mittels rotierender Anode.

Die im folgenden beschriebene Methode der elektrolytischen Schnellbestimmung der Salpetersäure ist durch Leslie H. Ingham im Laboratorium des Verfassers ausgearbeitet worden.

Man verwendet den auf S. 72 zur Bestimmung von Kupfer verwendeten Apparat oder auch den Apparat Fig. 19, S. 61 und benutzt folgende Lösungen:

1. $^1/_5$-Normallösung von Natriumcarbonat. Diese Lösung dient als Grundlage zur Einstellung der folgenden Lösungen:

2. Eine verdünnte Lösung von Schwefelsäure, die etwa 20 ccm Säure vom spez. Gew. 1,84 in vier Litern Wasser enthält. Diese stellt man nach Lösung 1 ein.

3. Eine verdünnte Ammoniaklösung, welche etwa 50 ccm Ammoniak vom spez. Gew. 0,95 in 4000 ccm Wasser enthält. Dies entspricht ungefähr dem Gehalt der Normallösung 2. Das genaue Verhältnis der Lösungen wird durch Titration festgestellt.

4. Eine Lösung von 80 g Kupfersulfat $CuSO_4 . 5H_2O$ in zwei Litern.

Lösung 4 wurde durch sechs elektrolytische Bestimmungen analysiert, und zwar folgendermaßen:

Je 25 ccm der Kupferlösung (Lösung 4) und 25 ccm der Lösung 2 wurden auf 125 ccm verdünnt und dann nach S. 72 zehn Minuten lang bei 5 Amp. und 10 Volt elektrolysiert. Hierbei erhielt man folgende sechs Werte als Kupfergehalt in je 25 ccm der Kupfersulfatlösung: 0,2532 g Cu, 0,2532 g, 0,2535 g, 0,2530 g, 0,2536 g, 0,2534 g, woraus sich ein Durchschnittsgehalt von 0,2533 g Cu berechnet.

Nunmehr wurde die Säurelösung 2 und die Ammoniumhydroxydlösung 3 miteinander und mit der Natriumcarbonatlösung 1 verglichen, wobei man Lackmus und Methylorange als Indikatoren benutzte. Aus acht Resultaten erhielt man folgenden Durchschnitt: Es entsprachen 10 ccm der n/5-Natriumcarbonatlösung = 10,22 ccm der Schwefelsäure = 9,960 ccm der Ammoniumhydroxydlösung. Bei einigen Bestimmungen wurden bis zu 50 ccm Lösung für eine Titration verwendet, so daß man annehmen kann, die Ergebnisse sind mindestens auf drei Stellen genau.

Unabhängig davon wurde ferner noch die Ammoniumhydroxydlösung durch Titration der Schwefelsäure, welche bei der Elektrolyse von 25 ccm der Kupferlösung 4 in Gegenwart von 25 ccm der eingestellten Säuren frei wurde, eingestellt (vgl. S. 80, Versuch 3). Vier übereinstimmende Resultate gaben als Durchschnitt, daß die gesamte nach der Elektrolyse vorhandene freie Säure genau durch 64,42 ccm der Ammoniumhydroxydlösung neutralisiert wurde. Subtrahiert man hiervon 24,38 ccm, d. h. die den 25 ccm der vor der Elektrolyse hinzugesetzten eingestellten Säurelösung entsprechende Anzahl, so bleiben 40,04 ccm Ammoniumhydroxyd übrig, die zur Neutralisation des 0,2533 g Kupfer enthaltenden Sulfates verbraucht waren. Daraus geht hervor, daß 10 ccm der n/5-Natriumcarbonatlösung 9,958 ccm der Ammoniaklösung entsprechen, ein Wert, der gut mit den durch direkte Titration erhaltenen Ergebnissen übereinstimmt.

Experimenteller Teil.

Man wägt die zu bestimmende Menge Kaliumnitrat ab und löst sie in wenig Wasser in einer reinen Platinschale auf. Dann pipettiert man aus der Vorratslösung 4 die erforderliche (s. oben) Menge Kupfersulfat hinzu und versetzt dieses Gemisch mit einem genau abgemessenen Betrag der eingestellten Säure (Lösung 2), um den elektrolytischen Widerstand genügend zu verringern und zugleich auch, um während der Reduktion des Nitrates zu Ammoniak immer genügend Säure zur Neutralisation des letzteren in der Lösung zu besitzen. Man verdünnt dann auf 125 ccm und elektrolysiert mit etwa 4—5 Amp. und 10 Volt. Die genauen Bedingungen sind in untenstehender Tabelle angeführt (S. 292).

Im Laufe der Elektrolyse wird das Kupfer auf der Kathode abgeschieden und zugleich die äquivalente Menge Schwefelsäure frei gemacht, die sich zu der vorher hinzugesetzten bekannten Säure addiert. Hierbei wird auch die Leitfähigkeit erhöht, so daß der Druck fällt. Anderseits wird jedoch in dem Maße, wie die Salpetersäure allmählich zu Ammoniak reduziert wird, auch die freie Säure wieder abneutralisiert. Es wird demnach, wenn der Strom durch den Rheostaten konstant gehalten wird, zunächst der Druck allmählich ansteigen und dann einen konstanten Wert erhalten, was uns das Ende der Reduktion ankündigt. Dieses Ansteigen dauert meist etwa 28 Minuten und beträgt 5—7 Volt. In der nachfolgenden Tabelle sind die Spannungen beim Ansetzen eines jeden Experimentes angegeben. Man muß also zu diesen den obigen Wert von 5—7 Volt addieren, um die Endspannung zu erhalten. Man stellt schließlich den Motor ab, hebert die Flüssigkeit aus der Schale in ein Becherglas ab und läßt bei angestelltem Strom destilliertes Wasser in die Schale nachlaufen. Schale, Anode und Deckgläser werden nun gut abgespült, der Strom unterbrochen und die Waschwässer zu der im Becherglas befindlichen Flüssigkeit hinzugefügt. Man braucht das abgeschiedene Kupfer nicht zu wägen, sondern löst es sofort in Salpetersäure und spült die Schale unter der

Wasserleitung ab, wonach sie wieder für eine neue Elektrolyse bereit ist.

Der Inhalt des Becherglases wird nun möglichst schnell mit der oben eingestellten Ammoniaklösung aus einer Bürette in Gegenwart von Lackmus oder Methylorange titriert. Die genannten Indikatoren lieferten identische Resultate.[1]

Zum besseren Verständnis der Bedingungen soll hier eine Reihe von Versuchen ausgeführt werden, mittels welcher die Methode ausprobiert worden ist.

a) Zeit. Zunächst wurden zehn Versuche zur Feststellung der Dauer der Reduktion ausgeführt. Man verwandte hierzu je 25 ccm Kupfersulfatlösung, 25 ccm Säurelösung und 0,5 g Nitrat. Ein Strom von 5 Amp. lieferte nach fünf Minuten 5,63 %, nach zehn Minuten 9,83 %, nach fünfzehn Minuten 9,91 % und nach zwanzig Minuten 11,26 % Stickstoff. Theoretisch enthält Kaliumnitrat 13,86 % Stickstoff. Bei längerer Dauer gab ein Strom von 4 Amp. nach 25 Minuten 13,64 % und nach 30 Minuten 13,83 % Stickstoff.

b) Menge des Kupfersulfates. Die obigen Resultate wurden mit je 25 ccm Kupfersulfat erhalten. Zwei weitere Versuche ergaben mit je 50 ccm in zwanzig Minuten 8,79 % und in dreißig Minuten 12,96 % Stickstoff, woraus hervorgeht, daß die Steigerung der Kupfermenge nicht vorteilhaft ist. Zwei weitere Versuche mit nur 15 ccm Kupferlösung und 30 ccm eingestellter Säure ergaben nach zwanzig Minuten 11,93 % und nach dreißig Minuten 13,55 % Stickstoff. Bei Steigerung der Säuremenge auf 50 ccm unter Beibehaltung derselben Kupfermenge erhielt man bessere Resultate, nämlich: 13,10 % N nach zwanzig, und 13,83 % N nach dreißig Minuten.

---

[1] Bei der Reduktion gibt ein Molekül Kaliumnitrat ein Molekül Kaliumhydroxyd und ein Molekül Ammoniak. Daher werden aus einem Äquivalent Nitrat zwei Äquivalente Alkali gebildet, worauf man bei der Titration zu achten hat. Die Umrechnung der eingestellten Ammoniaklösung auf die äquivalente Menge n/5-Natriumcarbonatlösung und demgemäß auf Stickstoff liegt auf der Hand.

c) Stromstärke. Ein Versuch ergab bei 5 Amp. 13,53 % Stickstoff in fünfundzwanzig Minuten, während bei 6 Amp. nur 13,19 % Stickstoff in zwanzig Minuten erhalten wurden. Hieraus geht hervor, daß ein Strom von 4 Amp. hinreichend stark ist, da man dadurch in dreißig Minuten eine vollständige Reduktion erzielt (s. unter a).

d) Tourenzahlen der Anode. Bei zwei Versuchen wurde die Umdrehungszahl der Anode auf 560 Touren in der Minute gesteigert. Man erhielt dann 12,91 % N in zwanzig und 13,19 % N in dreißig Minuten. Hierbei stieg die Spannung auf 40 Volt, da der Kontakt zwischen der Anode und der Flüssigkeit bei dieser Geschwindigkeit ziemlich schlecht war. Ferner wurde so viel Wärme erzeugt, daß die Flüssigkeit ins Sieden geriet. Eine gesteigerte Tourenzahl bringt demnach keine Vorteile weiter mit sich.

Die Ergebnisse und genauen Bedingungen dieser Arbeitsweise gehen aus der untenstehenden Tabelle hervor. Augenscheinlich sind die Bedingungen von Versuch 8 die besten. Dies konnte in der Tat durch zehn weitere Bestimmungen, welche unter eben diesen Bedingungen ausgeführt wurden, bestätigt werden. Hierzu verwandte man: Je 25 ccm Kupfersulfatlösung (= 0,2533 g Kupfer), ferner 25 ccm der eingestellten Schwefelsäure und 0,5 g Kaliumnitrat; der Strom betrug 4 Amp, die Spannung im Anfang 10 Volt und am Ende der Reduktion 17 Volt. Man wandte möglichst niedrige Tourenzahlen an und elektrolysierte dreißig Minuten lang. Die Schale wurde weder im Anfang des Versuches erwärmt, noch wurde während der Elektrolyse äußere Wärme zugeführt. Die Flüssigkeit erwärmte sich vielmehr während des Versuches durch den Strom, so daß die Temperatur einen konstanten Wert von etwa 65° erreichte. Die angeführte Versuchsreihe wurde an einem einzigen Nachmittag ausgeführt, wobei sämtliche Resultate brauchbar waren. Demgemäß kann man aus dieser Versuchsreihe den wahrscheinlichen Fehler der Methode ersehen. Der theoretische Wert des Stickstoffgehaltes war 13,86 %. Gefunden wurden:

13,81 % Stickstoff	13,86 % Stickstoff
13,79 % „	13,92 % „
13,83 % „	13.92 % „
13,83 % „	13,86 % „
13,94 % „	13,89 % „

Als Mittel aus dieser Versuchsreihe ergibt sich 13,865 % N.

Tabelle zur Schnellbestimmung der Salpetersäure.

Angewandt				Bedingungen				Berechnungen					
ccm Kupfersulfatlösung	g Kaliumnitrat	ccm Säure	g Kupfermetall	Volt	Ampere	Dauer in Min.	ccm NH_3 zum Titrieren	NH_3 äquivalent zu Kupfer	NH_3 äquivalent zu der Säure	Summe der beiden NH_3-Werte weniger dem titrierten	Na_2CO_3 äquivalent dem gebildeten Alkali	Gefunden % Stickstoff	Nr. des Versuches
25	0,5000	25	0,2533	12	5	10	44,5	40,0	24,4	19,9	20,1	5,63	1
25	0,5000	25	0,2533	12	5	15	29,5	40,0	24,4	34,9	35,1	9,83	2
25	0,5000	25	0,2533	12	5	15	29,2	40,0	24,4	35,2	35,4	9,91	3
25	0,5000	25	0,2533	12	5	20	24,4	40,0	24,4	40,0	40,2	11,26	4
25	0,5000	25	0,2533	8	3	20	32,4	40,0	24,4	32,0	32,2	9,02	5
25	0,5000	25	0,2533	10	4	20	15,9	40,0	24,4	48,5	48,7	13,64	6
25	0,5000	25	0,2533	10	4	25	15,9	40,0	24,4	48,5	48,7	13,64	7
25	0,5000	25	0,2533	9	4	30	15,2	40,0	24,4	49,2	49,4	13,83	8
25	0,5000	25	0,2533	9	4	30	15,4	40,0	24,4	49,0	49,2	13,78	9
25	0,5000	25	0,2533	9	4	30	15,5	40,0	24,4	48,9	49,1	13,75	10
50	0,5000	25	0,5066	10	4	20	73,2	80,0	24,4	31,2	31,4	8,79	11
50	0,5000	25	0,5066	10	4	30	58,3	80,0	24,4	46,1	46,3	12,96	12
15	0,5000	30	0,1520	10	4	20	10,9	24,0	29,3	42,4	42,6	11,93	13
15	0,5000	30	0,1520	10	4	30	5,1	24,0	29,3	48,2	48,4	13,55	14
15	0,5000	50	0,1520	10	4	20	26,2	24,0	48,8	46,6	46,8	13,10	15
15	0,5000	50	0,1520	10	4	30	23,6	24,0	48,8	49,2	49,4	13,83	16
15	0,5000	50	0,1520	16	6	20	25,9	24,0	48,8	46,9	47,1	13,19	17
15	0,5000	50	0,1520	12	5	25	25,2	24,0	48,8	47,6	47,8	13,38	18
25	0,5000	25	0,2533	40	4	20	18,5	40,0	24,4	45,9	46,1	12,91	19
25	0,5000	25	0,2533	40	4	30	17,5	40,0	24,4	46,9	47,1	13,19	20

Diese Methode zur Bestimmung von Nitraten kann an Genauigkeit zweifellos mit andren Methoden konkurrieren. Sie hat ferner in ihrer Einfachheit und Schnelligkeit solche Vorzüge, daß sie wohl wert ist, beachtet zu werden. Die komplette Bestimmung des Salpetersäuregehaltes einer Alkalinitratlösung kann in

35 Minuten ausgeführt werden, gerechnet von der Zeit des Abwägens der Substanz.

Neuere Versuche im Laboratorium des Verfassers haben ferner gezeigt, daß man auch den Salpetersäuregehalt von Schwermetallsalzen, wie z. B. Zinknitrat, Kobaltnitrat, Nickelnitrat usw. bestimmen kann, indem man das Metall zunächst mit Natriumcarbonat fällt, den Niederschlag abfiltriert und das Natriumnitrat im Filtrat elektrolysiert.

VI. Bestimmung von Kationen und Anionen nebeneinander.

a) Sulfate. Wir haben oben zahlreiche Beispiele zur Bestimmung von Metallen kennen gelernt, die mit Hilfe der Quecksilberkathode ausgeführt werden können (S. 56 ff.). In diesem Zusammenhang wurde auch die komplette Analyse von Kupfersulfat angegeben, und zwar sollte man das Metall in Quecksilber abscheiden, dann die farblose Flüssigkeit in ein Becherglas abhebern und die Säure mittels Zehntel-Natriumcarbonatlösung titrieren (S. 80). Es kann hier noch hinzugefügt werden, daß man wohl keine zufriedenstellendere Methode als obige auch für die Analyse von Zinksulfat empfehlen könnte. Beide Bestandteile können in diesem Salz sehr schnell und genau elektrolytisch getrennt und bestimmt werden. Bei der gewöhnlichen gravimetrischen Bestimmung des Schwefelsäuregehalts von Zinkvitriol schließt bekanntlich das gefällte Bariumsulfat sehr leicht Zink ein. Bei der obigen elektrolytischen Fällung hingegen besteht für den Analytiker diese Schwierigkeit nicht. Analog könnte jedwedes lösliche Schwermetallsulfat ohne weiteres analysiert werden. Die Resultate sind äußerst zufriedenstellend. Als diese Methode zuerst ausprobiert wurde, verwandte man eine feststehende Anode. Später wurde diese durch die rotierende ersetzt (nach S. 57).[1]

[1] J. Am. Ch. S. **25**, 883; **26**, 1614; **27**, 1527; Am. Phil. Soc. Pr. **44** (1905), 137; Myers, J. Am. Ch. S. **26**, 1124.

b) Chloride. Als dem Verfasser die Analyse von Sulfaten auf die erörterte Weise geglückt war, versuchte man, auch Chloride derartig zu analysieren. Man brauchte ja nur irgendwelche Vorrichtungen zu ersinnen, die Chlorionen an der Anode zu binden, z. B. indem man die letztere aus Silber wählte. So wurde eine Lösung von Natriumchlorid in einer Amalgamzelle (S. 57) der elektrolytischen Zersetzung unterworfen, wobei die Anode aus einem silberplatierten Platinstreifen bestand. Später wurde statt dessen ein gewogenes, mit Silber überzogenes Platindrahtnetz genommen. Diese Anode ließ man in die wäßrige Lösung des Natriumchlorids (40 ccm) hängen. Fast sofort nachdem der Strom geschlossen wurde, begann das Silber sich vom unteren Ende des Drahtnetzes her nach oben hin allmählich dunkler zu färben. Als diese Erscheinung aufhörte, wurde die Zersetzung als beendigt angesehen und das Drahtnetz aus der Lösung entfernt. Nach dem Abspülen mit Wasser, Alkohol und Äther wurde die Anode kurze Zeit getrocknet und dann gewogen. An Stelle des Drahtnetzes wurde nunmehr eine gewöhnliche Scheibenanode aus Platin in die Flüssigkeit gebracht und der Strom umgekehrt, d. h. die Quecksilberschicht zur Anode gemacht. Hierbei wanderte das Natrium schnell aus dem Quecksilber, an das es vorher durch den Strom gebunden worden war, heraus und bildete mit dem Wasser Ätznatron. Diese letztere Operation nahm zwanzig Minuten in Anspruch. Dann wurde die alkalische Flüssigkeit mittels eingestellter Säure titriert. In einer Lösung von Kochsalz, die 0,0606 g Chlor und 0,0390 g Natrium enthielt, fand man (1) 0,0606 g Chlor und 0,0389 g Natrium, bzw. (2) 0,0610 g Chlor und 0,0384 g Natrium. Die ganze Zersetzung dauerte sechs Stunden. Der Strom betrug 0,0325—0,03 Amp. und 2 Volt.

Auf dieselbe Weise wurde auch eine Bariumchloridlösung elektrolysiert und folgende Daten erhalten: Angewandt: 56,14 % Ba und 29,09 % Cl. Gefunden: 55,87 bzw. 56,07 % Ba und 28,69 bzw. 29,31 % Cl.

c) Bromide u. a. Strontiumbromid wurde mit demselben Erfolge analysiert. Dasselbe war auch bei andren Haloidverbindungen der Fall. Ferner ließen sich Natriumchlorid und Bariumchlorid erfolgreich auch ohne Anwendung der Quecksilberkathode analysieren, indem statt dieser eine flache Platinspirale verwendet wurde. Die alkalische Flüssigkeit hinderte, wenn geeignete Strombedingungen beobachtet wurden, die Abscheidung des Halogens auf dem Silberdrahtnetz nicht weiter.

Bei obigem Beispiel dauerte nun die Bestimmung etwas lange und außerdem hatte man einige Schwierigkeiten, das Ende der Reaktion festzustellen. Hildebrand fand ferner in obigem Laboratorium, daß trotz der großen Sorgfalt, die man auf die Reinheit des Quecksilbers und des Innern der Zelle verwendete (um eine sekundäre Zersetzung des Amalgams möglichst zu vermindern), dennoch etwas Ätznatron gebildet wurde, so daß nach der völligen Zersetzung des Haloides möglicherweise das Gewicht des Drahtnetzes in unbestimmbarer Weise durch Bildung von Silberoxyd aus der Elektrolyse des Ätzalkalis erhöht wurde. Um das Ende der Zersetzung festzustellen, wurde von ihm folgendes Mittel benutzt: Das Drahtnetz wurde beim Beginn der Operation nur auf 5 mm oberhalb der Oberfläche des Quecksilbers eingetaucht und die Flüssigkeitsmenge so gewählt, daß sie nur ein Drittel des Drahtnetzes bedeckte. Die Spannung wurde während der Elektrolyse konstant gehalten, so daß der Stromabfall, wenn die Reaktion vor sich ging, die Vollständigkeit der Zersetzung anzeigte. Wenn der Strom dann auf 0,005—0,02 Amp. gesunken war, so wurde das Flüssigkeitsniveau allmählich um einige Millimeter erhöht. Sobald sich nun auf der frischen Oberfläche die Bildung von braunem Silberoxyd, das leicht von dem blauen Chlorid unterschieden werden konnte, anzeigte, wurde das Drahtnetz entfernt, in Alkohol und darauf in Äther getaucht, getrocknet und gewogen. Bei dieser Ausführung wurden völlig übereinstimmende Resultate erhalten. In allen Fällen wurde das Amalgam nachher in ein Becherglas umgegossen und das nach seiner Zersetzung entstandene freie Alkali mit $^1/_{10}$-Normalschwefelsäure titriert, wobei man Methylorange als Indikator verwandte.

d) Beispiele.

1. Analyse von Natriumchlorid.

Die folgende Tabelle gibt die bei Chlornatrium erhaltenen Ergebnisse wieder. Die Stromstärke ist in der dritten Spalte verzeichnet, und zwar sowohl die Anfangs- als auch die Endstärke.

Dauer in Minuten	Volt	Ampere	Natrium in g		Chlor in g	
			angewandt	gefunden	angewandt	gefunden
135	3,5	0,08—0,01	0,0460	0,0461	0,0708	0,0713
210	3,5	0,09—0,003	0,0460	0,0456	0,0708	0,0706
150	3,5	0,20—0,005	0,0460	0,0460	0,0708	0,0706
220	3,5	0,24—0,005	0,0460	0,0458	0,0708	0,0705
200	3,5	0,21—0,005	0,0460	0,0462	0,0708	0,0709
120	3,5	0,16—0,01	0,0460	0,0459	0,0708	0,0712
130	3,5	0,20—0,02	0,0460	0,0461	0,0708	0,0705
70	3,5	0,15—0,04	0,0460	0,0459	0,0708	0,0707
	3,5	0,14—0,03	0,0460	0,0463	0,0708	0,0711
	3,5	0,13—0,02	0,0460	0,0463	0,0708	0,0710

Die Chlorsilberniederschläge waren vollständig festhaftend, falls der Silberbelag der Elektrode nicht zu dünn war. Da das ausgefällte Chlorsilber nicht vor dem Licht geschützt wurde, so waren die Chlorsilberniederschläge sowohl hier wie bei andren Versuchen stets sehr dunkel gefärbt. Bemerkenswert ist jedoch, daß, wenn das Silberchlorid sich mitunter so schnell gebildet hatte, daß es noch seine wirkliche Farbe zeigte, es oft nicht gut festhaftete.

2. Tabelle der Analyse von Natriumbromid.

Dauer in Minuten	Volt	Ampere	Natrium in g		Brom in g	
			angewandt	gefunden	angewandt	gefunden
60	4,0—3,5	0,13—0,02	0,0232	0,0235	0,0804	0,0794
45	4,0—3,5	0,15—0,05	0,0232	0,0237	0,0804	0,0806
50	3,5	0,12—0,03	0,0232	0,0231	0,0804	0,0806
100	3,5	0,13—0,01	0,0232	0,0237	0,0804	0,0812
60	3,5	0,12—0,05	0,0232	0,0238	0,0804	0,0804
	3,5	0,09	0,0232	0,0230	0,0804	0,0805

3. Tabelle der Analyse von Natriumjodid.

Dauer in Minuten	Volt	Ampere	Natrium in g		Jod in g	
			angewandt	gefunden	angewandt	gefunden
70	4,0—3,5	0,10 - 0,02	0,0154	0,0156	0,0850	0,0850
70	3,5	0,05—0,01	0,0154	0,0156	0,0850	0,0857
45	3,5—3	0,10—0,02	0,0154	0,0154	0,0850	0,0845

4. Analyse von Kaliumsulfocyanid.

Die Analyse dieses Salzes ist etwas umständlicher, weil das Kaliumamalgam sich gewöhnlich gegen Ende der Elektrolyse zu zersetzen anfängt.

Dauer in Minuten	Volt	Ampere	Kalium in g		CNS in g	
			angewandt	gefunden	angewandt	gefunden
45	3,5	0,10—0,06	0,0375	0,0371	0,0558	0,0558
120	3,5	0,07—0,04	0,0375	0,0379	0,0558	0,0560
105	4—3,5	0,10—0,01	0,0375	0,0379	0,0558	0,0560
135	3,5	0,06—0,01	0,0375	0,0375	0,0558	0,0566
65	4—3,5	0,09—0,01	0,0375	0,0373	0,0558	0,0553

Später wurde noch gefunden, daß auch Silberferro- und -ferricyanid auf einer Silberanode gebildet werden könnten und, was noch bemerkenswerter erscheint, auch Silbercarbonat. Im letzteren Falle war die Abscheidung vollständig, da an der Anode während der Elektrolyse des Alkalicarbonates kein freies Kohlendioxyd entwickelt wurde, sondern erst beim Eintauchen derselben in verdünnte Schwefelsäure. Es war indessen nicht möglich, die letzteren Fällungen quantitativ zu gestalten, da die betreffenden Silbersalze nicht sehr festhaftend waren und am Rande des Drahtnetzes leicht Teile des Niederschlages mechanisch losgelöst wurden.

e) Drahtnetzanode für Anionbestimmungen. Die soeben erwähnten Schwierigkeiten wurden durch Konstruktion einer neuen Anode überwunden (Fig. 40). Diese bestand aus zwei runden Platindrahtnetzen von 5 cm Durchmesser und einer Stärke, daß etwa

300 Maschen auf den Quadratzentimeter kamen. Der Rand wurde in der Gebläseflamme leicht verschmolzen. Die beiden Drahtnetze wurden, 5 mm voneinander entfernt, an dem Ende einer 1—$1^1/_2$ mm starken Achse aus Platindraht (Platin mit 10 % Iridium) von 10 cm Länge befestigt, so daß diese genau durch die Mittelpunkte der beiden kreisförmigen Drahtnetze hindurchführte. Jedes Drahtnetz wurde an diesem axialen Draht mittels zweier kleinerer Drähte, welche straff in zwei nebeneinander befindliche Löcher paßten, die in rechten Winkeln zueinander durch den dicken Draht gebohrt waren, befestigt oder besser direkt angeschweißt. Diese Anode wog etwa 16 g. Die gesamte Oberfläche eines solchen Drahtnetzpaares beträgt etwa 100 qcm, welcher Betrag mindestens verdoppelt wird, wenn die Gaze mit mehreren Gramm Silber überzogen wird. Die Anode wurde, wenn sie nicht im Gebrauch war, so aufgehoben, daß man die Achse in einer Klammer befestigte, damit das Drahtnetz nicht durch Berührung mit andren Gegenständen verbogen werden könnte. Um die Anode am Wägebalken beim Wägen aufhängen zu können, wurde an die Achse, etwa 2 cm vom oberen Ende entfernt, eine Schleife aus dünnem Platindraht gelötet.

Das Versilbern der Anode. Um die Anode zu versilbern, ließ man sie in einer starken Silbercyanidlösung in der üblichen Weise als Kathode rotieren. Man konnte so etwa 3—4 g Silber leicht in kurzer Zeit darauf niederschlagen (s. weiter unten). Mit dieser Silbermenge konnte eine Anzahl Bestimmungen ausgeführt werden, ohne daß das Drahtnetz jedesmal von neuem versilbert zu werden brauchte. Das gebildete Silberchlorid wurde nach der Analyse durch kurzes Eintauchen in Cyankalilösung abgelöst, wodurch man wieder eine frische Silberoberfläche erhielt. Das Versilbern wurde in einem Becherglas ausgeführt, wobei man als Anode einen Platindraht benutzte, der durch ein Glasrohr nach dem Boden des Becherglases führte und dort in eine flache, horizontale Spirale oder einfacher in einen Ring ausgebogen wurde. Eine starke Kaliumsilbercyanidlösung hielt man sich in einer Flasche stets vorrätig. Daraus ließ man von Zeit zu Zeit in dem

Maße, wie das Silber in dem Elektrolyten abgeschieden wurde, Silberlösung in das Becherglas nachfließen. Man braucht bei diesem Versilbern nicht sonderlich auf die Strombedingungen zu achten, da sie ziemlich weit variieren können, ohne den Silberniederschlag schädlich zu beeinflussen. Gewöhnlich wandte man 5 Volt und 1—2 Amp. an. Sobald der Überzug schwer genug war, wurde das Drahtnetz entfernt und durch Eintauchen in destilliertes Wasser, Alkohol und Äther gewaschen.

Um die Notwendigkeit, die Anode jedesmal von neuem zu zentrieren, wenn sie an dem Rührer befestigt wurde, zu umgehen, wurde ein kleines Stück Kupferblech als zylindrische Hülle genau um die Achse der Anode passend gewickelt und dann an der Spitze des Rührers befestigt. Die Anode zentrierte sich so stets von selbst, sobald sie eingesetzt wurde.

f) Die Hildebrandsche Zelle. Die Zelle, in welcher die untenstehenden Trennungen von Kationen und Anionen ausgeführt wurden, gleicht im Prinzip dem Castner-Kellner-Prozeß zur Ätznatrondarstellung, wobei das Amalgam in einem Abteil gebildet und in einem andren zersetzt wird. Die äußere Zelle ist eine Kristallisierschale von 11 cm Durchmesser und 5 cm Höhe. In ihrem Innern befindet sich ein Becherglas von 6 cm Durchmesser mit abgesprengtem Boden und rundgeschmolzenem Rand, so daß es einen Zylinder von 4,5 cm Höhe bildet. Dieser steht auf einem Y-förmigen, auf dem Boden der Kristallisierschale liegenden Glasstab und wird durch drei Gummistopfen in der Mitte der größeren Schale festgehalten. Die Gummistopfen werden radial zwischen den Zylinder und die Innenwand der Kristallisierschale gepreßt (s. Fig. 40). In dem so gebildeten äußeren Abteil befindet sich ein Ring von etwa sechs Windungen Nickeldraht, der mit drei kurzen Füßen ausgestattet ist, die an den drei Enden des Y-förmigen Glasstabes befestigt sind und den Ring etwa 1 cm oberhalb des Quecksilbers halten, das nunmehr in das Gefäß gegossen wird. Man gießt so viel reinstes Quecksilber in die sorgfältigst gereinigte Zelle, daß dessen Oberfläche etwa 3 mm oberhalb des unteren Randes des abgesprengten Becherglases liegt. Die zu elektrolysierende Lösung wird dann vorsichtig in das innere Abteil gegossen, während in das äußere bis zur Bedeckung des Nickeldrahtes destilliertes Wasser nebst 1 ccm einer gesättigten Kochsalzlösung gebracht wird.

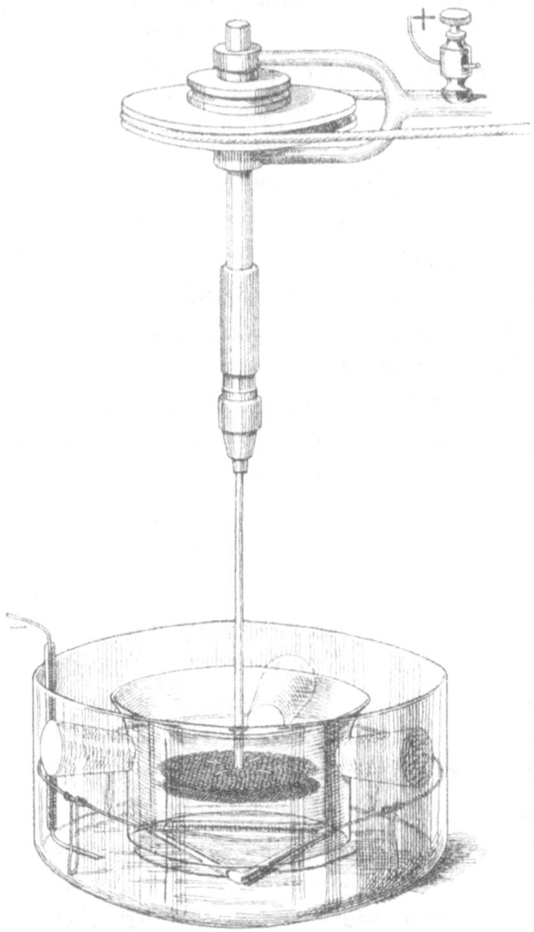

Fig. 40. Zelle zur elektrolytischen Trennung von Kationen und Anionen.

Bei dieser Anordnung wird das im innern Abteil gebildete Amalgam sofort in dem äußeren wieder zersetzt, da dieses als ein galvanisches Element fungiert, bestehend aus Nickeldraht — Chlornatrium — Amalgam. Das im äußeren Abteil hinzugesetzte Natriumchlorid soll nämlich die Flüssigkeit leitend machen, damit die Zersetzung des Amalgams im Anfang etwas schneller verläuft. Ohne dasselbe würde das Amalgam sich in dem äußeren Abteil nicht völlig zersetzen, da reines Wasser nicht schnell genug darauf einwirkt. Das Amalgam würde dann teilweise schon in der inneren Zelle zersetzt werden. In das Quecksilber taucht im äußeren Teil ein Glasrohr, in dem sich ein Kupfer- und Platindraht zur

Zuleitung des negativen Stromes befinden. Nach beendigter Elektrolyse wird der gesamte Inhalt der Zelle in ein Becherglas gegossen, die Zelle nachgespült und das freigewordene Alkali titriert. Nach der Titration wäscht man das Quecksilber, dekantiert das Wasser und schüttet das Metall in einen großen Scheidetrichter, aus dem es rein und trocken abgelassen werden kann.

Beispiel: Chlornatrium. Folgende Ergebnisse zeigen uns, wie die Analyse von Natriumchlorid schnell und sicher mit der beschriebenen Anode und Zelle auszuführen ist:

Dauer in Minuten	Volt	Ampere	Natrium in g		Chlor in g	
			angewandt	gefunden	angewandt	gefunden
30	4,0—2,5	0,50—0,02	0,0461	0,0459	0,0708	0,0704
45	3,5—2,5	0,34—0,01	0,0461	—	0,0708	0,0706
40	3,5—3,0	0,50—0,01	0,0461	—	0,0708	0,0704
45	4,0—3,5	0,65—0,01	0,0461	—	0,0708	0,0716
30	4,0—2,5	0,76—0,02	0,0461	—	0,0708	0,0713
55	3,0	0,26—0,02	0,0461	—	0,0708	0,0709

Die angegebenen Ergebnisse sind mit Hilfe einer feststehenden Anode erzielt worden. Alle weiteren Bestimmungen wurden mittels rotierender Anode ausgeführt.

g) Schnelltrennungen von Kationen und Anionen. Die versilberte und gewogene Drahtnetzanode wird am Rührer befestigt und dann so weit in die Zelle eingetaucht, daß das untere Drahtnetz etwa 5 mm oberhalb des Quecksilbers steht. Man stellt dann den Motor mit passender Tourenzahl an und schließt den Elektrolisierstrom. Die günstigste Umdrehungszahl beträgt 300 in der Minute. Man braucht die Anode nach der Zersetzung des Salzes nicht zu waschen, da die zurückbleibende Flüssigkeit natürlich reines Wasser ist. Dadurch vermeidet man außerdem Verluste, wie sie durch das übliche Waschen mit Wasser, Alkohol und Äther eintreten könnten. Man kann jedoch die beiden letzteren Waschmittel verwenden, falls man Zeit sparen will. Getrocknet wird das Drahtnetz in einem Dampfschrank.

1. Analyse von Natriumbromid.

Man wählt das Volumen der Salzlösung zu etwa 25 ccm und taucht nur das untere Drahtnetz ein, da dieses eine hinreichend große Oberfläche für die bei den Versuchen im allgemeinen anzuwendenden Bromidmengen darbietet.

Ergebnisse:

Dauer in Minuten	Volt	Ampere	Natrium in g		Brom in g	
			angewandt	gefunden	angewandt	gefunden
30	5,0	0,65—0,01	0,0231	0,0233	0,0800	0,0798
30	5,0	0,65—0,01	0,0231	0,0233	0,0800	0,0802

2. Analyse von Natriumcarbonat.

Bei dieser Bestimmung empfiehlt es sich, die Silberanode etwas zu mattieren, was man dadurch bewerkstelligt, daß man während des Versilberns das Rühren einige Minuten vor Entfernung der Drahtnetzanode aus dem Versilberungsbad unterbricht.

Ergebnisse:

Dauer in Minuten	Volt	Ampere	Natrium in g		CO_3 in g	
			angewandt	gefunden	angewandt	gefunden
60	3,5—5,0	0,15—0,01	0,0323	0,0325	0,0420	0,0416
90	4,0—5,0	0,15—0,01	0,0323	0,0324	0,0420	0,0419
50	5,0	0,65—0,01	0,0346	0,0349	0,0450	0,0448
70	3,5—5,0	0,15—0,01	0,0346		0,0450	0,0447

Bei diesem Beispiel läßt sich das Drahtnetz am bequemsten durch gelindes Glühen reinigen, anstatt durch Waschen mit Cyankalium und Wasser. Beim Glühen geht das Carbonat in metallisches Silber über.

3. Analyse von Kaliumferrocyanid.

Dauer in Minuten	Volt	Ampere	Kalium in g		$Fe(CN)_6$ in g	
			angewandt	gefunden	angewandt	gefunden
30	4,0—4,5	0,15—0,01	0,0391	0,0384	0,0531	0,0531
30	3,0—5,0	0,15—0,01	0,0391	0,0389	0,0531	0,0532
30	4,0—5,0	0,20—0,01	0,0391	0,0387	0,0531	0,0527

4. Analyse von Kaliumferricyanid.

Dauer in Minuten	Volt	Ampere	Kalium in g		$Fe(CN)_6$ in g	
			angewandt	gefunden	angewandt	gefunden
35	2,0—5,0	0,20—0,01	0,0392	—	0,0710	0,0714
30	4,0—5,0	0,40—0,01	0,0392	0,0389	0,0710	0,0712
40	4,5—5,0	0,30—0,01	0,0392	0,0389	0,0710	0,0713

5. Analyse von Trinatriumphosphat.

Mit Trinatriumphosphat erhielt man einen Niederschlag von Silberphosphat, welcher zwar bei 4 Volt hinreichend festhaftend war, nicht jedoch mehr bei 5 Volt. Wegen der erforderlichen niedrigeren Spannung und geringeren Leitfähigkeit dauerte es länger, bis die letzten Spuren Phosphorsäure ausgefällt waren. Zur Vermeidung dieses Umstandes nahm man daher bei den letzten beiden angegebenen Bestimmungen gegen Ende der Elektrolyse noch eine zweite Anode für diese letzten Spuren.[1]

Dauer in Minuten	Volt	Ampere	Natrium in g		PO_4 in g	
			angewandt	gefunden	angewandt	gefunden
75	5—4	0,50	0,0343	0,0343	0,0472	0,0473
120	4	0,30	0,0343	0,0343	0,0472	0,0468
60	4	0,30	0,0343	0,0340	0,0472	0,0470
70	4	0,40	0,0343	—	0,0472	0,0478

[1] Hildebrand, J. Am. Ch. S. **29**, 447.

6. Bariumchlorid.

Als man gefunden hatte, daß die Halogenverbindungen der Alkalien schnell und leicht in der beschriebenen Weise analysiert werden konnten, bedeutete es nur noch einen kleinen Schritt weiter, dieselbe Arbeitsweise auch auf die Metalle der alkalischen Erden anzuwenden. Man fand dementsprechend, daß Bariumchlorid, in Wasser aufgelöst und mit einem Strom von 0,3 Amp. und 2,5—3 Volt elektrolysiert, leicht in 30—40 Minuten bestimmt werden konnte (ca. 0,2 g Ba). Die hier stehenden Ergebnisse wurden von Hiram S. Lukens und Thos. P. Mc Cutcheon jr. im Laboratorium des Verfassers erhalten.

Beispiele:

Angewandtes Barium in g	Gefundenes Barium in g	Angewandtes Chlor in g	Gefundenes Chlor in g
0,2277	0,2276	0,1180	0,1177
	0,2274		0,1178
	0,2277		0,1181
	0,2278		0,1180
	0,2277		0,1180
	0,2277		0,1181

7. Strontiumbromid.

Bei der Bestimmung des Strontiums wurde das Bromid benutzt und im übrigen mit den unter Bariumchlorid angegebenen Bedingungen gearbeitet. Beispiel: Angewandt: 0,0727 g Strontium; gefunden: 0,0725 g, 0,0727 g, 0,0727 g, 0,0726 g, 0,0725 g.

Die Amalgame von Barium und Strontium wanderten leicht in das äußere Abteil und wurden dort schnell zersetzt.

8. Magnesiumchlorid.

Beim Elektrolysieren einer Lösung von reinem Magnesiumchlorid wurden dagegen im inneren Abteil große Mengen Magnesiumhydrat gebildet, ohne daß auch die geringste Spur Magnesium in der äußeren Zelle entdeckt werden konnte.

9. Magnesium- und Calciumchlorid.

Auch Mischungen von Calciumchlorid und Magnesiumchlorid, in denen halb so viel Magnesium als Calcium oder gleiche Mengen von beiden vorhanden waren, ergaben ähnliche Resultate. So wurde z. B. nicht die geringste Spur von Calcium oder Magnesium in der äußeren Zelle gefunden, vorausgesetzt, daß der Strom 3,5—4 Volt nicht überschritt.

10. Trennung des Natriums von Calcium und Magnesium.

Da die Amalgame von Calcium und Magnesium sich so leicht in der angegebenen Weise schon in dem inneren Abteil zersetzten, wurde angenommen, daß man vielleicht diese beiden Metalle auf diesem Wege von Natrium trennen könnte. Daher wurden die Chloride der drei Metalle in Wasser gelöst und diese Lösung in das innere Abteil gebracht. Man ließ dann fünfzig Minuten lang einen Strom von 0,25 Amp. und 3,5 Volt darauf einwirken.

Angewandt: 0,0222 g Calcium, 0,0210 g Magnesium, 0,0474 g Natrium. Gefunden: 0,0471 g, 0,0476 g, 0,0474 g Natrium.

11. Trennung des Kaliums von Calcium und Magnesium.

Es wurden die gleichen Mengen von Calcium und Magnesium in Form der Chloride verwendet wie bei 10., das Natriumchlorid wurde durch Kaliumchlorid ersetzt. Bei demselben Strom wie im vorigen Beispiel fand man folgende Mengen Kalium im äußeren Abteil: Angewandtes Kalium: 0,0580 g. Gefunden: 0,0582, 0,0583, 0,0580, 0,0579, 0,0580, 0,0580 g.

12. Trennung des Bariums von Calcium und Magnesium.

Man löst die Chloride in 30 ccm Wasser, fügt einen Tropfen Salzsäure (1 : 10) zu dieser Lösung und elektrolysiert bei einem Strom von 0,3 Amp. und 3,5—4 Volt fünfviertel Stunden lang.

Beispiele für die Bestimmung von Barium neben Calcium und Magnesium.

Angewandtes Barium in g	Angewandtes Calcium in g	Angewandtes Magnesium in g	Gefundenes Barium in g
0,0455	0,0222	0,0210	0,0456
"	"	"	0,0455
"	"	"	0,0454
"	"	"	0,0454
"	"	"	0,0455
"	"	"	0,0454
"	"	"	0,0454
0,0910	"	"	0,0910
"	"	"	0,0911
"	"	"	0,0910
"	"	"	0,0912
"	"	"	0,0910

13. Trennung von Calcium und Magnesium.

Sind Calcium und Magnesium zusammen als Chloride anwesend, so führt deren Elektrolyse zwar zur Amalgambildung; diese Amalgame werden indes schon in der inneren Zelle unter Bildung von Hydroxyden zersetzt. Es wird z. B. unter solchen Umständen das Calcium in Gegenwart von Magnesium bei einer Spannung, die 5 Volt nicht überschreitet, in der inneren Zelle zurückgehalten. Auf diese Weise konnte man ja auch gemäß obigen Ausführungen die Trennung des Bariums von Calcium und Magnesium bewerkstelligen. Wird indessen das Calciumchlorid einer höheren Spannung unterworfen, so wird auch dieses völlig analog dem Bariumchlorid zersetzt, indem das Chlor sich mit der versilberten Anode verbindet, das Metall jedoch in die äußere Abteilung wandert, nachdem sich intermediär Amalgam gebildet hat. Dieses Verhalten konnte durch zahlreiche Bestimmungen bestätigt werden.

14. Elektrolyse einer Mischung von Barium-, Calcium- und Magnesiumchlorid.

Die Lösung möge 0,0691 g Barium, 0,0278 g Calcium und 0,0220 g Magnesium erhalten. Man läßt die Anode rotieren und elektrolysiert die Lösung zunächst bei einem Druck von 3,5 Volt. In zwei Stunden hat sich das Bariumamalgam vollständig in der äußeren Abteilung zum Hydrat zersetzt. Man titriert das letztere und steigert dann den Druck auf 9 Volt, wobei der Strom allmählich von 0,30 auf 0,02 Amp. sinkt. In drei Stunden wandert nun das Calcium vollständig nach der äußeren Zelle und kann dort mit $^1/_{10}$ normaler Säure titriert werden. In einem Beispiel, bei dem nach diesen Angaben gearbeitet wurde, fand man 0,0691 g Barium und 0,0276 g Calcium, wobei natürlich die ursprünglich hinzugefügte Menge Magnesium als Rest in der inneren Zelle zurückblieb.[1]

15. Trennung des Strontiums von Calcium und Magnesium.

Man wählt dieselben Bedingungen wie bei der Trennung des Bariums von denselben Metallen. Es wurden folgende Ergebnisse erhalten:

Angewandtes Strontium in g:	Gefundenes Strontium in g:
0,0565	0,0563
0,0565	0,0565
0,0565	0,0564
0,0565	0,0565
0,0565	0,0566
0,0565	0,0565

16. Trennung des Bariums von Magnesium.

Man benutzt eine wäßrige Lösung der Chloride und wendet einen Strom von 0,3 Amp. und 3,5 Volt an. Die Anode läßt man 300 Touren in der Minute ausführen. Der Strom kann hier nicht unterhalb 0,03 Amp. sinken, da stets Spuren von Magnesiumhydrat in Lösung gehen und etwas Strom hindurchlassen. Einige Ergebnisse sollen die Genauigkeit der Methode zeigen:

---

[1] Vgl. Coehn und Kettembeil, Z. f. anorg. Ch. **38**, 198—212.

Angewandtes Barium in g:	Angewandtes Magnesium in g:	Gefundenes Barium in g:
0,0455	0,0358	0,0455
0,0455	0,0358	0,0456
0,2277	0,0358	0,2277
0,2277	0,0358	0,2277

17. Trennung des Strontiums von Magnesium.

Man benutzt dieselben Bedingungen wie bei der vorigen Trennung.

18. Trennung des Bariums von Eisen.

Man elektrolysiert die möglichst neutrale Lösung der Chloride mit einem Strom von 0,3 Amp. und 3—5 Volt etwa fünfzig Minuten lang. Das Eisenamalgam zersetzt sich sofort in der inneren Zelle unter Bildung von Ferrihydroxyd, während das Bariumamalgam in das äußere Abteil wandert und sich dort schnell zersetzt. Die von uns erhaltenen Ergebnisse waren sehr zufriedenstellend.

19. Strontium, Kalium und Natrium

konnten in ähnlicher Weise wie Barium von Eisen getrennt werden. In allen Fällen waren die Ergebnisse ausgezeichnet.

20. Barium, Strontium, Kalium und Natrium

wurden unter den für Barium und Eisen angegebenen Bedingungen sehr zufriedenstellend auch von Aluminium getrennt.

21. Trennung des Natriums von Uran.

Man nimmt die Chloride und wendet einen Strom von 3,5 Volt und 0,3—0,02 Amp. an. Die Dauer beträgt gewöhnlich drei Stunden. Das Chlor sammelt sich auf der versilberten Anode, während das innere Abteil mit anfangs gelb gefärbtem Uraniumhydroxyd erfüllt wird, welches allmählich eine schwarze Färbung annimmt. Das in der äußeren Schale gebildete Natriumhydroxyd kann dort direkt mit $^1/_{10}$-Normalsalz- oder -schwefelsäure titriert werden (Methylorange). Mitunter ist es jedoch bequemer, die Anode nach beendigter Zersetzung zu entfernen, die Flüssigkeit und das gebildete Hydroxyd abzuhebern, die innere Abteilung gründlichst mit reinem Wasser zu waschen und nunmehr den gesamten Inhalt der Zelle in ein größeres Becherglas zu spülen, wo dann die Titration ohne Schwierigkeit zu bewerkstelligen ist.

22. Auch Kalium und Lithium

können unter analogen Bedingungen von Uran getrennt werden. Bei der Trennung des Lithiums wendet man einen Strom von 0,3 bis zu 0,01 Amp. und 5 Volt an; Dauer: eine Stunde.

23. Trennung des Bariums von Uran.

Diese Trennung kann in einer Stunde bei einem Strom von 1,5—0,01 Amp. und 5 Volt ausgeführt werden. Es empfiehlt sich, ein bestimmtes Volumen n/10-Normalsalzsäure in die äußere Abteilung zu geben; das Bariumhydroxyd oder -carbonat wird darin sofort beim Entstehen aufgelöst, so daß man am Ende des Versuches nur die übrigbleibende Säure zurück zu titrieren braucht.

24. Bei der Trennung des Strontiums von Uran

folgt man den unter 24 gemachten Angaben und benutzt einen Strom von 0,4 bis zu 0,02 Amp. und 5 Volt. Zwei Stunden genügen für diese Trennung.

25. Bei einem Strom von 0,4—0,01 Amp. und einem Druck von 4—5 Volt kann man Barium ferner vollständig innerhalb zweier Stunden von Cer, Lanthan, Neodym, Thorium und Titan bei Anwendung der Chloride trennen. Die Amalgame dieser Erdmetalle bilden sofort in der inneren Zelle Hydroxyde, während das Bariumamalgam nach der äußeren Zelle wandert und sich dort zersetzt.[1]

---

[1] Kettembeil, Z. f. anorg. Ch. **38**, 231.

26. Die Analyse von Natriumsulfid.

Man überzieht die Platindrahtnetze elektrolytisch mit Kadmium (S. 84), trocknet sie dann sorgfältig und bringt sie nach dem Wägen in die wäßrige Lösung einer bekannten Menge Natriumsulfid. Bei Verwendung eines Stromes von 0,1 abnehmend bis zu 0,03 Amp. und 3,5 Volt Spannung wird die Analyse in fünfzehn Minuten beendigt. Anfangs nimmt die Lösung hierbei in dem inneren Abteil eine gelbe Farbe an, wird jedoch nach einigen Minuten wieder farblos. In einer 0,0253 g Schwefel enthaltenden Probe fand man: 0,0252 g, 0,0252 g, 0,0251 g Schwefel. Das abgeschiedene Kadmiumsulfid ist sehr festhaftend und wird vor dem Wägen bei 115° getrocknet.

27. Zur Analyse von Alkalifluoriden

kann man die Anode mit Calciumhydroxyd überziehen. Elektrolysiert man z. B. Natriumfluorid mit solcher Anode, so geht das Halogen an das Calciumhydrat und bildet damit einen festhaftenden Belag von Calciumfluorid. Das Alkalimetall wandert dagegen in das äußere Abteil der Zelle und zersetzt sich dort zu Hydroxyd, das titriert werden kann. Es sind schon zahlreiche Zersetzungen dieser Art im Laboratorium des Verfassers erfolgreich ausgeführt worden; es soll jedoch, da das Studium hierüber noch nicht abgeschlossen ist, hier nur bei dieser kurzen Erwähnung bleiben.

VII. Oxydationen mittels des elektrischen Stromes.[1]

Wenn natürliche Sulfide, wie z. B. Kupferkies, Markasit u. a. der Einwirkung eines starken Stromes in Gegenwart einer genügenden Menge Kaliumhydroxyd ausgesetzt werden, so wird ihr Schwefelgehalt schnell und vollständig zu Schwefel-

[1] Smith, Ber. 23, 2276; Am. Ch. Jr. 13, 414; Frankel, Ch. N. 65, 64.

säure oxydiert.[1] Die ursprünglich in dem Mineral vorhandenen Metalle (Eisen, Kupfer usw.) scheiden sich beim nachherigen Auflösen der geschmolzenen alkalischen Masse in Wasser als Oxyde und Metalle ab. Diese Oxydationsmethode ist frei von vielen unangenehmen Erscheinungen der älteren Oxydationsschmelzungen. Ihre Schnelligkeit und Genauigkeit geht am besten aus folgender kurzen Beschreibung hervor:

Man bringt etwa 20 g Ätzkali in einen Nickeltiegel von 3 cm Höhe und 3,5 cm innerer Weite. Dann wird zunächst mit einem Bunsenbrenner vorsichtig erhitzt, bis das Wasser nahezu völlig vertrieben ist, und die Flamme so klein gedreht, daß die Temperatur gerade hinreicht, um das Alkali in flüssigem Zustand zu erhalten. Nunmehr wird der Tiegel mit dem negativen Pol einer Batterie verbunden und das zu oxydierende Sulfid auf das geschmolzene Alkali gebracht. Da einige natürliche Sulfide einen Teil ihres Schwefels schon bei verhältnismäßig niedriger Temperatur abgeben, so empfiehlt es sich, die Schmelze erst so weit erkalten zu lassen, daß die Oberfläche etwas erstarrt ist, bevor man das gewogene Mineral hinzusetzt. Ein starker als Anode dienender Platindraht taucht nur wenig unter die Oberfläche der geschmolzenen Masse ein. Beim Anstellen des Stromes bemerkt man sofort eine lebhafte Reaktion, verbunden mit einem starken Schäumen der Masse. Um hierbei Verluste zu vermeiden, hält man den Tiegel stets mit einem durchbohrten Uhrglas bedeckt. Nach zehn bis zwanzig Minuten unterbricht man den Strom. Man läßt jetzt den Tiegel erkalten, bringt ihn samt Inhalt in 200 ccm Wasser, um das überschüssige Alkali und Alkalisulfat aufzulösen, und filtriert dann. Den Rückstand muß man jedesmal auf Schwefel prüfen, indem man ihn in Salpetersäure auflöst und mit Bariumchlorid versetzt. Das alkalische Filtrat wird darauf vorsichtig mit Salzsäure angesäuert, einige Zeit damit digeriert und mit einer kochenden Lösung von

---

[1] Jr. Fr. Ins. April 1889; Ber. **22** (1889), 1019.

Bariumchlorid versetzt. Beim Zugeben der ersten Portion Salzsäure achte man darauf, ob hierbei Schwefelwasserstoff oder

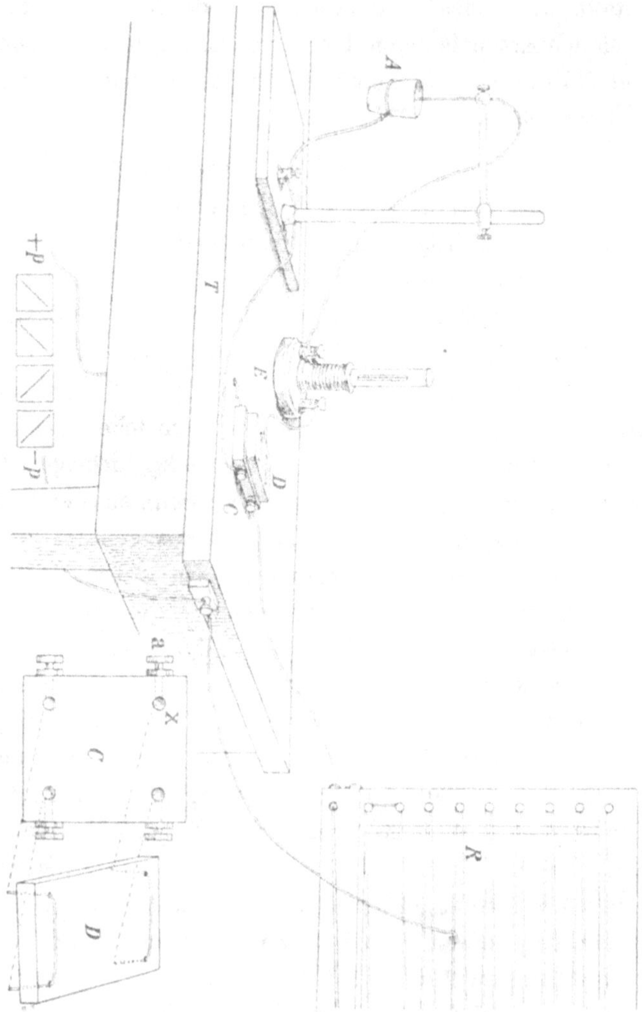

Fig. 41. Oxydation durch Schmelzelektrolyse.

Schwefeldioxyd frei wird, was beides auf eine unvollständige Oxydation hindeuten würde. Mitunter tritt der Schwefel in letzterem Falle auch in Form einer weißen Milch oder Trübung auf. Das bei diesen Oxydationen verwendete Ätzkali ist stets vorher auf Schwefel und andre Verunreinigungen zu prüfen. Da man nur schwer vollkommen schwefelfreies Alkali erhalten kann, wägt man am besten vor dem Versuch eine gewisse Portion ab und bestimmt darin die vorhandene Schwefelmenge, um eine entsprechende Korrektion bei der nachherigen wirklichen Analyse anbringen zu können.

Die Anordnung des für diese Oxydationen verwandten Apparates wird durch Fig. 41 wiedergegeben. Der Tiegel *A* ruht auf einem starken, in der dargestellten Art gebogenen Kupferdraht, der in einer Klemmschraube am Fuße eines Filtriergestelles befestigt ist. Am Pfosten des letzteren befindet sich eine zweite Klemmschraube, die zur Aufnahme der Platinanode dient. Die letztere (ein starker Platindraht) wird zwar gewöhnlich als positive Elektrode geschaltet, es empfiehlt sich jedoch, sie für einige Zeit während des Stromdurchganges auch zum negativen Pol zu machen. Dies ist aus dem Grunde ratsam, weil sich bei vielen Zersetzungen an den Wänden der Tiegel Metalle abscheiden, die leicht unangegriffenes Sulfid einschließen. Durch Umkehrung der Pole kann man jedoch etwa gefälltes Metall wieder ablösen und so das eingeschlossene Sulfid in das Oxydationsgebiet zurückbringen. Ein Sulfid, das solche Neigung hat, zusammenzubacken, ist z. B. der Zinnober; dieser kann daher nur zersetzt und sein Schwefel gründlichst oxydiert werden, wenn man alle paar Minuten den Strom umkehrt. Hierzu benutzt man die Vorrichtung *C*. Diese besteht aus einem einfachen, viereckigen Holzblock, der auf die Tischplatte *T* geschraubt oder genagelt wird. Die vier Einsenkungen *X* enthalten einige Tropfen Quecksilber, in welches die seitlichen Klemmschrauben *a* hineinragen. Diese Quecksilberbecherchen bringt man miteinander durch zwei Drahtbügel, die sich an einem Holzaufsatz *D* befinden, in Verbindung. Die Drähte gehen durch den Aufsatz hindurch und ragen auf der andren Seite etwas hervor. Je nachdem man diese Drahtbügel nach der Zeichnung senkrecht (↑) oder wagerecht (→) stellt, kann entweder der Tiegel oder der in die geschmolzene Masse eintauchende

Platindraht zur Anode bzw. Kathode gemacht werden. *E* ist ein Kohlrauschsches Amperemeter und *R* der Widerstandsrahmen (vgl. auch Fig. 6).

Den günstigsten Strom für derartige Arbeiten liefern Akkumulatorbatterien. In der Abbildung stelle man sich die Zellen unterhalb des Tisches vor; der Draht von der Anode geht durch eine kleine Öffnung in der Tischplatte nach der Klemmschraube *a* am Klotz *C*, während der andre Poldraht mit einer Klemmschraube an der Tischkante befestigt wird und von dort nach dem Widerstandsrahmen *R* führt.

Für die meisten Zwecke kommt man mit einer Stromstärke von 1—1,5 Amp. aus. Mitunter muß man sie jedoch bis auf 4 Amp. steigern; so wird z. B. Eisenkies FeS_2 selbst dann nicht vollständig zersetzt. In diesem Falle setzt man der Kiesmenge eine gleiche Quantität Kupferoxyd hinzu und wendet die soeben angegebene Stromstärke an. Dann wird der gesamte Schwefel leicht in Schwefelsäure verwandelt.

Hat man mehrere Tiegel zur Verfügung, so kann man vier bis sechs derartige Aufschlüsse zu gleicher Zeit ausführen. Bei gleichzeitiger Anwendung einer volumetrischen Methode zur Bestimmung der Schwefelsäure ist eine Schwefelbestimmung in vierzig Minuten zu erledigen.

Erfahrungsgemäß sind etwa 20—25 g Ätzkali zum Aufschluß von 0,1—0,2 g Material erforderlich.

Frankel hatte ferner festgestellt, daß das Arsen in Metallarseniden, wie z. B. in Arsenkies, Rammelsbergit usw. nach obiger Methode vollständig in Arsensäure übergeführt werden kann. Die Bedingungen sind analog den bei den Sulfiden angewendeten.

Mittels des elektrischen Stromes läßt sich auch das Mineral Chromeisenstein völlig zersetzen. Auf eine Materialmenge von 0,1—0,5 g nimmt man 30—40 g Ätzkali. Man wählt hier einen etwas größeren Tiegel als bei der Oxydation der Sulfide und Arsenide. Der Strom darf 1 Amp. nicht überschreiten. Dreißig

Minuten genügen für diese Oxydation, worauf man die Masse erkalten läßt. Dann nimmt man mit Wasser auf, filtriert von dem Eisenoxyd ab, säuert das Filtrat mit Schwefelsäure an und gibt eine abgewogene Menge Ferroammoniumsulfat hinzu. Der Eisenüberschuß wird dann mittels eingestellter Bichromatlösung bestimmt, indem man Ferricyankalium als Indikator benutzt. Nach dieser Methode wurde z. B. 0,4787 g Chromit oxydiert und darin 51,77 % Chromioxyd gefunden, während man bei einer zweiten Probe desselben Minerals, das nach der Dittmarschen Methode oxydiert worden war, 51,70 % Chromioxyd erhalten hatte. Wird das Chrom volumetrisch bestimmt, so kann der Chromgehalt in einem Chromerz in weniger als einer Stunde festgestellt werden.

Anhang. Die Verbrennung von organischen Verbindungen mit Hilfe des elektrischen Stromes.[1]

Zur Verbrennung organischer Körper auf elektrischem Wege benutzt Carrasco ein gewöhnliches Verbrennungsrohr, in welchem ein Platiniridiumdraht erhitzt wird. Während des ganzen Versuchs, der gewöhnlich nicht mehr als fünfzehn Minuten in Anspruch nimmt, bleibt der Apparat mit einer Sauerstoffatmosphäre angefüllt.

Der Carrascosche Apparat ist später von Taylor vervollkommnet worden, der zwei Modifikationen angegeben hat, von denen die einfachste Form in Fig. 42 wiedergegeben ist. Sie besteht aus einem dünnen Verbrennungsrohr *A* (300 mm lang und 15 mm weit), das an einer Seite geschlossen ist. Am offenen Ende ist ein Gummistopfen befestigt, durch welchen 1. das

[1] Carrasco, R. Ac. d. Lincei (5) **14**, 608; Taylor, Thesis (Johns Hopkins University 1905). Betreffs der gebräuchlichen Operationen bei der Verbrennung organischer Substanzen sei als Ergänzung zu diesem Anhang auf das Buch von Gattermann, Die Praxis des organischen Chemikers, Leipzig (1905) S. 96, verwiesen.

Porzellanrohr C von 250 mm Länge und 6 mm Durchmesser, 2. das Glasrohr K, durch welches die Verbrennungsprodukte in den Absorptionsapparat treten; 3. ein ziemlich starker Platindraht, welcher von F nach J geht, führen.

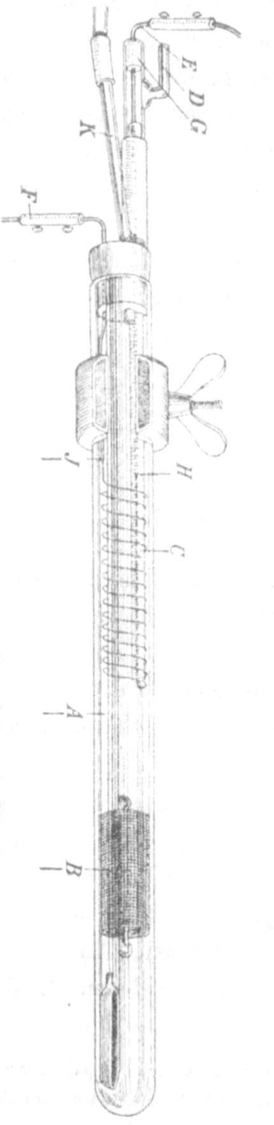

Fig. 42. Verbrennungsrohr mit einem Stopfen nach Taylor.

Das Porzellanrohr C ist außerhalb des Stopfens durch einen Gummischlauch mit dem das Ansatzrohr D tragenden Glasrohr verbunden. Das letztere ist mit einem Stopfen G versehen, durch welchen der starke Platindraht E hindurchgeht, der seinerseits in das Porzellanrohr bis zum Punkte H hineinragt, wo er mit einem dünnen Platindraht verbunden ist. Der letztere hat eine Länge von etwa 1,75 m und wiegt annähernd 2,5 g. Er führt von seiner Verbindung mit dem stärkeren Draht (bei H) durch das Porzellanrohr bis an dessen im Inneren des Verbrennungsrohres liegendes Ende und kehrt dann auf der Außenseite in einer Anzahl von Windungen bis zum Punkt J zurück, wo er mit dem stärkeren Draht F verbunden ist. Dieser Draht von F nach J und von E nach H ist stärker gewählt worden, damit ein Überhitzen des Gummistopfens durch den Strom verhindert wird. Zwischen das Ende des Porzellanrohres und das Schiffchen, welches zur Aufnahme der Substanz dient, wird eine Rolle Kupferdrahtnetz B von etwa 60 mm Länge eingeschaltet.

Die Platinspirale wird hergestellt, indem man den Draht in schwach gespanntem Zustande zunächst erhitzt. Dies kann man entweder mit einer Flamme bewirken oder indem man einen starken Strom durch den Draht schickt. Bei der ersteren Methode besteht die Gefahr, daß der Draht keinen gleichmäßigen Widerstand erhält, da er bei ungleichem Erhitzen an manchen Stellen zu weit ausgezogen werden könnte. Nach diesem Strecken wird der Draht dann auf ein Schraubengewinde von solcher Größe aufgewickelt, daß die Spirale einen ungefähren Durchmesser von 9 mm erhält. Während des Aufwindens soll die Spannung des Drahtes möglichst konstant gehalten werden. Wenn der gesamte Draht sich auf dem Schraubengewinde befindet, so kann man ihn leicht davon entfernen, indem man die Schraube rückwärts dreht, dabei den Draht fest mit den Fingern haltend. Die so erhaltene vollkommen gleichmäßige Spirale wird dann über das innere Porzellanrohr gestreift. Nach einigen Verbrennungen verliert der Draht leicht seine Elastizität und muß dann wieder in die Spiralform zurückgebracht werden. Hierzu wickelt man ihn auf einen Glasstab von geeignetem Durchmesser auf.

Der starke von *J* nach *F* führende Draht wird an seinem freien Ende zugespitzt und mit einer Zange durch den Gummistopfen hindurchgezogen. Die Länge dieses Drahtes wird so bemessen, daß die glühenden Platinwindungen so weit von dem offenen Ende des Verbrennungsrohres entfernt sind, daß das gesamte Wasser und die Verbrennungsprodukte ohne Anbrennen des Stopfens übergetrieben werden können. Der längere Draht von *H* nach *E*, der die zweite Zuleitung bildet, wird durch den Stopfen, der sich bei *G* befindet, hindurchgezogen und das Ende des Rohres dort mit Siegellack ausgefüllt. Das Rohr *G* wird über das herausragende Porzellanrohr gezogen und über die Verbindungsstelle ein dicker Gummischlauch (Druckschlauch) mit gewachstem Zwirn dicht passend befestigt.

Der erforderliche reine Sauerstoff bzw. die Luft treten bei *D* in den Apparat ein. Das Gas streicht zunächst über den Teil des dünnen Drahtes, welcher sich im Porzellanrohr befindet. Hierbei nimmt die Temperatur des Sauerstoffes bzw. der Luft je nach der Geschwindigkeit des Gasstromes zu. Das Gas ist daher schon heiß, wenn es das Rohr *C*, an dessen Öffnung die Verbrennung vor sich gehen soll, durchströmt. Die Vollständigkeit der letzteren ist offenbar in hohem Maße von der Temperatur abhängig, auf welche der Sauerstoff im Rohr *C* erhitzt wird, bevor er mit den zu verbrennenden Dämpfen in Berührung kommt. Dieser heiße Sauerstoff trägt ferner dazu bei, daß die Kupferdrahtnetzrolle neben dem Porzellanrohr nicht nur fortwährend gründlichst oxydiert bleibt, sondern auch auf solche Temperatur erhitzt wird, daß sie leicht von den Dämpfen der zu verbrennenden Substanz angegriffen wird. Der Überschuß an Sauerstoff und die Verbrennungsprodukte der Substanz passieren dann gemeinsam die erhitzten Platinwindungen auf der Außenseite des Porzellanrohres, wo die Verbrennung von etwa noch unverbranntem Material, das aus dem hinteren Teil des Rohres kommt, vervollständigt wird. Das innere Porzellanrohr ist aus unglasierter Masse hergestellt, welche sehr hart und nicht allzu hygroskopisch ist.

Die Kupferspirale *B* ist nicht absolut erforderlich, ihr Vorhandensein bietet jedoch den Vorteil, daß man dann weniger Sorgfalt auf die Überwachung der Verbrennung zu verwenden braucht. Bei flüssigen oder leicht flüchtigen und mit einer reichlichen Gasentwicklung verbrennenden Substanzen muß die Kupferspirale unbedingt eingeschaltet werden.

Die Verbrennung wird folgendermaßen ausgeführt: Nachdem man nach der Abbildung das Schiffchen mit Substanz sowie die Kupferspirale plaziert hat (welch letztere beim Beginn oxydiert oder nicht oxydiert sein kann) und das Rohr *K* an den üblichen Absorptionsapparat geschlossen hat, wird ein langsamer Strom trockenen, gereinigten Sauerstoffs eingeleitet und der elektrische Strom durch einen Regulierwiderstand geschlossen. Man beginnt mit einem Strom von 1 Amp. und steigert diesen alle 2—3 Minuten um je 0,2 Amp., bis die Windungen helle Rotglut annehmen, was bei einem Strom von 3,6 Amp. eintritt. Während des Erhitzens der Windungen wird zugleich ein Brenner mit breiter, flacher Flamme vorsichtig unter die Kupferspirale gebracht und allmählich höher gestellt, bis der blaue Teil der Flamme das Glasrohr auf der unteren Seite berührt. Die Substanz in dem Schiffchen wird dann ebenfalls mit dieser oder mittels einer andren in der Hand gehaltenen Flamme erhitzt. Der Verlauf des Erhitzens richtet sich nach dem Sauerstoffstrom. Mindestens die eine Hälfte der Drahtnetzrolle soll sich während der gesamten Verbrennung stets in oxydiertem Zustand befinden. Wenn die Bildung flüchtiger Produkte nachgelassen hat, so oxydiert sich das Kupfer schnell wieder und der Sauerstoff gelangt dann in die hintere Abteilung, wo der gesamte Kohlerückstand auf dem Schiffchen oder am Glase verbrennt.

Nach Beendigung der Verbrennung wird der Sauerstoffstrom durch trockene reine Luft ersetzt und die letztere so lange eingeleitet, bis die Verbrennungsprodukte sämtlich aus dem Raum hinter der Kupferspirale vertrieben sind. Die zur vollständigen Entfernung dieser Produkte erforderliche Zeit hängt hauptsächlich von der Diffusion durch das Drahtnetz ab. Man darf dieses daher nicht zu dicht aufrollen.

Der soeben beschriebene Apparat eignet sich für die Verbrennung flüssiger und fester Stoffe, welche aus Kohlenstoff und Wasserstoff oder aus Kohlenstoff, Wasserstoff und Sauerstoff bestehen.

Das Erhitzen der Kupferspirale *B* und der Substanz wird erleichtert, wenn man an dieser Stelle in geringer Entfernung oberhalb des Rohres einen Mantel aus Asbestpappe anbringt. Diese Pappe kann man an einem horizontalen, eisernen Stab, den man in einen schweren Holzblock steckt, befestigen. Durch diese Vorrichtung wird außerdem das heiße Rohr vor kalten Luftzügen geschützt. Der Teil des Glasrohres, in welchem sich das Porzellanrohr und die Platinspirale befinden, ist unten durch eine runde Asbestschiene geschützt, welche man mit der Verbrennungsröhre zusammen festklemmt. Um auch die obere Hälfte des Rohres an derselben Stelle zu schützen, wird ein

Halbzylinder aus Glimmer darübergestülpt. Diesen stellt man sich her, indem man an einer Glimmerplatte schmale Metallstreifen befestigt und diese dann in die erforderliche Form biegt.

Das Rohr muß man sehr vorsichtig abkühlen lassen. Der elektrische Strom darf nur ganz allmählich verringert werden. Ferner ist es empfehlenswert, sobald die Verbrennung beendet ist, die Teile des Glasrohres, welche über das Porzellanrohr hinausragen, mit Ruß aus einer leuchtenden Flamme zu überziehen und auch sonst jede Vorsichtsmaßregel zum Schutze des Rohres zu ergreifen. Ebenso muß man darauf achten, daß die Platinwindungen niemals mit dem Glas in Berührung kommen, weder beim Erhitzen noch beim Abkühlen des Rohres, da im ersteren Falle das Metall leicht am Glase haften bleibt, während im letzteren Falle das Rohr ziemlich sicher bei etwas niedrigerer Temperatur bersten würde. Ferner haben die Platinspiralen die Neigung, sich nach einigem Gebrauch auszudehnen, und zwar in der Richtung nach dem Ende des Porzellanrohres hin. Sie müssen daher, sobald sie sich soweit ausgedehnt haben, daß sie die Wandung des Verbrennungsrohres erreichen, herausgenommen und neu gewickelt werden. Die Schwierigkeit, die Platinwindungen, solange sie heiß sind, vom Glas fernzuhalten, führte dazu, daß man an dem Ende des Porzellanrohres eine kleine Platinscheibe anbrachte. Hierzu wurde das Porzellanrohr am inneren Ende viereckig geschliffen und ein Stück Platinblech, das etwas kleiner als der innere Durchmesser des Verbrennungsrohres war, exzentrisch darüber befestigt. Dadurch konnte die Platinspirale sich nicht über das Porzellanrohr hinaus verlängern und wurde daher überall in gleicher Entfernung von dem Glasrohr gehalten. In das Platinblech wurden kleine Löcher gebohrt, um den Dämpfen freien Abzug zu gestatten. Da der dünne, heiße Platindraht das Platinblech nur an einem Punkte berührt, so wird das letztere nicht heiß genug, um das Glasrohr schädlich zu beeinflussen. Bei genügender Sorgfalt kann ein gutes Glasrohr für eine größere Anzahl von Verbrennungen benutzt werden.

Die für eine Verbrennung erforderliche Zeitdauer erreicht gewöhnlich nicht eine halbe Stunde und kann auf zwanzig Minuten oder weniger reduziert werden, wenn die zu verbrennende Substanz so beschaffen ist, daß man die Kupferspirale fortlassen kann. Das letztere ist indessen erst zu empfehlen, wenn man schon einige Erfahrung bei der Methode gesammelt hat.

Bei der höchsten, während der Verbrennung angewendeten Temperatur (bei heller Rotglut) trat, besonders wenn das Platin neu war, eine merkliche Verflüchtigung von Platin ein. Diese Erscheinung ist bei Platin in einer Sauerstoffatmosphäre auch schon bei verhältnismäßig niedriger Temperatur von anderer Seite bemerkt worden. Das sich verflüchtigende Metall setzt sich an der Glaswand und auf dem Porzellanrohre als schwarzer Niederschlag ab, den man anfangs für Kohle halten könnte. Diese Beschläge verflüchtigten Platins erleichtern vielleicht wegen ihrer katalytischen Wirkung die Verbrennung.

Die Schwierigkeiten, die beim Gebrauch des kurzen, geschlossenen Verbrennungsrohres, wie es durch Fig. 42 wiedergegeben wurde, vorhanden sind, werden vollständig umgangen, wenn man ein etwas längeres Rohr benutzt, das an beiden Seiten offen ist, wie es in Fig. 43 wiedergegeben wird. Hier wird das Schiffchen von hinten her eingeführt und ebendort noch eine zweite Rolle aus Kupferdrahtnetz von etwa 60 mm Länge eingeschoben. Der Stopfen am vorderen Ende des Verbrennungsrohres, die vordere Kupferspirale, sowie der Apparat im allgemeinen werden nie auseinandergenommen.

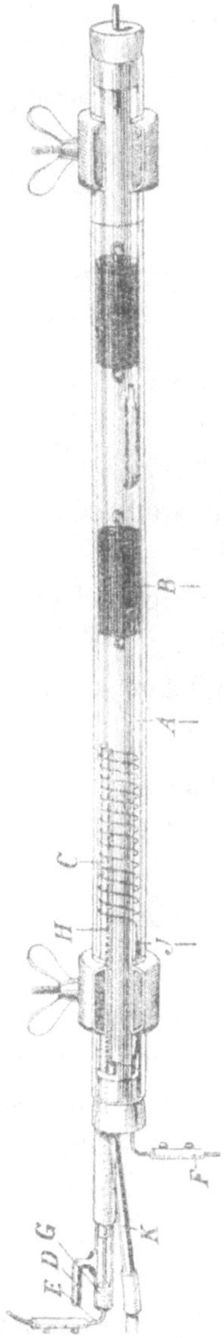

Fig. 43. Verbrennungsrohr mit zwei Stopfen nach Taylor.

Beide Drahtnetzspiralen werden durch flachflammige Brenner erhitzt, nachdem man oberhalb beider Rollen und oberhalb des Raumes zwischen diesen den schon beschriebenen Asbestschirm angebracht hat. Die Flammen sind so zu stellen, daß die untere Fläche des Rohres sich gerade innerhalb des blauen Kegels derselben befindet. Um ein Durchbiegen des Verbrennungsrohres in der Hitze zu vermeiden, wird es an einer Stelle etwa unterhalb des Endes des Porzellanrohres durch ein gegabeltes oder eingekerbtes Stativ gestützt, welches man unter die Asbestschiene, in welcher der Vorderteil des Apparates liegt, stellt.

Die Verbrennung wird im übrigen in derselben Weise wie bei dem kurzen geschlossenen Rohre ausgeführt, nur daß man während des gesamten Versuches zugleich auch einen langsamen Sauerstoff oder Luftstrom von hinten her hindurchleitet. Dadurch wird eine etwaige Anhäufung von verflüchtigtem Material im hinteren Teil des Rohres verhindert und außerdem die Vertreibung der Verbrennungsprodukte aus dem Raum, der von dem Schiffchen eingenommen wird, gefördert.

Ist die zu verbrennende Substanz sehr flüchtig, so empfiehlt es sich, nur Luft und keinen Sauerstoff einzuführen und jenseits des Schiffchens eine nur teilweise oxydierte Drahtnetzspirale zu verwenden. Auf diese Weise kann man die Dämpfe der Substanz in jedem gewünschten Grade mit Stickstoff verdünnen.

In Verbindung mit diesem Apparat verwendet man am besten ein Chlorcalciumrohr,[1] das man direkt in den Stopfen des Verbrennungsrohres stecken kann, so daß man das Verbindungsrohr *K* nicht benötigt. Auf diese Weise kann man ohne Schwierigkeiten den Wasserdampf während der Verbrennung vollkommen überführen. Nach Entfernung des Chlorcalciumrohres von dem Absorptionsapparat schließt man dasselbe in der üblichen Weise durch kleine mit Glasstopfen versehene Gummischläuche.

---

[1] Taylor empfiehlt hierzu ein sogenanntes Marchand-Rohr.

Die am hinteren Ende des Rohres befindliche Klammer dient nur als Stütze und darf um das Rohr nicht so fest gespannt werden, daß die freie Vor- und Rückwärtsbewegung des letzteren dadurch gehemmt wird.

Bei den unten verzeichneten Bestimmungen von Kohlenstoff und Wasserstoff im Rohrzucker, die zur Prüfung der Methode ausgeführt wurden, wurde das kurze geschlossene Rohr verwendet und zwar ohne Kupferspirale. Ein gewöhnliches Tonpfeifenrohr diente zum Einleiten des Sauerstoffes. Hieraus ist der hohe Prozentgehalt an Wasserstoff zu erklären, der bei den ersten vier Analysen erhalten wurde. Bei den letzten beiden Analysen, wo die richtige Wasserstoffmenge gefunden wurde, war das Tonrohr vor Beginn der Verbrennung in einem Sauerstoffstrom gründlichst ausgeglüht worden.

Gewicht des Zuckers	C % ber. 42,09	H % ber. 6,47	Dauer der Verbrennung in Minuten
0,1364	gef. 41,95	gef. 6,86	25
0,1188	„ 42,03	„ 6,63	18
0,1227	„ 42,03	„ 6,65	18
0,1382	„ 42,07	„ 6,73	18
0,1154	„ 42,11	„ 6,47	18
0,2809	„ 42,03	„ 6,46	45

Bei der höchsten Temperatur betrug der Strom 2,6 Amp. und 48 Volt.

Selbst bei so leicht verbrennlichen Substanzen wie Zucker muß man sehr vorsichtig verfahren, wenn man ohne die Kupferspirale verbrennen will. Mehrere Male, als man versuchte, die Verbrennungsdauer auf fünfzehn Minuten oder weniger zu reduzieren, traten kleine Explosionen ein. Zur Vermeidung dieses Übelstandes, der stets beim Entweichen von unverbranntem Material eintrat, wurde das Verbrennungsrohr ein wenig verlängert und die oben erwähnte Kupferspirale zwischen das Schiffchen und das Ende des Porzellanrohres eingeschaltet. Mit dem so abgeänderten Apparat wurden folgende Verbrennungen von Toluol und Naphtalin ausgeführt:

1. Toluol.

				Dauer
Substanz:	0,1057 g;	C gef.: 90,91 %;	H gef.: 8,62 %;	35 Min.
„	0,0650 g;	C gef.: 91,25 „ ;	H gef.: 8,80 „ ;	35 „
		ber. 91,24 „ ;	ber. 8,76 „	

2. Naphtalin.

Substanz:	0,1184 g;	C gef.: 93,54 %;	H gef.: 6,36 %;	55 Min.
„	0,1252 g;	C gef.: 93,49 „ ;	H gef.: 6,39 „ ;	55 „
		ber. 93,70 „	ber. 6,36 „	

Die Verbrennung von stickstoffhaltigen Substanzen.

Zur Bestimmung von Kohlenstoff und Wasserstoff in stickstoffhaltigen Substanzen beschickt man das Rohr folgendermaßen:

1. Eine 100 mm lange, in der üblichen Weise durch Methylalkohol reduzierte Kupferspirale.

2. Eine 80 mm lange, völlig oxydierte Kupferspirale.

3. Das Schiffchen mit der Substanz.

4. Eine ebenfalls gut oxydierte, kurze Kupferspirale.

Während der Verbrennung wird jede der drei Spiralen durch eine breite Bunsenflamme erhitzt, wobei man mit einer Flamme zugleich auch die Substanz erhitzt. Der Teil des Rohres, in dem sich das Kupfer befindet, wird mit einer Asbestschiene bedeckt, um eine hinreichend hohe Temperatur zur Reduktion des Stickoxydes zu erzielen. Der Sauerstoffstrom durch das Porzellanrohr wird so reguliert, daß nur etwa der vierte Teil der Kupferspirale (1) oxydiert wird, während er andererseits so schnell zugelassen wird, als zur fortwährenden Erhaltung eines Teiles der Spirale (2) in oxydiertem Zustande erforderlich ist.

Die Verbrennung von halogenhaltigen Verbindungen.

Um den Apparat für die Analyse von halogenartigen Substanzen vorzubereiten, stellt man sich zunächst eine Silberspirale her, indem man ein etwa 50 mm breites Silberblech zusammen mit einem Bogen dicken Papieres aufrollt. Nach Fortziehen des Papieres erhält man eine Silberspirale, welche dann in das Rohr unmittelbar an das Ende des Porzellanrohres gebracht wird (an die Stelle der reduzierten Kupferspirale des vorigen Abschnittes). Sie wird während der Verbrennung nicht direkt erhitzt. Im übrigen sind die Anordnungen dieselben, wie für die Verbrennung stickstofffreier Substanzen. Eine gut oxydierte Kupferspirale folgt auf diejenige des Silbers, dann das Schiffchen mit der Substanz und schließlich eine zweite oxydierte Kupferspirale.

Während der Verbrennung halogenhaltiger Substanzen bildet sich leicht eine gewisse Menge schmelzbaren Cuprohalogensalzes, das sich auf der inneren Oberfläche des Glasrohres festsetzt. Dieser Beschlag erstreckt sich jedoch niemals über die Silberspirale hinaus, so daß der Raum, wo sich das Porzellanrohr und der Platindraht befinden, frei davon ist. Beim Abkühlen absorbiert das Cuprohalogensalz große Quantitäten Sauerstoff, den es jedoch bei erneutem Erhitzen des Apparates bei den nächsten Verbrennungen wieder abgibt. Dadurch wird der Kupferdraht in den oxydierten Spiralen allmählich dünner und ziemlich spröde. Das Cuprosalz sammelt sich nach einigen Analysen in solchem Maße in dem Rohr an, daß die zu seiner Oxydation erforderliche Zeit ziemlich beträchtlich wird. Es ist daher empfehlenswert, das Verbrennungsrohr öfters zu reinigen und zugleich die oxydierte Kupferspirale zu erneuern.

Die Verbrennung von schwefelhaltigen Verbindungen.

Auch die Bestimmung von Kohlenstoff und Wasserstoff in schwefelhaltigen Substanzen ist ohne Schwierigkeit ausführbar. Man braucht nur die einfache Vorrichtung, welche oben für stickstofffreie und halogenfreie Substanzen angegeben wurde, dahin abzuändern, daß man an Stelle der oxydierten Kupferspirale, die neben dem Ende des Porzellanrohres liegt, eine Schicht Bleichromat bringt. Das letztere kann man ohne Asbestpfropfen oder Pfropfen aus Drahtnetz in seiner Lage festhalten, wenn man es in gepreßter Form einführt. Zu diesem Zweck füllt man das lockere, granulierte Bleichromat des Handels in Hüllen aus feinem Kupferdrahtnetz ein.

Alphabetisches Autorenverzeichnis.

Alphabetisches Sachregister.

Kolibri 360 GmbH
Ferdinand-Jühlke Straße 7
99095 Erfurt, Deutschland
produktsicherheit@kolibri360.de